华香文化论坛学术论文集

北京民俗博物馆 编

中国社会科学出版社

图书在版编目(CIP)数据

华香文化论坛学术论文集/北京民俗博物馆编.—北京：中国社会科学出版社，2015.5

ISBN 978－7－5161－6108－1

Ⅰ.①华…　Ⅱ.①北…　Ⅲ.①香料—文化—中国—文集
Ⅳ.①TQ65－53

中国版本图书馆 CIP 数据核字（2015）第 096438 号

出 版 人　赵剑英
责任编辑　王　茵
特约编辑　王福仓
责任校对　任晓晓
责任印制　王　超

出　　版　中国社会科学出版社
社　　址　北京鼓楼西大街甲 158 号
邮　　编　100720
网　　址　http：//www.csspw.cn
发 行 部　010－84083685
门 市 部　010－84029450
经　　销　新华书店及其他书店

印刷装订　北京君升印刷有限公司
版　　次　2015 年 5 月第 1 版
印　　次　2015 年 5 月第 1 次印刷

开　　本　710×1000　1/16
印　　张　21.5
插　　页　2
字　　数　327 千字
定　　价　78.00 元

凡购买中国社会科学出版社图书，如有质量问题请与本社联系调换
电话：010－84083683

華香文化论坛论文集

楼宇烈

卷首语

日前，刘增福先生抱来一大包论文，说是这两年通过“华香文化论坛”会上会下征集到的有关研究中华香文化的论文，希望我写上几句话，以推动华香文化研究的进一步发展。

然而，平时张口就说的“香文化”，到真要落笔来说几句时，却又不知从何说起。确实，“香文化”这个题目太大了，太丰富了，太浅显了，又太深奥了；太大众了，又太高雅了。它在人们生活的一切方面，真是“百姓日用而不知”，它又是人们各种最神圣、庄严活动中的重要礼仪之一，饱含深刻的文化内涵。

笼统地讲，“香文化”也就是研究人类使用香的历史，香的原料、制作、使用方法（焚、燃、熏、蒸等）、工具（香炉、香笼、香插、香囊等），香的各种功能（如美化环境、养生祛病、陶冶性情、祭祀致敬等），香的使用艺术（如香艺、香礼等），以及使用香的意义（香道）等。

香文化涉及各种器物、技艺层面的内容，丰富多彩、变化无穷，而香文化的内核应当是其道层面的东西，那就是香文化对人们生起和养成“恭敬心”、“清净心”、“宁静心”的重要意义。我在很多场合用“敬”、“净”、“静”三个字来讲述中国文化的特征。如我们既可以用“敬”、“净”、“静”三个字来分别描述儒（“敬”）、佛（“净”）、道（“静”）的特征，也可以用这三个字来分析儒、佛、道各自体系内不同方面所具有的特征。我们讲“香道”可以“敬”、“净”、“静”三个字来表示其核心精神，同样也可以此三字来概括和描述“茶道”、“琴道”、“棋道”、“书道”、“画道”、“花道”等的核心精神特征。

我也讲过，中国文化的特点是分别“道”和“艺”两个层面，这两个层面不一不异，不即不离，然有主次之别，本末之分，不可混同，不可颠倒，其关系为“以道统艺”、“由艺臻道”。我们要以“恭敬心”、“清净心”、“宁静心”去用香，我们用了香又应当回归和提升我们的“恭敬心”、“清净心”、“宁静心”。这就是香文化的核心“香道”，这就是中国佛教强调的点燃“一瓣心香”的意义，也就是《尚书·君陈》中所说：“至治馨香，感于神明。黍稷非馨，明德惟馨”（心中“明德”之香）的意义。

论文集内容极为丰富，涉及香文化的方方面面，可说是近年来香文化研究成果总汇集，值得推荐给所有关注香文化、爱好香文化的读者一读。

楼宇烈

2015 年 4 月 7 日

目　录

中华传统香文化祖师——神农

肖　磊

“博大精深的中华优秀传统文化是我们在世界文化激荡中站稳脚跟的根基”①，中华传统的香文化，是中华优秀传统文化的一个重要支脉，对各民族的宗教和习俗等有着巨大的影响力。通过对传统香文化进行挖掘整理并加以发展，新时代的香文化可以对中华民族的凝聚和发展作出更大贡献。本文先从传统文化的基本旨要来构建香文化的核心价值，通过对用香情况的考察区分出风香、雅香和颂香三种类型，进而梳理香文化的渊源和历史，提出新时代的香文化建设可以分成“香祖、香义、香语、香仪”四个方面，本文着重关注香祖的设立问题，通过综合得出香文化的祖师是神农的结论。②

香文化起源于上古，一直流传至今，是中华文化的一个重要组成部分。③ 在我们这个时代，一方面可以说传统香文化被普及得十分广泛，

---

① 《习近平：把培育和弘扬社会主义核心价值观作为凝魂聚气强基固本的基础工程》（新华网 2014 - 02 - 25）说：“培育和弘扬社会主义核心价值观必须立足中华优秀传统文化”，“博大精深的中华优秀传统文化是我们在世界文化激荡中站稳脚跟的根基”。

② 本文在写作过程中得到各族各界人士的指导和修正，最终获得大家的一致认可，在此表示深深地感谢：楼宇烈、徐颂陶、马西沙、王守常（满）、李伟成、金泽（回）、谢佐、王志远、马平（回）、周齐、嘉木扬·凯朝（蒙）、陈鲁雁、孙彧学、黄海涛、汪龙麟、释理净、李良松、关群、雷国强（畲）、释法祇、吴鹏凯、曹彦生（蒙）、孙长山、孔含鑫、马一弘、释明佛、崔明晨、李震、董学良、周文辉、释慧广、王实、安然、杨国超、释延开、李长青、李罗洁、释净修、李春梅、牛克、释纯正、崔瑞萍、张国军、刘增福。

③ 宋代丁谓《天香传》开篇：“香之为用，从上古矣！所以奉神明，可以达蠲洁。”著名国学大师、北京大学教授楼宇烈认为香文化是历史悠久的传统文化（2013 年 7 月 28 日北京八大处公园专题讲座）。著名道教学者、中国社会科学院荣誉学部委员马西沙教授说：“香文化是中华优秀文化。”（2014 年 12 月 8 日北京古槐堂讲话）中国文化书院院长、北京大学王守常教授说：“香文化是中华具体文化。”（2014 年 9 月 17 日北京大学治贝子园讲话）

因为大多数人都见过传统用香，比如逢年过节的燃香供祖，或者寺庙中的烧香拜佛；但另一方面传统香文化又被理解得太狭隘，大多局限于宗教用香，而且多为简单概念化的理解，或以烧香为迷信，或迷信烧香。另外，在19世纪化工香精被发明生产出来之后，劣质化工香品的大量使用对人体的危害以及环境的污染的问题也慢慢暴露了出来。[①] 因此，中华传统香文化内涵的整理和挖掘，不仅关系到文化的传承和弘扬，还对民族凝聚力的培养、国民的道德塑造以及生活环境的改善有着重要的现实意义。而这首先需要理解传统香文化的核心价值理念，其历史渊源、发展脉络及基本走向。

一　香文化的传统文化背景

中华文明自古以来的优秀传统，皆是为了圆满人的天性，成就和谐的世界。因为人得天地之全气而生，草木禽兽得天地之偏气而生。动物的生存往往凭借某些独特的本能，而人作为万物中最为灵秀中和者，其长成有赖于文明的全面教化。因人心易受物感，好恶无节则逐物不返，失却天性之全体。所以中华先祖仰观俯察，依天文而制定历法、设立时节，据地理而辨方正位、体国经野，于人道而设官分职、齐导万民。所谓“大礼与天地同节，大乐与天地同和”，人只有在完备的教化之下才能尽性知命，参赞天地的化育，从而举动顺应天地运行的自然规律，万物也在人的治理之下和谐运化。完备的教化存于礼、乐、刑、政四道，其道要在于务本；而大学之道，以修身为本。身之耳目鼻口，心知百体，各有所司，不一其性：耳好音声，目好形色，鼻好芳香，口好滋味，心好知识，百体好安舒。然而人之健康和谐，须各部分顺其正性而行其职分，不使放心而接于邪气。人身之精妙复杂，现代科学虽能上天入地、验古察今，至今尚难以窥其堂奥；中华先祖以道德之淳厚、心性之全体，仰观俯察、合同辨异，从而制礼作乐，以礼乐彰显万物之理、审辨万民之情、明示修身之法。所谓大羹不和、大音希声，礼乐的制作，并非让人穷极口腹耳目的欲望，而是

① 详情参见《北京寺庙燃香空气污染研究》，《建筑科学》2010年第4期。

为了让人平息褊狭的好恶，从而返回人道之正途，复归天性之全体。礼乐之道，一阴一阳，亲同敬异：礼主别宜、节制、敬畏，使人遵从正义；乐主仁爱、和合、求同，使人亲爱和谐。以此格物致知，使人目观文章之美，耳听雅颂之音，口食五味之和，鼻闻芳香之纯，身行容止之仪，心返天性之静，如是诚意正心而后修身，以至于齐家、治国、平天下。不同时代人们面对的环境外物不尽相同，故而礼乐制度并不全然沿袭，然而其精神内涵不变。尽管如此，历代礼乐制度中内容，汇聚的是历代圣贤对天地万物的认识成果、对身心和谐的体悟成就，以及对治世安民的历史总结，其中每一项都是先祖的智能和经验的结晶，而流传至今的香文化，也正起源于此。

二　香的起源与神农

按《说文解字》，“香”是个会意字，上“禾”从黍①，代表谷物，下“日”从甘，表示甘甜美好。故香之本义是五谷煮熟时的美好香气，汉字中另有“芳”字表示花草的美好香气②，故而“芳香”泛指一切好闻的气味，后来“香”字引申抽象，与“臭”相对。《史记·礼书》曰：“稻粱五味所以养口也，椒兰芬芷所以养鼻也。”古人发现芳香不仅可以养鼻，还可以祛秽疗疾，安神定志，颐养身心。故而在先秦时期，人们在生活中广泛地使用天然香料，比如插戴香草③、佩戴香囊④或者熏染衣裳⑤。然而这些香料是如何被发现的呢？现代科学告诉我

① 黍在祭祀中的专称为“香合”或“芗合”，因黍熟后黏聚不散、气味又香。如《仪礼·士虞礼第十四》：“敢用絜牲刚鬣、香合、嘉荐、普淖、明齐溲酒，哀荐祫事。”《礼记·曲礼下》：“凡祭宗庙之礼：牛曰一元大武，豕曰刚鬣，豚曰腯肥，羊曰柔毛，鸡曰翰音，犬曰羹献，雉曰疏趾，兔曰明视，脯曰尹祭，槁鱼曰商祭，鲜鱼曰脡祭，水曰清涤，酒曰清酌，黍曰芗合，粱曰芗萁，稷曰明粢，稻曰嘉蔬，韭曰丰本，盐曰咸鹾，玉曰嘉玉，币曰量币。”

② 譬如《离骚》曰：“兰芷变而不芳兮。”

③ 泽兰（非春兰）、蕙草（蕙兰）、椒（椒树）、桂（桂树）、萧（艾蒿）、郁（郁金）、芷（白芷）、茅（香茅）等。

④ 《尔雅·释器》：“妇人之袆，谓之缡。”郭璞注：“即今之香缨也。”《说文解字·巾部》：“帏，囊也。”段玉裁注：“凡囊曰帏。”《广韵平支》：“缡，妇人香缨，古者香缨以五彩丝为之，女子许嫁香囊后系诸身，云有系属。”这种风俗是后世女子系香囊的渊源。

⑤ 从考古资料来看，辽河流域发现5000多年前的陶熏炉炉盖，黄河流域和长江流域都发现4000多年前的陶熏炉。

们，嗅觉和味觉关系十分密切，一是远觉，一是近觉，它们还会整合和相互作用，当然凭借着生活的经验，人们也能知道这点，故而香料和食物以及医药的关系是十分密切的，可以说是共生共长。在中华文明中，关于食物和药学的知识的产生，最早可以追溯到上古三皇之一的神农。《子夏易传·系辞下》："神农氏之时，人育而繁，腥毛不足供给其食……相五谷之种可食者收而艺之。"《白虎通义·号》："谓之神农何？古之人民，皆食禽兽肉，至于神农，人民众多，禽兽不足。于是神农因天之时，分地之利，制耒耜，教民农作。神而化之，使民宜之，故谓之神农也。"《淮南子·修务训》云："神农尝百草之滋味，水泉之甘苦，令民知所避就，当此之时，一日而遇七十毒。"神农氏一族对中华文化的贡献很多：播种五谷，发明耒耜，亲尝百草，发明医药，日中为市，治麻为布，作五弦琴，制作陶器，重卦观象，创制腊祭等等，使之成为中华文化当之无愧的人文始祖之一。后世的文明建构逐渐把神农氏的氏族的特征简化去除，将其精神凝聚成"神农"这一象征性的人文符号，因此神农也被称作农皇、五谷先帝、药王、先啬、先农、田祖等，其开创的事业使之成为农业、医药业、陶瓷业、贸易业等诸多行业的鼻祖。[①] 由于发明耒耜以耕种五谷，尝百草以辨识药性，并且制作陶器蒸煮食物、熬炼药物，那么对五谷花草的芳香有所辨识的必定也是源自神农氏，于是才有了后世有关的香料以及用香的知识。比如《礼记·月令》里记载：春为膻，夏为焦，中央为香，秋为腥，冬为朽，不仅把香和其他气味做了明确区分，还以五行的模式做出了进一步的归类[②]；源自神农氏、成书于东汉的《神农本草经》，所载药物总共有 365 种，其中 252 种是香料植物或与香料有关。另外，神农伊耆氏[③]还设立了腊祭

① 越南人的传说里记载神农氏为其初祖，日本的药商、医师、摊贩也都信奉神农。

② 《黄帝内经》中也有相关记载，《素问·金匮真言》曰："中央黄色入通于脾，开窍于口，藏精于脾，故病在舌本。其味甘，其类土，其畜牛，其谷稷，其应四时，上为镇星。是以知病之在肉也。其音宫，其数五，其臭香。"

③ 神农氏本于烈山，故号烈山氏，开始建国于伊，后建国于耆，故而又号称伊耆氏，见《竹书纪年》。《路史·禅通纪·炎帝》也有类似记载："炎帝神农氏，姓伊耆氏……其初国伊，继国耆，故氏伊耆。"

之礼[①]，在十二月岁末之时腊祭百神[②]，作为年终大祭，《史记·补三皇本纪》曰："神农氏作腊祭，以赭鞭鞭草木，尝百草，始有医药。"此礼沿袭至明清。蜡之义为索，求索其神，一年有了收成，是天地人物和谐运行的结果，其中运行的规律，古称为"神"，"古之君子使之必报之"[③]，于是求索其神以祭祀来崇敬之[④]，以不忘天地万物运行规律。在体系成熟的周代祭礼中，祭祀对象分三类：祀天神、祭地祇、享人鬼。在祭祀方式上，有燔烧、灌注、瘗埋、沉没、悬投等，如燔烧[⑤]是堆积木柴燃烧祭品，其烟气往上升，故而用于祀天神；灌注是滴血于地，或者用郁鬯灌于地，其气味往下流，故而用于祭地祇[⑥]。其中的郁鬯，郁是郁金香草，鬯是黑黍酿的酒，其香味浓烈，据说可畅通天地。[⑦] 古人认为声音为阳，而气味为阴（气味又分阴阳，所谓"臭阴"、"臭阳"）。商周祭祀时对音乐和香气使用次序不同："殷人尚声"[⑧] 而"周人尚

① 《礼记·郊特牲》："天子大蜡八，伊耆氏始为蜡。"

② 腊祭的对象是天地万物之百神，但后来主要形成有八神，一是先啬，二是司啬，所谓"主先啬而祭司啬"，先啬即神农，是八神之主；司啬即后稷；三是农，四是邮表畷，农是督耕官，称作"田畯"，邮表畷是田畯的邮舍；五是猫虎，因为猫食田鼠，虎食田豕；六是坊，即堤坝；七是水庸，即水沟，堤坝和水沟都是农事之备；八是昆虫，即螟蝗之类的害虫，防止其为害。

③ 唐代杜佑《通典卷四十四，礼四，吉三》。

④ 祭祀是求索天地万物之规律，借助一定的仪式来表达内心的崇敬之情，《荀子》曰："君子以为文，而百姓以为神"，《礼记·祭统》曰："夫祭者，非物自外至者也，自中出生于心者也。心怵而奉之以礼，是故唯贤者能尽祭之义。"又云："所以假于外者，而以增君子之志也。"

⑤ 燔为古代祭祀焚烧专用字，参见黄海涛《华夏文化专属焚烧之事用字——"燔"字考》。

⑥ 瘗埋是挖坑将祭品埋没，祭山神和地神；沉没用于祭水神；悬投是把祭品挂起来或投掷出去，用于祭祀山神。《周礼·大宗伯》曰："以禋祀祀昊天上帝，以实柴祀日、月、星、辰，以槱祀司中、司命、飌师、雨师，以血祭祭社稷、五祀、五岳，以貍沈祭山林川泽，以疈辜祭四方百物。以肆献祼享先王，以馈食享先王，以祠春享先王，以禴夏享先王，以尝秋享先王，以烝冬享先王。"

⑦ 《礼记·曲礼下》："凡贽，天子鬯，诸侯圭，卿羔，大夫雁，士雉，庶人之贽匹。"也就是按礼仪天子的初次见面礼是用郁鬯，但是天子无客礼，所以是用郁鬯礼见于神。《周礼》中记载专门负责天子郁鬯的官员有"郁人"和"鬯人"。

⑧ 《礼记·郊特牲》曰："殷人尚声，臭味未成，涤荡其声。乐三阕，然后出迎牲。声音之号，所以诏告于天地之间也。"

臭”[①]，商朝祭祀时在气味未成之前以歌、乐、舞迎牲；周朝则先以郁鬯的“臭阴”灌地后迎牲，然后燃烧萧、脂、黍、稷之“臭阳”求神。《礼稽命征》曰：“吉礼者，祭祀郊庙社稷之事是也，起自神农氏，始教民种谷，礼始于饮食。”周朝的始祖后稷是尧时的农师，后被封为农神，其母姜嫄为有邰氏，乃是神农氏姜姓部落的一支，可推测“周人尚臭”也与神农氏有很大的渊源。

神农氏不仅亲尝百草，辨识五谷草木对人身体的影响，教会人们稼穑、烹调和医药，还以腊祭之礼培养人们敬天报本之情，可以说同时开创了中华民族的物质文明和精神文明的源头，而香文化也随之而萌芽和发展，因为自神农氏亲尝百草、设立腊祭之后，人们才开始对香有了认识，能辨识各种香料，还知道如何以香驱秽治病，洁身敬神，从此香料在人们的物质生活和精神生活中都发挥着独特的作用。

三　风香、雅香和颂香

先秦时就普遍有佩香和沐香的习俗，《礼记·内则》云：“男女未冠笄者，鸡初鸣，咸盥漱栉纵，拂髦总角，衿缨，皆佩容臭。”容臭即是香囊，指未成年男女鸡鸣起床后，要梳洗整发、穿衣戴帽，还要佩戴香囊。《大戴礼·夏小正》曰：“五月蓄兰，为沐浴。”《诗经·采葛》云：“彼采艾兮”，西汉毛亨和毛苌传释：“艾所以疗疾。”《孟子·离娄篇》载：“今之欲王音，犹七年之病，求三年之艾也”，表明先秦时人们已经认识到如何用艾灸法治病。[②] 而《素问·奇病论》记载“数食甘美而多肥”而导致的“脾瘅”，应“治之以兰，除陈气也”。[③]

屈原在诗篇中大量使用香草，它们往往具有物质和精神两重含义，

① 《礼记·郊特牲》曰：“周人尚臭，灌用鬯臭，郁合鬯臭，阴达于渊泉。既灌，然后迎牲，致阴气也。萧合黍稷，臭阳达于墙屋，故既奠，然后焫萧合膻芗，凡祭慎诸此。”

② 《素问·异法方宜论》里说：“北方者……风寒冰冽，其民乐野处而乳食，藏寒生满病，其治宜灸焫喜。”

③ 《素问·奇病论》：“帝曰：有病口甘者，病名为何？岐伯曰：此五气之溢，名曰‘脾瘅’。夫五味入口，藏于胃，脾为之行其精气，津液在脾，故令人口甘也，此肥美之所发也，此人必数食甘美而多肥也，肥者令人内热，甘者令人中满，故其气上溢，转为消渴，治之以兰，除陈气也。”

一可反映当时佩香和沐香等用香习俗，二则隐喻美好的品德以及忠良的贤臣，如“扈江离与辟芷兮，纫秋兰以为佩”① 和“浴兰汤兮沐芳，华采衣兮若英”②，以佩香和沐香来隐喻屈原以美德自励；如“哀众芳之芜秽”③，以芳秽之变比喻贤臣蜕变成奸臣；“既替余以蕙纕兮，又申之以揽茝，亦余心之所善兮，虽九死其犹未悔”④，以佩戴蕙草和采集茝兰隐喻自己严于律己和忠言进谏，表达自己虽然因此被人攻击且丢官，但至死不改变心中美好高洁的追求。

另外，在《尚书·君陈》中有一种观点：“至治馨香，感于神明，黍稷非馨，明德惟馨。”馨是散播很远的香气，五谷的香气再浓厚，散布的范围也十分有限，但是帝王以明德治理天下，其德香可以遍布天下，故而祭祀时使用郁鬯之酒香和燔烧萧合黍稷之烟香，以比喻通天达地的明德。《春秋左氏传·桓公六年》：“所谓馨香，无谗慝也。故务其三时，修其五教，亲其九族，以致其禋祀。”⑤ 这种“明德馨香”的观点与后来道教以及佛教的“心香”观念是一义互通的，比如《上清灵宝大法》称：“夫香者非木也，乃太真天香八种。曰道香，德香，无为香，自然香，清净香，妙洞真香，灵宝慧香，超三界香也。”⑥ 其中道香、德香、无为香、清净香等八香，都是指心、神、意、身的修养。佛教《戒德香经》记载，阿难向佛陀询问是否有比植物根、枝、花三者更殊胜的香，不受风的影响而普熏十方，佛陀告诉阿难，若能受五戒、修十善、敬信三宝、仁慈道德、不犯威仪等，持之不犯，则戒香普熏十方、不受制于风，此戒香最无上、最清净，非

① 出自《离骚》。

② 出自《九歌》。

③ 出自《离骚》。

④ 同上。

⑤ 《尚书》多次提及“明德馨香”的观点，比如《尚书·酒诰》：“弗惟德馨香祀，登闻于天，诞惟民怨。”《尚书·吕刑》：“上帝监民，罔有馨香德，刑发闻惟腥。”

⑥ 宁全真在《上清灵宝大法》卷五十四对这八种心香还有详细解释：“道香者，心香清香也。德香者，神也。无为者，意也。清净者，身也。兆以心神意身，一志不散，俯仰上存，必达上清也。洗身无尘，他虑澄清。曰自然者，神不散乱，以意役神。心专精事，穹苍如近君，凡身不犯讳。四香和合，以归圆象，何虑祈福不应。妙洞者，运神朝奏三天金阙也。灵宝慧者，心定神全，存念感格三界，万灵临轩，即是超三界外，存神玉京，运神会道，不可阙一，即招八方正真生气，灵宝慧光，即此道也。以应前四福应于一身，以香焚火者，道德无为之纯诚也。以火焚香者，诚发于心也。”

世间众香可比。这种追求美德的戒香亦是心香观念的表达。另外，心香观念在佛教和道教仪轨中也有具体体现，比如蒙藏地区的佛教信众到寺庙都要烧香和点灯，乃是以香代表佛之慈悲，以灯代表佛之智慧①；而道教仪轨以香、花、灯、火、果五种供奉神明，以香表达诚信②。

在此可以借用诗经“风雅颂”之分类方式，将用香的类型大致分为三种：风香、雅香和颂香。“风香”即平民生活用香，以简单的物质效用为主，比如驱逐蚊虫瘴疠、辟秽去疾等；“雅香”是贵族或文人雅士品香，兼有物质效用和精神追求，有时与风香类似，但总的来说更显得精致且具有精神内涵，如宴饮、雅会时品香；“颂香”即祭祀焚香，从古代盛大的燔烧祭祀，到现在祭祖、敬神、礼佛的上香仪式，虽然形式上差别极大，但都是着重于精神的追求。这三种类型的区分并非严格界定，如风香和雅香两种的界限并不十分明显，而且祭祀焚香也未必没有物质效用，然而凭此区分却有利于简要分析用香的层次。

四 秦汉以来的香简史

秦汉时期，东南亚、南亚及欧洲的许多异国香料开始传入中国，如苏合香、鸡舌香、沉香、木香等，这时的香具主要有熏炉和熏笼。③ 燃香方式出现了变革，从把香草放于豆式香炉中直接点燃，演进为用炭火炙燃香料制成的香球或香饼，这样使得香味浓厚、烟气又不大，于是出现了博山炉。熏香在上层社会开始流行，香熏衣成了汉宫中定制④，汉

① 参见嘉木扬·凯朝《蒙藏地区佛教的香文化》。

② 道教《祝香咒》曰：“香自诚心起，烟从信里来。一诚通天界，诸真下瑶阶。”

③ 河北满城中山靖王刘胜墓中，发掘出“铜熏炉”和“提笼”。湖南长沙的马王堆一号墓出土的文物中，有为了熏香衣而特制的熏笼。

④ 《后汉书·钟离意传》记载：“蔡质《汉官仪》曰：‘尚书郎入直台中，官供新青缣白绫被，或锦被，昼夜更宿，帷帐画，通中枕，卧旃蓐，冬夏随时改易。太官供食，五日一美食，下天子一等。尚书郎伯使一人，女侍史二人，皆选端正者。伯使从至止车门还，女侍史絜被服，执香炉烧熏，从入台中，给使护衣服’也。”可见当时用香熏烤衣被是宫中的定制。当时还有专门用的曝衣楼，《西京杂记》记载：“太液池西有武帝晒衣楼，七月七夕，宫女出后衣曝之。”

廷上还有上奏言事口含鸡舌香的风俗。长沙马王堆汉墓出土了香药、香炉和香囊，经鉴定香囊中装的是辛夷、肉桂、花椒、茅香、佩兰、桂皮、姜、酸枣粒、高良姜、藁本等香料，而香炉中的残渣则是茅香、高良姜、杜蘅、竹叶椒，这是《神农本草经》中未记载过的香料。到了魏晋南北朝时期，随着道教的兴起和佛教的传入，两家都提倡用香，熏香在上层社会就更加普遍。而到了唐代，香品的使用就有了完备系统的分类，厅堂、卧室、文房各有专用的熏炉，儒、释、道等各修行法门亦有其独特的用香，熏炉的形制由以前的浅膛“直燃香料”发展为深膛的“隔火熏香”，这样进一步减少用香时的烟尘。宋代是香文化的鼎盛时期，由于海外贸易的扩大，各种香料通过海船运入中国，香的使用也更为广泛和多样化，成为士人们日常生活的一部分，在文人的书斋琴房中更是必不可少，加之大规模生产线香工艺的出现，使得香的使用变得廉价并且方便，民间用香开始普遍起来。元明时期，开始流行香炉、香盒、香瓶、烛台等搭配在一起的组合香具，在元曲中有很多关于香的曲句。[①] 清代用香开始衰减，到了近现代，由于中华传统文明的衰落，传统的香文化更加式微，传统天然香品的使用，如熏燃用香（熏庭室、熏厕所、熏衣被）、悬佩用香（身上、帐中、车内）、涂傅用香（香粉、香油）、计时用香（香篆）、医食用香（香丸、香酒、香茶），从人们的日常生活中慢慢消退，而燃香作为宗教仪式主要在庙宇中得以保留。随着19世纪发明的化工香精开始传入中国并大量使用，比如香水、香皂等，传统天然香品的使用就更加难得一见了。在近代以前，传统香文化发展的总趋势是内容越来越丰富，且由上层社会逐步向民间流传且盛行开来，其中离不开贸易制香工艺的发展[②]，但也体现了香文化中“以民为本”思想，从此点香、上香等用香风俗遍及千家万户。

五　中华香文化的特点及影响

中华的各个民族、各种文化大都形成了各自独特的用香习惯和风

① 据统计，《全元散曲》中带有香字的曲语一共有1445句，见汪龙麟《梅残玉魇香犹在——论元曲中的香世界》。

② 比如线香、签香等简便香品的出现。

格，这些是中华香文化的重要组成部分。总的来说，在风香层面上都有各自地域性特色，因为不同地方出产的香料不同，面对的生活情境也不同，比如西南边疆部族用喝青蒿水来抵御瘴气、瘴疠；藏族人民用藏香薷驱赶昆虫苍蝇，或者治疗小儿肛门蛲虫、成人皮肤瘙痒病等[①]；《元史》上记载，蒙古帝王死后，把一段香楠木分为两半，以死者之形体凿槽为棺。[②] 然而在雅香尤其是颂香层面，却有着极大的相似或者相通之处，使得香文化成为维系中华民族团结的重要纽带。比如藏族史诗《格萨尔王传》中已有“煨桑”祭祀的记载，“煨桑”是汉藏合璧的动名词。煨是汉语，指存火不燃冒烟；桑是藏语，指祭祀香烟，这很可能受唐朝开始的“隔火熏香”的影响。[③] 又如原始佛教中，佛陀告诉舍利弗的弟子们，虽然舍利弗涅槃了，但是他的戒、定、慧、解脱和解脱知见还在，这就是所谓的“五分法身”，然而此观念到了六祖慧能的《坛经》则以心香的观念予以新的表达，称之为“自性五分法身香”，即戒香、定香、慧香、解脱香、解脱知见香。[④] 再如“穆斯林世界用香很普遍，但对点香比较虔诚的可能就数中国穆斯林了，有的甚至已经超越了伊斯兰教法所赋予的本意”[⑤]，因此一些穆斯林学者对此有所指责，但从另一方面来讲，也说明了中华传统香文化对其他文化巨大的影响力。另外值得一提的是，中华的香文化在唐代被鉴真大师传到日本，发展到室町时代形成了日本独具特色的香文化——香道[⑥]，与茶道、花道一起

① 参见陈鲁雁、孔含鑫《香与西南边疆少数民族文化》。

② 《元史》卷七十七，祭祀六，国俗旧礼：“凡宫车晏驾，棺用香楠木，中分为二，刳肖人形，其广狭长短，仅足容身而已。”

③ 藏族很早就使用香料，比如藏沙棘、藏香薷、麝香等，其“工巧明”的知识中就有制香的技术，藏族也是用丁香、檀香、乳香、芸香、松香、艾草，用香烟清洗秽气、消除罪过、断除疑虑、解除疲劳、辟除不祥。苯教经典《普慈注疏》记载：“父王道：‘天神受命下凡界，人间污浊多瘟疫，雅阿开道走马前，次米保驾在左方，佐米护卫于右侧，驱邪焚香有雅阿……。’”参见《香与藏族文化》一文。

④ 《六祖坛经·忏悔品第六》：“师曰：‘一戒香：即自心中无非、无恶、无嫉妒、无贪嗔、无劫害，名戒香；二定香：即睹诸善恶境相，自心不乱，名定香；三慧香：自心无碍，常以智慧观照自性，不造诸恶，虽修众善，心不执著，敬上念下，矜恤孤贫，名慧香；四解脱香：即自心无所攀缘，不思善，不思恶，自在无碍，名解脱香；五解脱知见香：自心既无所攀缘善恶，不可沉空守寂，即须广学多闻，识自本心，达诸佛理，和光接物，无我无人，直至菩提，真性不易，名解脱知见香。善知识，此香各自内熏，莫向外觅。’”

⑤ 参见《回族穆斯林的“点香”礼仪》一文。

⑥ 日本香道主要有三条西派、志野派、峰谷派，传衍至今。

构成日本传统的“雅道”。

由上可知，源自上古的香文化一直贯穿于中华文明的发展之中，对人们的精神生活和物质生活都有着巨大的贡献。简单来说，中华香文化的发展总的来说是有两条线索的，一条是风香传统，即生活用香，一条是颂香传统，即祭祀用香，这两条线索都可追溯到神农氏所开创的文明根基，然后这两个传统在发展中相互交叉形成雅香传统，为文人士大夫修身养性、集会交友提供了一个良好的媒介和氛围。对于我们这个时代而言，一方面，香可以驱除秽气、行气安神，为人们营造一个舒适美好的环境；另一方面，香也隐喻高尚的品德、贤良的人才，引导人们提升精神境界，产生对真善美的向往和追求。香既在日常生活中有着广泛应用，又可以在庄严的仪式场合发挥重要角色，若是我们能充分发掘传统香文化的深厚内涵，吸收其中的优秀成果，将之应用于新的时代，必将对社会主义文明建设有更大贡献。

六　确立中华香文化的祖师

按照《周礼》的记载，负责国子教育的大司乐，所执掌的“成均之法”有四个主要的方面，第一就是聘请乐师设立乐祖，“凡有道者、有德者，使教焉，死则以为乐祖，祭于瞽宗”。然后是教以乐德、教以乐语、教以乐舞。新时代的香文化也可以仿此来建设，即分成四个方面：香祖、香义、香语、香仪。香祖即确立香文化的祖师，并且培养好的香师；香义即品定用香的总体内涵，阐发其中的旨趣；香语分成两部分，一是各种涉及香的用词和用语需要加以整理和规范，二是各种香品的实际效用及具体精神内涵需要加以研究；香仪则是各种场合的用香仪轨需要加以设计和推广。这四个方面的完善需要大量的工作，本文仅仅在设立香祖上做出第一步，俗话说：“一个榜样胜过书上二十条教诲”，香祖的确立就是为香文化确立一个精神的榜样、道德的楷模。而从我们前面的考察来看，其一，“香”的本义为五谷香气，而五谷的发现、耕种和烹制都是神农氏开创的，故而香之源起归功于神农；其二，神农尝百草，分辨其可食、可药或有毒，认识到众多芳香草木对人的作用，由此才有了对香草采取和使用的各种习俗，故而神农开创了风香传统；其三，神农伊耆氏创立腊祭，以燔烧谷物香草等物的烟火香气来祀神，赋予了香气以精神的含义，故而神农开创了颂香传统；其四，雅香传统是风香和颂香两大传统发展到后世逐渐交融的一种形态，并非独立发展于两大传统之外，故其根本仍在于神农。因此，上古三皇之一的神农，是香文化当之无愧的祖师。①

作者：肖磊，北京大学哲学系科学思想史和中国哲学博士，中国政法大学科学技术教学部讲师。

① 神农氏或为一人，或为一族，于今而言已经不太重要，漫长的历史已经逐渐把神农建构成中华文明的先祖，其功绩和精神足以激励后世楷模。典籍中对神农多有零散记载，但各有出入，在此整理一个大概。《国语·晋语四》："昔少典娶于有蟜氏，生黄帝、炎帝，祖母华胥氏。"华胥氏与燧人氏生伏羲和女娲，之后有孙辈少典氏，少典氏娶有蟜氏之女登，生炎帝和黄帝。宋朝胡宏的《皇王大纪·三皇纪·炎帝神农氏》记载："少典、女登游于华山之阳，有神龙之祥，生为神农，长于姜水，为姜姓。师为悉诸，学于老龙吉。"《路史》："炎帝神农氏，姓伊耆，名轨，一曰石年……母安登感神于常羊，生神农于列山之石室……起初国伊，继国耆，故氏伊耆……受火之瑞，上承荧惑，故以火纪时焉……官长师事，悉以火纪，故称炎焉。肇迹列山，故又以列山、厉山为氏……乃命邢夭作《扶犁》之乐，制《丰年》之咏，以荐厘来，是曰《下谋》。制雅琴，度瑶瑟，以保合太和。"《汉书·艺文志》载相关典籍：《神农重卦经》、《神农名堂图》、《神农本草经》、《神农五藏论》。《礼记·月令》记载："孟夏之月，日在毕，昏翼中，旦婺女中，其日丙丁，其帝炎帝，其神祝融。"按传统礼仪，天子率领百官在立夏之日祭祀炎帝和祝融，本文认为炎帝神农作为香文化祖师时，其纪念日最好与此相近但稍微错开，而香火又属于丁火，故建议用孟夏之月的第一个丁日作为香文化祖师神农的纪念日。

香与民间宗教：一炷香教

马西沙

明代中末叶，活跃在华北地区的民间教派，大多数创成于北直隶。罗祖教、静空教、黄天教、还源教、东大乘教、西大乘教、弘阳教、龙天门教、圆顿教等是其中较著者。唯独一炷香教创成于山东境内，与清初问世的八卦教，构成了清代山东境内两大民间宗教体系。

与八卦教等教派相比，一炷香教更具有道教世俗化教派的特点，更注重宗教本身的活动，很少参与底层社会的政治运动，与传统的封建社会秩序较为协调，因此长期隐蔽下来，而不为有清当局所注意。它的这个特点，给后人研究带来了困难。从清档案和清实录的记载看，一炷香教的活动十分凌乱而难成全貌，这正反映了此教不同于许多其他教派的独具一格之处。一炷香教缺乏贯穿始终的活动中枢，没有刻意创新的宗教教义体系，没有严密的组织机构和层次分明的教阶制度。然而它却十分吸引群众，因为它具有封建社会后期道教在下层传播的世俗化特点，它把道情演变成民间宗教的说唱形式，以口口相授的歌诀和韵律抒发自身的宗教情感，所以特别吸引人，使下层社会的“愚夫愚妇”乐而忘情，乃至追随不舍；它川跪一炷香的做法，使信仰者在静默中受到气功的启迪，又用种种下层社会流行的医道为群众解除实际困难，因而使人们信奉自如；它教义的核心是以歌唱形式向人们宣扬忠君孝悌之理，人们喻之为“学唱好话”，因此与通行那一时代底层的各类“叛逆”思想泾渭分明。一批安贫乐道，不愿铤而走险的人们因之乐此不疲，趋之若鹜。凡此种种都与同处在山东境内的八卦教颇不协调，这正反映了那一时代底层社会运动的丰富内涵和复杂态势。因为它产生在八卦教之前，而且活动地域又与后者相交，对八卦教的影响，以及与八卦教部分支派，特别是离卦教的融合也是理所当然的。总而言之，它传播的历史久远，达三个世纪；它传播的特定地域；它平和的传播方式及它的道德宣传内涵，都使得一炷香教成为那一时代部分群众宗教生活中不容忽视的力量。

一 董四海与一炷香教的创立传播

一炷香教教名的来历无他，即信仰者在默祷天地时面对一炷香，香灭则祈祷毕，故曰：一炷香教。

一炷香教创教人董吉升，字四海，山东省商河县董家林村人，生于明代万历四十七年（1619）三月，死于清代顺治七年（1650）八月，在世年仅31岁。有的史料讲，在康熙年间他还在修道授教，此可备一说。董四海死后，人们对他信仰日隆，皆尊其为“董神仙”或董老师父。后世传承人说他生前在山东章邱县枸峪地方“出家”学道。枸峪有观音寺一座，毗邻有关帝庙一座，皆为后世一炷香道人习教场所，或谓董四海出家学道之地。[①] 关于董四海一生宗教活动实迹，史料无载，但从一炷香教在华北、东北地区的深厚影响看，董四海生前当是一个十分活跃而吸引人信仰的宗教家。

一炷香教内流传着一部《排头记》，即教内谱系，而至道光十六年（1836）时，董四海后人已传教七代，而教派分为八支，可见在清前期这个教门传播已具有相当的规模。因此官僚周春琪在奏折中称：

> 窃惟传习邪教最为风俗人心之患，例禁綦严。然亦不过一村一家或父子相传，或师徒递衍，人数不至过多，易于惩治。从未闻有世愆七代，派分八支，时阅二百一二十年如山东武定府商河县董坦即董坛之甚者。[②]

周春琪对民间教派发展史一无所知，故对董四海的一炷香教“世愆

① 《朱批奏折》，道光三年十二月十五日署山东巡抚琦善奏折。

② 《军机处录副奏折》，道光十九年十月十二日吏部给事中周春琪奏折。

七代，派分八支"，大惊小怪。其实翻开一部民间宗教史，这类传教家族比比皆是。

所谓"世愆七代"即从明末到道光年间，董家传教已达七世。关于董氏家族传教情况，《清实录》及清代档案有点滴记载：

> 详查商河县一炷香教犯董四海（吉升）自前明流传支派，其五世孙董志道于乾隆五十二年，习教被获究办，其七世孙董坦（即董坛）于道光十六年，亦以习教拿解审讯，旋即监毙，其传徒戴洛占等均曾赴商河县上坟，拜识董坦，历经访获惩办，并将董吉升坟墓平毁，各在案。兹查董坦监毙后，有子七人，除伊五子湖青外出，次子长青物故外，提讯其三子河青等，佥称，自伊父习教犯案，引以为戒，委不敢踵习前教，亦无人至伊祖吉升墓所礼拜情事。复勘无异，相应保释，仍责成地方官随时稽查。①

关于董坦，即董四海七世孙行迹，《清实录》也有少许记载：道光十六年（1836）初，山东当局拿获传习一炷香教的戴洛占，供出董四海兴教二百余年，"世代踵习"。当局在山东拿获董坦，即董心平。据董坦供称：

> 七世祖董四海（即董吉升）创立一炷香教。该犯传习祖教，曾到过直隶，有故城县人张路安拜认为师，张路安复收德州人孙礼、罗兴为徒。至直隶传习董四海教究有若干，坚称阅时二百余年，委未知悉，与戴洛占亦未认识。取供后，该犯在监病故。②

由于董坦"坚不吐供"，当局对董氏传承所知无几。

至于"派分八支"，清档案有所记载。道光十六年（1836）二月，据直隶总督琦善奏称：在直隶境内清河、南宫二县访获戴洛占、杨彩等"习如意门教"，同时获"案犯"17名，并在戴洛占家挖出"纸折

---

① 清《宣宗实录》卷三二七，第13—14页。

② 清《宣宗实录》卷二七九，第5—6页。

一扣”。

“语多不经”，名曰《排头记》，内记录云：

> ……有山东老师傅董吉升，字四海，生于前明，住居商河县董家林村地方。传徒李秀真、刘绪武、张锡玉、黄少业、杨念斋、刘还新、石泷池、马开山等，分为八支等语。该犯戴洛占等讯系第3支张锡玉传派。又交河县访有刘盛和习一炷香教，究获党徒傅裕良等五名，讯系第七支石泷池传派。①

从这份奏折可知，当年董四海创教时曾将教徒分为八支，而董氏嫡传为教首，可知董氏曾依八卦九宫理论派列组织机构，与清初问世的八卦教似有共通之处。至200余年后，仍然有部分教徒依这种派系传习一炷香教。

据另外一些史料记载：当局在南宫县拿获第三支张姓派下“各犯”，“名为一炷香五荤教”，“在故城县拿获第八支石姓，派下各犯别名为添门教”。可知所谓八支，各有教名，相互间似无联络统属关系。而不少信仰者已“忘其支派”②。至少到了清代中叶，一炷香教已成为一个庞大的但是松散的宗教团体。

一炷香教除了个别支派叫一炷香五荤教、添口教（即天门教）外，还有称如意教、好话道、摩摩教、一炷香天爷教、平心教等名目者。教名虽异，教旨雷同，皆以董四海为崇拜偶像，因董四海“生于三月，卒于八月，遇此两月远近争来礼拜者不可胜记。……均称董四海为神仙，愚民沉溺既深，踵谬仍讹，已非一世，诛之恐不可胜诛”③。由此可见一炷香创教人董四海在底层民众中的巨大影响。

二　一炷香教的传播地区及组织特点

一炷香教是带有地方性神崇拜的教派，信仰者多为山东北部、直隶

① 《朱批奏折》，道光十六年二月十六日直隶总督琦善奏折。

② 《军机处录副奏折》，道光十九年十月十二日吏部给事中周春琪奏折。

③ 同上。

南部下层民众。一部分群众加入了宗教组织，更多的则仅限于对董四海这位“神仙”的崇拜，每年偶或“圣墓”一行，烧香顶礼，以求神佑而已。由于山东人口在清代骤增，北走关外者又将一炷香的信仰带到了盛京、吉林二省。从诸种史料可以明显地看出这个教派是以商河县为中心，逐步向外辐射扩张，但主要区域仍在鲁北直南一带。

从乾隆四十年（1775），清当局第一次发现一炷香教活动始，至道光十九年（1839）止，60余年间当局破获一炷香教的教案计十余次，其中除盛京、吉林各一案外，皆在山东、直隶境内发生，而特别以山东北部、直隶南部为多。在山东省商河之东有掖县、蒲台县、惠民县；商河之南有章邱县、禹城县、齐河县、济南府；商河之西有德州、陵县、平原县、恩县、武城县。直隶一炷香教徒多分布于与山东西北交界毗邻地区，如宁津县、清河县、南宫县、鸡泽县、永年县、肥乡县、邯郸县。清中叶，一炷香教与八卦教中部分教派融合地域则在直隶沧州、青县、静海县一带。由于山东等省民人出关谋生，一炷香教又在盛京的奉天府、锦州县、海城县、开原县，吉林的宁远州、抚顺县、临榆县、吉林府等地区传播开来。至清代末年，一炷香教又出现在天津及京畿地区。就笔者掌握的史料看，其他省份尚无此教活动。

一炷香教传播方式有两种：

一种是以道观为活动中心，有固定的宗教活动场所。部分游离于道观之外的云游道士也起到传播宗教的核心作用。

乾隆四十年（1775），清盛京当局在境内发现三股一炷香教教徒活动，其中一起系袁道仁即袁道然传播，袁道仁“系宁远玉皇庙道士，其已故师傅贾良雨原系清微道士，领有部照，不知何处学念一炷香五字经。……其师弟宁远人陈进孝同念一炷香经”。[①] 这里的传教师傅贾良雨虽然系清微派道士，领有度牒，念的都是一炷香的五字经，其传授的当是一炷香教无疑。

嘉庆二十二年（1817），当局在直隶承德地区发现如意教即一炷香教徒张智成，于嘉庆八年（1803）“听从道士简三即管礼心入教”。承德知县访知管礼心“在太清宫暂住，出外化缘”，托道士申良才看庙。

① 《朱批奏折》，乾隆四十年五月十六日弘晌奏折。

后管礼心为当局逮捕，供出烧一炷香，为人治病化缘，烧香时叩三十六道头，该道随身带有《万法宗坛》执照一张，以充正统道士。[①]

嘉庆二十二年（1817）底，当局在直隶清河县拿获教徒张清闲，据供：嘉庆十三年（1808）有云游道士王老道念诵《十王经》及《十劝歌词》，“劝人行好”，他遂“拜王老道为师，随同学好……告知此教名如意门”。嗣后，王老道将所写歌词，“给伊一纸，携回家中念诵”[②]。

嘉庆二十三年（1818），直隶南宫、肥乡两县当局拿获传习如意教的杨思贤等人，供出曾随“路遇不识姓名道人”学唱《劝世歌》，“随处唱说”[③]。

最有说服力的还是道光三年（1823）与道光七年（1827）山东、直隶两省查办的一炷香教案。

道光三年（1823）九月，山东历城县知县在郑家马头三官庙内发现道士孙大风等人“传教惑众”，拿获道士刘文彩等人。据署山东巡抚琦善奏称：

> ……起获《三官经》、《清净经》、《心经注解》及帖簿、谶语行述、鱼鼓、香筒等项。讯据供孙大风供称三官庙昔存今故道人刘中文本系一炷香教。嘉庆元年该犯因贫苦难度，拜刘中文为师入教，已故之朱荣及现获之杜景盛、刘文彩俱系刘中文徒弟。向来一炷香为人治病，系令向北磕头，诉述病人生平罪过，口授经偈，领香长跪，乡民往往跪香病愈，自愿入教。刘中文教给偈语四句，即收为徒。共辗转领香传徒……九十八人。[④]

不仅如此，因听说前辈一炷香道士因自行阉割而成道，三官庙一炷香道士杜景盛、刘文彩、张希武、蒙广生四人“心生羡慕，先后自行阉割”[⑤]。

---

① 《朱批奏折》，嘉庆二十二年九月十一日富俊等奏折。

② 《朱批奏折》，嘉庆二十二年十二月初八成格奏折。

③ 《朱批奏折》，嘉庆二十三年三月二十六日直隶总督方受畴奏折。

④ 《朱批奏折》，道光三年九月二十六日琦善奏折。

⑤ 《朱批奏折》，道光三年十二月十五日琦善奏折。

这一案件的进一步深入审理，当局发现一炷香教最初盛行于章邱县观音寺、关帝庙、地藏庙及历城县三官庙，至清道光间，传承不绝：

> 刘中文与章邱枸峪观音寺已故道士孙法孟、峰峪关帝庙已故道士李明刚等均向习一炷香教。溯查此教系康熙年间商河县已故民人董四海倡立。……董四海在日收已故章邱县人徐名扬为徒，徐名扬转传历城县郑家马头三官庙已故道士曲星斗，及章邱县枸峪观音寺已故道士宋文滕、峰峪关帝庙已故道士杨超凡三人，此各县传习一炷香之来历也。①

不仅章邱、历城诸道观的道士承袭明末清初董四海出家学道风习，直隶邯郸县龟台寺、南宫县三官庙、禹城县七圣堂也多有一炷香教道士聚会烧香习教。道光七年（1827）直隶总督那彦成办一炷香教案，发现邯郸西乡户村龟台寺习教情事，拿获信徒尹祥等29人，于寺内起获鱼鼓、剪板、道帽、衲衣等物，并无经卷、图像、符咒及“违禁不法字迹”。经过审理，查出为首者尹祥，原籍清河县人，在嘉庆八年（1803）听从已故南官县大河庄三官庙道士太和，同赴山东禹城县王家庄七圣堂菩萨庙内居住“学习一炷香如意教”。同案犯李士贵则听从其父李如芝传习一炷香天爷教，“跪香治病”。道光五年（1825）这两股一炷香教徒最后聚集于邯郸龟台寺，共兴一炷香天爷教。相与“编造行好修善得以积福消灾歌词”，向信徒宣称，凡入此教者“可以一生免灾”，“患有病者跪香即可除病”②，定期作会，烧香习教③。

显而易见，这支活动于鲁西北、南直隶几个道观佛寺的一炷香道士及世俗信徒与章邱、历城一带一炷香教道士同出一源，都是踵习董四海

---

① 《朱批奏折》，道光三年十二月十五日琦善奏折。另一说是：董四海传徒侯青山，侯青山传徒徐名扬。后曲星斗、宋文滕、杨超凡三人分别拜徐名扬为师，分成历城县三官庙与章邱县观音寺、关帝庙三支。

② 《朱批奏折》，道光七年八月十日直隶总督那彦成奏折。

③ 一炷香教为人治病之法还不限于跪一炷香，尚有令教徒向北叩头，叙述“生平罪过”。“声称只须按病人部位，如头痛必系不孝父母，手足痛必系兄弟不睦，胆腹痛必系良心不善，令其对天磕头改悔，不久即可痊愈。”（参见嘉庆二十四年方受畴奏折）“跪拜首过”源于道教之五斗米教，源远流长。

习教遗风，以寺院为基地，以道士为骨干发展成道、俗相兼的一炷香教教团。

为什么一炷香教会与道教相混同，而且占聚寺庙，自称道士？为什么有些道士甚至有部颁度牒，却传习一炷香教？原因很多，其中值得注意的是：明中叶末下迄清代，道教教派越分越细，黄冠细衣者如云如水，多不胜计。据日人小柳司气太所编《白云观志》载，这期间部分道教派系已分成86类。其中除了一些大的宗派把持道教宫观，有明确的传承谱系，而宫观无法容纳的非嫡传弟子只能各处云游，四海为家，或靠暂时的挂单讨生活，或靠乞食演唱道情以度日，或流为异端创教传徒。明代万历间，游食僧道已“街填巷溢”，“十百成群”，以至“踪迹诡秘，莫可究诘。”① 这些僧、道在民间传布法事，得有余钱，或修观以传道，或以安身，以至“迩来淫祠日盛，细衣黄冠，所在如蚁”，官方不得不下令严禁：“今后敢有私创禅林道院，即行拆毁，仍惩首事之人，僧道无度牒者，悉发原籍还俗。”②

正是在这样的历史条件下，一些道士为膨胀的宗教信仰之风所鼓动，依据庙宇为基地，或自造经书，自创教门，自称祖师，依托佛道，扩大教势。如黄天教创教人李宾即以直隶万全卫碧天寺为依托，形成了庞大的黄天教教团。一些僧道即使没有自创教门，亦视政府惩办政策如无物，依托观寺，自成一派，构成教团。一炷香教创始人董四海，利用了这股“邪正不分”、“法弱魔强”的气候，在山东独树一帜，崭露头角。在出家以后，妄称得道，门徒亦尊其为神仙，建观树宇，进行公开的宗教活动。山东章邱县的观音寺、关帝庙，历城县的三官庙，禹城的三官庙、七圣堂，直隶邯郸的龟台寺、南宫县的三官庙，或为道士所原有，后为一炷香教道士所占领；或本来就系前代一炷香教信仰者所建树，从而成为一个又一个民间宗教传播的基地。这种披着道教外衣的民间教派活动迷惑了清政权的耳目，致使当局长期以来未能发现一炷香教活动。直到嘉道之际，才发现个中秘密，加以取缔，然而为时已晚，一炷香教已在山东省北部、直隶南部，及东北一些地区遍传，而难尽根

① 明《神宗实录》卷五八〇，万历四十七年三月。

② 明《光宗实录》卷三，泰昌元年八月。

株了。

另外一批一炷香教的信仰者是世俗百姓。他们有家有口，家居火宅，但传播一炷香教的形式与一炷香教道士雷同。

乾隆四十年（1775）在盛京发现三股一炷香教活动，其中有两股与道士无关，系山东济南教徒出关谋生，恢复旧教。他们所收的弟子除去汉族百姓外，多为各旗旗民或在旗网户，平时的宗教活动不外是烧香念佛，“所念偈言亦系俚鄙之词”[①]。这些一炷香教信徒平日与红阳教、吕皇教（西大乘教）乃至天主教徒一样，热切希望过一种宗教生活，充实精神，并求神佑助，以解除地处关外孤立无援的处境。

在吉林省发现的一炷香如意教，最初传教人系直隶南宫县还俗道士陈恭，他传与熊庭云，而熊庭云又传至吉林宁远州民人徐凡及抚顺、临榆、吉林城等地的旗人和普通汉民百姓，每年四次聚会烧一炷香，习念咒语。司见这支教派日益从道士的影响中蝉蜕出来，走向民间。[②]

在山东、直隶一带这种单纯由一般百姓起会念经的现象更加普遍。

嘉庆三年（1798），山东武城县人姜明因母病重，“向天地前上供，焚香求祷”，其母“旋即病愈”。此后姜明每逢朔望之期即默祷天地，烧香叩头，名为平安香。嘉庆九年（1804）同乡人邵火棱劝姜明“行好”，口授《劝世歌词》，名为《克心记》。姜明即拜邵大棱为师，习念歌词，并立如意会，招徒习教。每逢三月三日、六月六日、九月九日，会众即到姜明家做会，各出钱文“备办素供”，“建醮祈福”。凡遇有病人，姜明先望空磕头，然后给香一炷，“均令望空跪香默祷”。平日会众，每逢初一、十五日各自在家焚香默祷。[③] 在武城县的这支一炷香教团带有很大的自发性。因受山东北部一炷香教世代风习的影响，自动组织起教团。而信仰者平时各在本家进行宗教生活，一年三次前赴教首家中聚会。这与以寺观为中心的一炷香教教团有着很大不同，显然更世俗化、更普及化。

同样，在嘉庆二十四年（1819）“犯案”的山东恩县等地及直隶宁

① 《朱批奏折》，乾隆四十年五月十六日弘晌奏折。

② 《朱批奏折》，道光十三年八月十九日奕颢等奏折。

③ 《朱批奏折》，嘉庆十九年五月二十八日山东巡抚同兴奏折。

津县的一炷香教团则更带有松散的世俗化特点。这支教团的倡立人山东恩县人王汉实，寄居平原县，乾隆三十一年（1766）即随历城县人李成名传习一炷香教。这支教团成员“往来各听自便，并不相强”。教徒平日早晚磕头烧香，“在门前烧香系敬天，就地烧香系敬地”。宗教仪式极为简单。

无论是以道观为活动中心的一炷香教教团，还是在乡村中常有自发性、松散性、更世俗化的教团，与同时代的一些教派相比大都独具一格。在宗教信仰上讲它与那一时代道教世俗化趋势则是相一致的。

三 一炷香教的信仰风习与道教的关系

一炷香教的修炼宗旨，大抵不脱离道教内丹一途；而其做道场，为人斋醮，也得之于道教符箓派余绪。然而无论修身炼性，还是做道场，又都与儒家伦理相契合。因此儒道结合得异常紧密是一炷香教信仰风习的一大特征。

首先，一炷香教讲究存神养气，性命双修。

几乎每一教派都讲求“跪一炷香”，对患病之人，要求其跪一炷香，对初入教者要求跪一炷香，长期信仰者更是如此，或云烧一炷香治病，或云烧一炷香消灾。而不在教的百姓“或因父母患病，或系己身及妻室患病”，也有不少人前往一炷香教传教者处治病，颇为灵验。为什么跪一炷香能够治病？笔者认为信仰者跪一炷香，实际在修炼一种静功，一炷香从点燃至烧毕，为时不短，祈祷者在香烟缭绕之中，人于沉静之地，全神贯注于对天地的默祷之中，杂念顿离，欲望皆消，从而达到一种恬淡虚无之境。这种境界对长期忧思劳苦者是一种最好的松弛，对欲望强烈者是一种控制。如果每天跪上一炷香，久而久之，患者体魄自健，病痛全消；而疾苦困顿者，则身心达到调节，弱而复壮；多贪多欲者，压抑了放纵的情欲，平和了内心的矛盾冲突与不平。凡此种种都可以看出人们信仰一炷香教并非完全的虚妄。“静功”是修炼内丹功夫的第一步，又叫筑基功夫，就像一座建筑物要牢固长存，先要打好基础一样，内丹家认为人们要想修炼内丹，先要入静即存神以养元气。不能控制住七情六欲，元阳难聚，则如水中捞月，皆成虚幻。所以长期跪一炷香，就是在进行筑基。然而丹家之中有性命双修派，认为人没有高尚的精神世界，没有道德方面的修养，不孝父母，不敬天地，不畏神佛，不戒酒色，不养德恕己，不遇事行好，这样的人充满了人生欲念，如何能收心养性？所以性命双修，才能得成正果。一炷香教是流行于底层的宗教，信仰者大多文化层次较低，但他们的修行与内丹家所云性命双修亦出一途。一炷香教徒到处宣扬"行好"，"说唱好话"，教内流行有《劝世歌词》，又名《克心记》。《劝世歌词》要求人们克制内心的欲念，满足上天赐予的现行生活秩序与生活条件，对天对官对父母要逆来顺受，不得抗争。嘉庆年间武城县一炷香教内流传着的《劝世歌词》内容如下：

> 双膝打跪一桌前，对给老天说实言，父母堂前多进孝，别要哄来不要瞒，犯法事情再不做，钱粮早上米先完，乡里养德多恕己，这是行好才全还，行好劝人三件事，戒酒除色莫赌钱。依天靠天，向天要吃穿，天赐雨露，普地下遍。丰收了都吃饱饭，不受饥寒，无也没图半文钱。日都吃三餐，拍拍心，该将佛念：弥陀佛，弥陀佛，弥陀佛。①

这首歌流传很广，与《父母恩本应赞念》一类的歌词内容似应一致。在一炷香教内集会之日摆供素菜清茶，烧香一炷，香前跪下，同念这首《克心记》，再叩头三个。是为仪式。

显然一炷香教跪一炷香的修炼内容与其道德说教是相一致的。其教义的本质是鼓吹"忠孝"二字，所谓行好内容完全符合清康熙皇帝颁布的十六条"圣训"："敦孝弟以重人伦"，"私乡党以息争论"，"明礼让以厚风俗"，"完钱粮以省催科"……清当局也知道这些歌词"缘系白日皆说好话，并非夜聚晓散……及念诵别项经咒"。②"此教实止图免灾难，其唱念歌词系劝人为善行好，委无煽惑敛钱不法别情。"③因此

① 《军机处录副奏折》，嘉庆十九年四月初十山东巡抚同兴奏折及姜明供词。

② 《朱批奏折》，嘉庆二十三年三月二十六日直隶总督方受畴奏折。

③ 《朱批奏折》，嘉庆二十四年十一月一日直隶总督方受畴奏折。

当局对这个教门的信仰者从未从严处置，“凡能具结改悔，赴官投首，准其免罪”①。

在一炷香教内部，还有部分信徒，“坐功运气”，修炼金丹之道。这些教徒“讲寡欲养性”，或“敬天养性”，认为“人是十六成丁，性分十六两，天有三十三天”，念诵“清真德和乐消散福量宽”的歌诀，以入静走气。② 从清代初年，董四海嫡传弟子徐名扬与再传弟子曲星斗都是“净身修行”，其所以如此，是因难以控制元阳走泄，干脆阉割生殖器，以免除性欲之扰。据云“曲星斗临死在太平椅上坐化，鼻垂玉柱两根，得成正果”，后代一炷香教道士纷纷效法，先后自行阉割。③ 这种苦行僧式的修炼，亦非一炷香教独创，宋元以来笔记小说不止一次记录内丹家自阉修行。一炷香教部分教徒依样画葫芦，亦行此道。然而自行阉割之人欲求金丹之道，恰如缘木求鱼，只能戕性害命，适得其反。

一炷香教徒修炼内丹风习延续至清末，据史料载，在北京的该教教团皆习此法：

> 白本笃，年六十七岁……年至三十，入一炷香教。该教门规矩极严，以敬佛为宗旨，不杀生，不害命，吃长斋，焚香，日日坐功运气，其终向往死后脱下皮囊，往西天成佛作祖为乐境也。
>
> 本笃自入该教门之后，即认为真教，遵规甚严，用工极苦，如此二十年，以致将两腿下外拐磨平。④

清末流行在北京的一炷香教团，已经成为一个严格的派别，但日日坐功运气，以求丹道，则衣钵相承。至于本来以成仙为归宿，演变成追求成佛作祖仅是毛皮之变，本质依然是道教内丹家之术。

其次，一炷香教的道场。

多数一炷香教教团除了跪一炷香，传习静功，或坐功运气，追求金丹之道外，也为人斋醮做道场。这种情况多发生在以寺庙为基地的一炷

① 《军机处录副奏折》，道光十九年十月十二日吏部给事中周春琪奏折。

② 《朱批奏折》，道光三年十二月十五日署山东巡抚琦善奏折。

③ 同上。

④ 《拳时北京教友致命》卷二。

香教团中。在这类寺宇内，多装饰有天地台，一方面以备教徒祈祷之用，另一方面则是做道场之所。道士或世俗教徒，是时为求助者建醮，围坐天地台下，相与击打乐器，齐唱道歌，或为超拔亡魂，或为驱鬼赶妖，以扫污秽。这类道场往往要钱不多，或仅纳香资。对求斋醮者来说比请正统道士要省钱多。

还有相当多的教团，其成员多为庄户人家，每于闲暇之机，一月或做道场两三次。其成员来自不同村落，“各带干粮，齐集一处，用鼓板敲打，念佛歌唱，并不与妇女见面”。[①] 他们往往有特定乐谱，如《五方元音》之类。乐器则是鼓板、木鱼、剪板之类简单道家乐器，同时带有香筒以备焚香之用。这类道场仪式极为简单，教徒或因有事，来去自便，不但没有正规道场的森严肃穆气氛，与一炷香教中以寺院为基地的教团所行道场也不相同。所歌唱的内容大多为《父母恩本应赞念》之类世俗化味道极浓的歌词，在木鱼、鼓板的击打声中，和而歌之，气氛轻松和谐。显然，这类道场，更带有抒发宗教感情，调解紧张生活，以及会同教友的目的。它完全与农村社会那种恬淡生活色调合拍，因而在鲁北、南直一带广为流行，为信众喜闻乐道。它流行关键在于它较少地束缚人的身心，而适应了下层民众的生活方式、文化层次以及心理要求。它的出现填补了部分缺少寺宇的村落和乡镇宗教生活的需求。

值得一提的是，有部分教徒也像云游僧道一样，到处游走，演唱劝善歌词，“劝人行好”，并把它作为一种生活方式。也有的一炷香教徒，“出外贸易，随处唱说”，此等人“均系白日说唱好话”。不少群众因教徒“所唱好话多而且好”，遂拜师入教，“随同学好”。[②] 早在唐宋之际，由于道教的兴盛，道徒的膨胀，云游道士的大批出现，一种流行底层的世俗化道教音乐——道情出现了。唐代有《九真》、《承天》等宣扬出世思想的道曲发其端，宋代发展成以渔鼓、简板等乐器奏而歌之，则继其后。明清时代，在民间流行愈广，影响愈深，诸如陕北道情、义乌道情，皆与地方民风民俗融为一体，构成了特定的底层文化生活不可分割的部分。而宋代下层社会的乞丐或丐团则手持竹板，走街串巷，乞食演

① 《朱批奏折》，嘉庆二十四年十一月一日直隶总督方受畴奏折。
② 《朱批奏折》，嘉庆二十三年三月二十六日直隶总督方受畴奏折。

唱《莲花落》，其内容亦多宣扬因果报应，行善行好之词。显然，一炷香教教徒无论在道场中演唱劝世歌词，抑或个人云游“说唱好话”，都与下层社会僧道演唱道情、佛曲，乃至乞丐乞食之歌词《莲花落》等有至深联系。关于这一点，尚需做深入探讨。

四　一炷香教与其他民间教派的融合

一炷香教从明末发端，其历史贯穿了整个清代，已融进了山东北部、西北部以及直隶南部下层社会生活，影响力和渗透力是强大的，它影响到同一地区共生的其他教派，特别是八卦教的部分支派。

一炷香教的产生早于八卦教大约20年之久，对八卦教的倡立不无启迪之功，对此，将在以后八卦教有关章节阐述。

到清代中叶，特别是嘉、道时期，一炷香教部分支派又与直隶南部部分离卦教支派发生融合。

八卦教倡成于清康熙初年的山东省单县，倡教人刘佐臣“分八卦，收徒党”，其中一支即离卦教。离卦教开山祖师系河南商丘县郜云龙，郜云龙故后，其子孙承袭教权，教势遍及华北地区。乾隆三十七年（1772），八卦教上层宗教领袖集团被当局一网打尽，离卦郜姓家族部分成员罹难。此后教分两支，一支在老家商丘继续隐蔽传教，另一支到山东聊城县开拓教业。早在乾隆中叶前，离卦教即传到直隶南部，其中清河县教首刘功系离卦领袖郜生文嫡传弟子。刘功能量很大，其弟子遍及直隶南部、山东、江苏数十州县。而教派派生，层出不穷，教名多达20余种，或隐离卦教之名，或改教名另立教系，但离卦影响不绝于世，源远流长。离卦教传承至清中叶，以“教世人学好，可免灾难”为由，诱人入教。凡入教之人，皆焚香供茶，传习坐功运气之法，朝拜太阳，以炼“真性”。教徒入教需发誓言：“依正弟子改邪归正，归顺于礼，非礼勿言，非礼勿视，非礼勿听，非礼勿动；传授心法，轻传匪言，泄露至理，阴诛阳灭，将此身化为脓血，入水水中死，入火火中亡，强人分尸，天地厌之。”① 成为一极秘密的教派。

---

① 《军机处录副奏折》，嘉庆十八年九月三十日王普仁供词。

乾隆中叶以后此教出现多种教名，如圣贤教、大乘教、先天教、一字教、音乐会、佛门教、明天教、白阳教、如意教、未来真教、离卦救苦教、如意义和门离卦教、离卦教义和门等等。其中出现在天津府的沧州、青县、静海的义和门或离卦教义和门、老君门离卦教、如意离卦教义和门即是离卦教的流裔，经离卦教多年递衍嬗变而出。然而在其传播过程中，又明显地受到山东、直隶毗邻地区势力极大的一炷香教的影响，明显地带着后者的印记。

嘉庆十八年（1813）十一月，有沧州人刘会昌等人首告沧州李村镇人戴二即戴真先传习季八所授之“邪教”。刘会昌供称，嘉庆十七年（1812）九月，戴真先劝其“学好”，“可以见佛避难”。刘会昌见到号称八当家的季八，磕过头后，季八教授其运气之法，“说学得了功夫，那头上骨缝开了，可以上天得道”①。当局旋即捕获了青县人季文升即季八。季八供称，嘉庆十六年（1811）春，会遇王世清留住。王世清家供着佛像一纸，领着季八烧香叩头，教其“学好”，说此教“是义和门，取其和好的意思”。此教要求教徒“孝顺父母，和睦乡里，耳不听非声，眼不观非色，鼻不闻颠倒，口不说非言”；还教授季八坐功运气之法，“修炼真性，以修来世”②。

其实季八上述口供部分带有假供内容。季八的真正师父是青县人叶富明。嘉庆二十年（1815）直隶当局查办老君门离卦教一案审讯叶富明，叶将季八授受关系交招如下：

> 缘叶富明籍隶青县，种地度日，与季八系相交好。叶富明之父叶长青在日，系习祖传老君门离卦教，又名义和门，每日在家三次，朝太阳烧香磕头，诵念无字真经歌诀，练习打坐运气功夫，并与人按摩治病，并未传徒。……嘉庆九年十一月内，叶长青病故，叶富明仍习其教，并不与人治病。至（嘉庆）十二年间，叶富明传教与季八，此外并无另有匪人来往，亦无别有徒众。③

① 《军机处录副奏折》，嘉庆十八年十一月二十二日英和等奏折。

② 《军机处录副奏折》，嘉庆十八年十二月六日季文升供词。

③ 《朱批奏折》，嘉庆二十年五月初七直隶总督那彦成奏折。

季八得其传授之后，在青县、沧州一带广传弟子，号称数百人，遂为当局捕获发遣。

与青县叶长春、叶富明父子同传义和门离卦教的有吴久治，其教亦系“祖传”。嘉庆十四年（1809）吴久治劝令其无服族侄吴泳满拜师入教，“学习坐功运气，并好话歌词”。吴泳满旋即收同县人尤明，尤明因穷苦难度，起意借此惑众渔利。嘉庆十五年（1810）十二月，尤明传其表兄静海人韩可法入教，并同至其兄韩可旺家，“尤明置备鱼鼓、简板，夜间自行敲击，唱说好话。吴泳满亦曾往帮唱数夜，诱引男妇多人往听，夜聚晓散”。此后尤明陆续收韩可旺等18人“拜师入教”，“学唱好话，各给钱文”。

嘉庆年间，清当局在沧州、青县、静海县一带连续破获季八、戴真先、戴邦贤、叶富明、吴久治、吴泳满、尤明诸教案。这些人传教授徒，或称义和门，或称佛门教，或称老君门离卦教，或称离卦教义和门，教名虽异，教义雷同，其皆出生于八卦教的离卦教，则无疑义。但这支离卦教又非河南商丘离卦教正宗，因为在传承过程中深受一炷香教的影响。其证据如下：

第一，各支皆以“行好”为名传教，声称此教要“孝顺父母，和睦乡里”，并修炼真性，以修来世。与一炷香教性命双修宗旨如出一辙。一炷香教要求教徒“行好”的目的是便于修行，求福免灾，修来世之福田。

第二，这支离卦教不同于河南、山东多数教派，亦做道场，置备鱼鼓、简板，说唱好话，往往连唱“数夜”，诱惑男妇多人往听。与一炷香教不同的是，一炷香教从不夜聚晓散，而是白昼说唱好话，而且不许妇女近旁。离卦教义和门“说唱好话”要敛钱收费，一炷香教多数教派定下教内规矩：不许敛钱收费。

第三，离卦教义和门与一炷香教祈祷天地，一炷香教设天地台，焚香膜拜，而离卦教义和门则主要是每日三次朝拜太阳，以修真性。

一炷香教与离卦教义和门又有根本不同之处。

第一，一炷香教基本属于依托道教的教派，因此活动公开，教团较为松散，没有隐秘咒语与条规。无论跪一炷香，传习静功，还是做道场，抑或系云游四方，“说唱好话”，都不避人，更不赌咒设誓。离卦教义和门则不同，它秉承了离卦教的传统，入教设誓，凡新入教者皆被告知“如有泄露一字，瘸腿瞎眼，化为脓血”[①]。教内授受关系极为隐秘，戒律亦较一炷香教森严。

第二，离卦教义和门“每日在家三次，朝太阳烧香磕头，诵念无字真经歌诀，练习打坐运气功夫”。所谓“无字真经”，即“真空家乡，无生父母”八字真言。离卦教属于八卦教系统，倡导三阳劫变，弥勒下世观念，崇拜无生老母，圣帝老爷。一炷香教内没有任何支派念诵八字真言，不崇拜无生老母，教中最高偶像是董四海，号称董神仙。

第三，离卦教与八卦教系统其他教派一样，教权大都世袭，有严密的教阶制度，有特定的传教经书，教内做会、授徒都收费敛钱。所敛银钱，层层上缴。宗教领袖集团成为教内精神领袖和教门实际组织者，享有经济上的特权地位和对教徒的生杀予夺之权。一炷香教内除董四海后裔世袭教权，以董四海墓地及出生地为传教基地外，其他教派都没有家族世袭教权的记载，而是代代异姓相传。没有特定的经书，教义宗旨大都是内容通俗的唱词，代代口口相授。传教授徒不准收受银钱等物，否则即属违背教旨。因为没有经济利益的支撑，很难形成世袭传教家族及稳定的宗教教团。

第四，从清代中叶后，八卦教成为华北地区动乱之源，其浓厚的反满抗清意识，吸引了成千上万不甘现行专制高压的民众，起而抗争，铤而走险。从乾隆中叶的清水教起义到清末的义和团运动，几乎所有在华北地区爆发的民众造反运动都与这个教门有关，或受其影响，或为其组织策划，因此屡遭清政权残酷镇压，但屡扑屡起，前仆后继。而一炷香教与八卦教恰恰相反，它是一个自甘屈辱、克己顺受的教派，对天、对官，低眉顺服，恪守条律，数百年间没有一支教派参与过任何一次造反行动。它“说唱好话”和“行好”的内容，完全符合封建专制统治的要求，而鼓吹以道德说教亦与八卦教部分教义鼓吹以改天换地内容背道而驰。甚至在大乱不止的清代中叶，它也能安之若素，乱中取静，甚至为封建暴政唱赞歌，安人心。

一炷香教出现在明清时期社会的底层，再一次向我们展现了封建社

① 《军机处录副奏折》，嘉庆十八年十二月刘会昌供词。

会末期下层文化的多重性、复杂性和它的斑斓色彩；再一次告诉人们，历史不是刻板的模式，人们的信仰不是刻板的模式，而是活生生、动跃的、历时化着的、多姿多彩的社会运动。就那一时期的底层宗教而言，也绝不是一个“白莲教”所能概括的，它包容着丰富的内涵和历史深度。

作者：马西沙，中国社会科学院荣誉学部委员，中国社会科学院哲学片研究员评审委员，中国社会科学院道家与道教研究中心名誉主任。

香与西南边疆少数民族文化*

陈鲁雁　孔含鑫

党的十八大以来，以习近平同志为总书记的党中央高度重视弘扬传统文化。鼓励挖掘、弘扬和建设中华优秀传统文化。香文化是中华优秀传统文化的有效构成。西南边疆，由于其特殊的气候、历史地理环境、多元民族文化以及与古代印度、波斯、罗马、阿拉伯世界等文明古国在香文化上的密切联系，使得西南边疆少数民族传统文化与世界古老文明彼此融合、和合共存，也使得香文化成为促进西南边疆地带民族团结和增进蜀身毒道、麝香之路以及丝绸之路经济、社会发展的独特的文化力量。本文粗略梳理、探讨香文化与西南边疆民族文化多元发展的历史文化过程，并就教于方家。

一　西南边疆地区自然环境、人文地理与华夏香文化的起源

华夏香文化源远流长，春秋战国时期，是中华香文化的起源时期，典籍中就有很多古代社会用香的记载。《诗经》、《楚辞》、《山海经》中不乏萧、艾、兰、蕙、芷、茅、郁、椒、辛夷等草本芳香植物或动植物油脂的言说。如今，香更多的是用于陶冶身心，或譬喻高尚的德行等精神层面。但古时人们对各种芳香物质的最初认知，却是出于对自然生态的本真反映。就“香”字从黍作甘而言，香文化的产生在于古人感知到了一些动植物及其油脂可以发出“甘馨、芳香”的味道，而古人用

* 基金项目：云南民族大学区域高水平大学建设学术带头后备人才项目。

香的目的是为了清洁环境，驱灭虫害以及酿造宴饮，或敬神祭祀所需要的酒。由此，香文化的源流与自然环境密切相关。

先秦时期，西南地区属于边疆蛮荒之地，遍布瘴气巫鬼，中原与西南边疆交流较少，对西南边疆地区盛产的香料也知之甚少。西南边疆地区险峰峡谷、河流密布、森林茂密、气候湿热多样，这种自然地理条件恰恰是草本芳香植物和麝等珍稀动物生长的理想环境。如肉豆蔻就产于热带地区，喜温暖湿热天气和排水良好的肥沃土壤；丁香喜欢充足的阳光，又耐阴寒，喜欢肥沃、排水好的沙土；而原产于伊朗的蕃（藏）红花对温度、水土的要求更加挑剔。而西藏、古益州、云南、贵州及广西等地盛产麝及麝香，则形成交换麝香的“麝香之路”。以云贵高原上的云南为例，不仅有海拔仅 76 米的镇南河口，还有海拔高达 6740 米的德钦梅里雪山卡格博峰。闻名于世的金沙江、怒江、澜沧江等水系在其境内终年流淌，如此，罕见地造成了云南一省兼有寒、温、热三带气候的多元而复杂的气候环境，也使得云南历来就是“植物王国”、“动物王国”。动植物种类异常丰富的自然环境不仅使广袤的西南边疆成为我国本土香料的产地，也使得西南边疆自古也是异域香料汇聚之地和理想的移植之地。总之，香料对自然环境的依存关系使得西南边疆自古就成为华夏香文化的发源地之一。

早在春秋时期，西南边疆人民就在云贵高原崇山峻岭中开辟了一条通向南亚次大陆及中南半岛的“蜀身毒道”，而此时，北方丝绸之路、海上丝绸之路和茶马古道远未开通。汉代所称“蜀身毒道”即西南丝绸之路，由南、西两道的岷江道、五尺道、牦牛道构成，其东起古蜀都，西至印度，沿途郡县相连、驿路相接，将西南夷地边疆与印度等世界古文明紧密相连。此外，罗马帝国在公元 1 世纪通过“麝香之路”经昌都—拉萨—阿里—西亚一线交换西藏、古益州盛产的麝香，到了公元 7 世纪吐蕃王朝时期，中原内地的茶叶、陶瓷、红糖等从成都和普洱等地到昌都，并沿着“麝香之路”进入雪域高原和西亚地区。如蜀布和邛杖独产于四川，但公元前 122 年，张骞从西域归来，向汉武帝禀报他在大夏（今阿富汗北部）发现了大量由东南身毒（今印度）国而来的蜀布和邛杖。往后，如《香品举要》又有记载：“后周显德间，昆明国又献蔷薇水矣。”[①] 此处的蔷薇水表明，自

① 陈敬著，严小青编著：《新纂香谱》，中华书局 2012 年版，第 11 页。

汉武帝经略西南，将西南夷道通到滇西洱海地区，设立永昌郡后，贯通西夷道、南夷道、永昌道后，天竺、大食、安息等异域奇珍异香进入我国已呈常态。这也从另外一方面表明，西南边疆民族地区不仅有适合香料生长、移植的自然水土和生态环境，而且自古以来就是中华传统优秀文化与世界民族优秀文化频繁交流、和合共存的要塞。

与此同时，我国西南复杂的自然环境与多元的人文地理相得益彰。复杂的地理气候条件和地形地貌，是造成西南边疆少数民族众多，经济、文化、社会发展多元的重要原因。有藏缅语族、苗瑶语族、壮侗语族、孟高棉语族四个语族的少数民族文化在此西南边疆地带汇聚共存，中国西南的云南、贵州、广西、四川、西藏共有30多个少数民族生活，世世代代或游牧或农耕于高山、平坝之间，形成独特的地域文化和人文地理风貌。

就香文化传播和运用的初始阶段而言，除了“香”字最本初的表示谷物之有香气，则不外乎佩戴兰香、焚烧萧艾和利用鬯草。香料在西南边疆民族地区之所以被广泛应用，与我国历史上南方、西南边疆及西北地区的瘴及瘴疠有关。历史上诸如西南边疆这样人烟稀少的地区，其自然生态和生物的多样，地理环境相对封闭，气候或炎热潮湿或极度寒冷，常有一些含有或分泌毒素的动植物生长其间，这些动植物生长时或死亡后产生的有毒气体或液体，在这种阴暗潮湿、暑热低洼或高寒阴冷的环境中极易散发，或成水气蒸发熏郁，或成气流凝滞郁结，从而产生一种足以致人死亡的自然生态现象——瘴。瘴按形态大致可以分瘴气和瘴水。人被瘴侵害后的疾病症状，则称为瘴疠，虽然并不完全是疟疾或伤寒，但在医疗卫生条件落后，自然、科技知识匮乏的古代，西南地区这种“很容易就可以让陌生人神秘地死亡”① 的瘴疠与疫病、传染病、瘟疫一样，使远古部族的人们产生巨大的无助感和恐慌感。即使在今天，云南植物园里那几棵“见血封喉”的箭毒木树也足以让我们联想到远古西南地区瘴及瘴疠的神秘。

瘴和瘴疠对远古部族生存的巨大威胁和压力，促使边疆部族的人们去想办法避免和应对瘴和瘴疠的危害，在此过程中，既加深了西南边疆

---

① 费孝通：《江村经济》，上海人民出版社2006年版，第435页。

夷人对瘴的认识，一定程度上也促进了西南边疆民族对自然的科学认知，而其中夹杂的对香的理解和运用则与本文研究选题和香文化有关。通过观察和分析，西南边疆民族将瘴气基本分为两种，一种是易在清晨傍晚出现的瘴气，比如早晚常见的白雾瘴，即瘴气掺杂在雾气山烟之中，白雾瘴的毒性最弱，云南傣族避免白雾瘴的办法就是尽量不要起早。清晨和傍晚还会出现一种毒性稍强的呈红绿蓝黄等颜色的五色瘴。另外一种就是被叠加了原始部族想象的瘴气，如传为是凶灵鬼怪制造的“仙女瘴”，因为其毒性很强，对人类的危害最大，加上此类瘴不像白雾瘴和五色瘴一样容易被人看见和轻易避免，就被神化为蛰伏地下的精灵在作怪。唐刘恂所撰《岭表录异》（卷上）就对南方边疆之地的瘴气和瘴疠作了记录，并把瘴称为“瘴母”①，予以巫鬼化，可见瘴气和瘴疠在南方边疆地区的遍布及对南方边疆少数民族传统文化及社会生活的深刻影响。

除了前面不早起的应对瘴气和瘴疠的办法，西南边疆民族采用或煮青蒿水饮用以化解瘴气，或抽烟片抵御瘴毒的办法。具体原因在于香料本身具有醒神、微毒等刺激性的药理作用，一些香料散发出的馨香，闻后能使人精神振奋，而焚烧香木的烟气，沁人心脾，让人从恶心呕吐、酷渴、腹痛腹泻、头昏头痛、头晕嗜睡、寒战、胸部紧缩、呼吸减弱、困倦无力、发冷发热、血压下降、晕厥、耳鸣、呼吸困难、昏迷等类似疟疾或伤寒症状的瘴气之毒中得到缓解或治愈。这些都促使西南远古部族的人们认识到香料、香烟、香汤、香水等可以克制或治愈瘴气、瘴疠，从而使得西南边疆远古部族不断地去采集、认识、培育和运用香料，香文化由此与西南民族传统文化相伴相生。

二　道教、苯教及藏传佛教文化与西南少数民族香文化

西南边疆地区少数民族众多，民族民俗传统文化历史悠久。与世界

① 北京鲁迅博物馆鲁迅研究室编：《鲁迅研究资料（4）》，天津人民出版社 1980 年版，第 53 页。

上其他民族民俗文化一样，西南边疆少数民族民俗文化也是本民族认识自然、凝聚部族情感、支撑本民族精神和生活发展的一种独立的社会文化体系。西南少数民族香文化源于对自然的直观和客观的认知，是西南少数民族文化自然观的体现。西南边疆远古部族燃香的最初动机是基于洁净观和健康观等目的，即焚烧香料是为了清净部族的生存环境，驱疫虫害或消除污秽。随着历史进程以及与外来文化的交融发展，西南边疆远古民族民俗文化突出地表现为与道教、苯教及藏传佛教等较为成熟的宗教文化体系的相互融合与汲取，西南边疆远古民族香文化也清晰地体现在道教、苯教及藏传佛教之香文化思想中。

1. 道教文化与西南少数民族香文化

西南边疆少数民族自古少有文字，因而关于本民族的传统文化史料不像汉地民族传统文化那样较为成体系。但西南边疆少数民族的传统文化的遗存也有自身的途径，一方面，今天我们从墓葬发掘、少数民族青铜文化考古、少数民族口耳身授的部族英雄史诗和乐舞、民族建筑遗存、雕塑以及少数民族传统工艺、民族艺术等方面，都可以清晰地感知到西南边疆少数民族传统文化的源远流长和多姿多彩；另一方面，杂糅百家，被鲁迅先生认为是中国传统文化的根柢[①]的道教就产生、扎根于西南边疆的四川，并自产生之日起就与西南边疆少数民族文化相互汲取、融合共存、传承至今。在道教早期的经典中，有关西南民族多“不死之教”、“不死之药”以及具有飞升、交通天界神灵法术的“胡老仙官”、“越老仙官”、“氐老仙官”和“羌老仙官”的记载很多。道教不仅被闻一多、向达等人研究后，认为是源自古代西方某民族的宗教，[②]李约瑟也积极肯定道教崇尚自然的本质特征及道教思想在中华传统文化中的重要地位和深厚影响力，李约瑟明确指出：“道家思想……爱好并钻研自然……中国人性格中许多最吸引人的因素都来源于道家思想。中

① 《鲁迅书信集（上卷）》，人民文学出版社 1976 年版，第 18 页。

② 闻一多：《道教的精神》，载《闻一多全集之一·神话与诗》，北京古籍出版社 1956 年版，第 151 页；向达：《南诏史略论》，载《唐代长安与西域文明》，生活·读书·新知三联书店 1957 年版，第 175 页。

国如果没有道家思想，就会像是一棵某些深根已经烂掉了的大树。”[①] 因此，就地域性、思想性、多元性及包容性而言，一定程度上道教与西南少数民族传统文化可谓同根同源；同时，就自然观而言，从西南少数民族文化与道教对自然生物及科技的认识和重视，也可以看出西南少数民族对华夏香文化起源与发展的独特贡献。

香在古代社会最初一般是应用于洁净与医疗，通过香料、香药、香汤以及香烟的基本功能为远古部族祛除瘴疠等自然灾害和疾病困扰，为部族赢得适宜的生存空间，促进部族的繁衍，并在此基础上，借助万物有灵的原始部族民族文化思维，通过神灵对香烟的歆享，达到人神的有效沟通。这契合道教和西南少数民族民俗传统文化的核心。西南湿热、高寒之地的山川多瘴气，这导致西南少数民族俗畏鬼神，多有淫祀而巫傩之术和万物有灵观念的流行。道教以“道”为最高信仰，劝导世人通过丹道炼养和心性修为而长生久视、了达生死。西南少数民族民俗传统文化中诸多长生信仰、奇方妙药和神话传说以及西南民族对香的利用都被杂糅百家的道教充分吸收。

香能祛除污秽和治愈病痛，这使得香文化成了西南民族文化的洁净观、健康观的有效构成，香也是道教仪礼趋于神圣的必要辅助。静室在道教文化中是人神沟通的场所，是神灵下降的居处，也是用香和香文化集中的地方。在举行斋醮祭祀仪式时，通过用香杀虫除菌以保证静室的洁净，通过香汤沐浴使五体清洁，九孔鲜明，衣体芳馨，这样才可与神灵相通，“太极真人曰：真人体道虚无，无所畏忌也。俗间有污秽者，直圣人为世人魂神忧故耳。人经污秽，不以香汤沐浴，多病害人，欲示民知清浊故也。夫鬼神之道，倍多污秽也，污便不行矣。但金尚不可秽耗，何况至道乎。大法真道，无所污秽明矣”[②]。《黄帝九鼎神丹经》[③]

---

① 李约瑟著，王钱国忠编：《李约瑟文录》，浙江文艺出版社 2004 年版，第 112—113 页。

② 《道藏》（第 9 册），文物出版社、上海古籍出版社、天津古籍出版社 1988 年版，第 871 页。

③ 本经已轶，经文、丹法及注文见于《九转流珠神仙九丹经》（《道藏》第 19 册，文物出版社、上海古籍出版社、天津古籍出版社 1988 年版，第 427—437 页）；正文亦见于《黄帝九鼎神丹经诀》（《道藏》第 18 册，文物出版社、上海古籍出版社、天津古籍出版社 1988 年版，第 795—799 页）。

是道教丹经中成于汉代的、最早的一部丹经，本道教丹经的核心内容是记载西汉时期从服食香药到丹药的转变。经文中虽然看似还保留着道教早期仪式与传统祭祀结合的痕迹，如献祭品中除了蔬果、米酒外，还包括了鲜活鲤鱼、牛羊脯这些荤类食物，并饮鸡血为盟，但其中的用香炼丹合药的斋祭仪式，以及在仪式中使用香料的资料为香文化保留了很多宝贵的信息，并为之后“以三焚香代三献”等祭祀礼仪革新做了准备。《旧唐书·礼仪六》记载，“自天生八年，鬼室祭祖始焚香，以三焚香代三献。皂室丧葬也要用香。安葬宪宗时，穆宗下诏用香药代替鱼肉作供品：‘鱼肉肥鲜，恐致熏秽，宜令尚药局以香药代食’”。[①] 香料、香药的运用以及用香取代牺牲祭祀，符合道教禁荤的修炼原则。道教文化中以香为致用的如是洁净观、健康观，促进了中华祭祀礼仪的演进。

2. 苯教与西南少数民族香文化

《仪礼·觐礼》曰：“祭天，燔柴；祭山、丘、陵，升；祭川，沉；祭地，瘗。”[②] 殷商甲骨文中的“柴”字，指的是手持燃木的祭礼。《周礼》中记载大宗伯之职为“以吉礼事邦国之鬼、神、祇，以禋祀祀昊天上帝，以实柴祀日月星辰”[③]，孔疏：“禋，芬芳之祭。”禋祀，是古代祭天的一种礼仪。之所以孔疏为芬芳之祭，是因为先秦祭天燔柴所燃烧的是香蒿，敬的酒是用郁金草酿成的香酒“鬯”，古人相信燃烧之后的香烟和鬯酒散发的香气能上升到天庭，天帝能嗅味以享之，称之“禋祀”，中原汉地后来的烧香祀神的文化根源即与此密切相关。

在藏地，最初用香的目的是为了清洁和健康，与道教最初用香的目的很类似，而香烟本身被神灵歆享，而具有神圣意味则是在此基础上进一步引申出来的香之文化意义。藏学家土登尼玛曾经指出：煨桑“这种祭祀仪式产生于藏族的远古时代，最初是古代藏族的男子，在出征或狩猎回来时，族（或部落）中的族长、老年人和妇女儿童，在寨子外面的郊野，烧上一堆柏树枝叶以及香草等，并不断地往出征、狩猎归来的

① 《旧唐书》卷十六“本纪第十六·穆宗李恒（长庆元年至四年）”。
② 万建中等译：《周礼》，大连出版社 1998 年版，第 146 页。
③ 同上书，第 113 页。

人身上洒水，以期用烟火和水来驱除掉那些因战争或其它原因而沾染上的各种污秽之气味。这种仪式，与汉族的‘洗尘’的原始形态极为近似”[①]。卡梅尔在其《本教历史及其教义概述》的文章中，也认为“煨桑”具有“净化”的意义，即藏区“人们相信在焚烧植物时，所产生的那种烟雾，特别是焚烧杜松枝叶时所产生的烟雾，能够净化污秽”。[②]苯教经典中的文字也表明焚香是迎神之前的礼仪行为，《普慈注疏》中所载“父王道：‘天神受命下凡界，人间污浊多瘟疫，雅阿开道走马前，次米保驾在左方，佐米护卫于右侧，驱邪焚香有雅阿……’”。[③] 因为凡间的污浊和瘟疫，所以天神下凡之时才需要雅阿焚香驱邪的伴随。因此，无论是《格萨尔王传》，还是苯教经典，烟祭这种古老的藏地原始部族的宗教祭仪的最初含义，是藏地远古先民在迎请神灵的宗教仪式中的一种洁净礼仪行为，是西南少数民族传统洁净观、健康观在香文化和远古部族祭祀仪式中的体现。

藏地苯教是一种融合青藏高原远古部族的传统宗教习俗的文化体系，其核心是万物有灵，并且认为“天”是独特和至高无上的神灵。一切神圣事物在苯教文化中都被尊为“天降之物”[④]，在天神之下有一系列的神灵，而苯教这一系列平等而众多的神祇是促使整个藏族文化趋于神秘性的重要原因，也是苯教文化影响整个藏族文化内在价值的要素。[⑤] 藏地远古部族对香文化的认知与苯教文化体系结合，就使得煨桑（烟祭）在藏地民族文化中流传至今，即使是藏传佛教，也在与苯教斗争后保留煨桑祭仪，并赋予煨桑以佛教供养的文化含义。由此，可以看出香文化在藏地文化中的核心地位，也可以看出香文化是西南少数民族文化之间以及西南少数民族文化与佛教文化之间交流、融合和共存的

① 周锡银、望潮：《〈格萨尔王传〉与藏族原始烟祭》，《青海社会科学》1998 年第 2 期，第 98 页。

② 图齐著，向筱红译：《喜马拉雅的人与神》，中国藏学出版社 2005 年版，第 152 页。

③ 恰白·次旦平措：《论藏族的焚香祭神习俗》，达瓦次仁译，《中国藏学》1989 年第 4 期，第 42 页。

④ 孔又专、吴丹妮、田晓膺：《羌族宗教文化的历史渊源初探》，《西藏大学学报》2012 年第 2 期，第 94 页。

⑤ 拉巴次仁：《苯教神学研究——苯教神祇体系及特征分析》，《西藏大学学报》2010 年第 3 期，第 123 页。

纽带。

煨桑（烟祭）的净化功能和健康功能来源于焚烧带有香味的天然植物，雪松、柏枝、松枝、杜松、艾蒿、石楠、冬青子、甘松等芳香植物的枝丫和叶茎是煨桑的基本原料，燃烧雪松、柏枝等芳香植物所产生的香烟，不仅可以掩盖、袪除一切污秽或治愈一些疾病，而且由于烟雾的扶摇直上、香木的神性，使得煨桑以及香烟也成为人神沟通联系的渠道，香烟成为绝地天通之后人神得以贯通的阶梯或中介。由此，香烟本身也被蒙上一层神圣的光芒而具有民族宗教文化意味，神灵不仅通过香烟的引导降临人间，而且会歆享香烟以及伴随香烟一起献祭的供祭物品，如果仔细探究，则烟雾更多的是起到人神联系的渠道作用，香因可以取悦神或被神歆享而具有神圣的文化含义。

在苯教文化中，雪松等香木被认为是神灵的处所。“雪松和柏树被认为是九位创世天神中的主神‘塞’的神树，烧起雪松枝的烟火，苯教神祖和以塞为首的九位创世神，会顺着这股祭献香火冒出的烟缕自天而降。”① 苯教文化中此种神树观念，与世界各地远古部族的文化思维类似，泰勒就曾指出：“幽静的树荫或密林常常是宗教崇拜的地方……对于许多部族来说，它们是第一个神圣的处所。”② 香木或神树成为神灵栖息的地方，这种共同的文化思维模式，促进了西南少数民族地区香文化的发展，或者说这也使得香文化成为苯教与西南少数民族传统宗教文化以及世界其他民族民俗文化的沟通、交融变得轻松。

在道教香文化中，甚至可以根据焚香时香烟的升起方位来知晓香所引神灵及众神灵下降的先后次序。“尔乃先燔五会之香，看流芳所归，气正上者，中央黄帝先降，气东流者，青帝先降，气南流者，赤帝先降，气西流者，白帝先降，气北流者，黑帝先降，气杂散合集，盼耘错乱者，神女先到。使五火比肩，布列座前，调火齐香，详视熏烟。”③ 燔五会之香不仅可以招五帝降临，而且不同的香祭会被不同的神灵歆

---

① 达·海馨：《苯教三界神灵信奉及其主要祭祀》，《西藏旅游》1996 年第 2 期，第 20 页。

② 泰勒著，连树声译：《原始文化》，上海文艺出版社 1992 年版，第 667 页。

③ 《道藏》（第 6 册），文物出版社、上海古籍出版社、天津古籍出版社 1988 年版，第 336 页。

享。苯教信奉宇宙三界论，即天空是天神的世界，中间是念（山神）、赞等的世界，下面是鲁的世界。居住在天界的神灵在苯教时期不仅是至高无上的神灵，而且具有祖先神的属性，可以在危难时拯救和保护人类，如苯教神话中的万物之母、万神之祖“萨智艾桑”神以及“塞”神等创始九神。为了与天上的神灵取得联系，焚香煨桑成为苯教香文化的重要仪式。

有专家指出：“苯教是我国西藏古代盛行的一种原始宗教，也是藏族传统文化的根基。它在产生、形成、发展的历史过程中，或多或少吸收了西亚、南亚、东南亚诸地民族宗教的某些因素，也融入了西藏佛教的较多成分，故而成为有异于一般原始宗教的古老宗教。”① 这一点，从苯教香文化之洁净、健康以及煨桑祭祀达神、迎神等都可以看出，藏地苯教文化对香的认知是苯教与其他民族文化沟通、交融以及共存的重要因素。

3. 藏传佛教与西南少数民族香文化

佛教用香历史悠久，作为佛教文化发源地的印度，同时也是世界香文化的发源地之一。中国西部少数民族地区毗邻印度，香文化自然随着佛教东传的历史进程进入中国西南少数民族地区，并与西南少数民族香文化互相融合，对中华香文化的发展起到重要的作用。

首先，印度因其特殊的自然地理环境，盛产香料，并且因为毗邻中国西南少数民族地区，在香料生产上很早就互通有无。比如在汉地典籍《魏书》卷一百二十《西域传》就记载康国出产两种很好的香料——贝甘香和阿萨那香：“康国者，康居之后也。迁徙无常，不恒故地，自汉以来，相承不绝。……（出）贝甘香、阿萨那香。”《隋书》卷八十三《西域传》也云：“康国者，康居之后也。迁徙无常，不恒故地，然自汉以来相承不绝。……（出）贝甘香、阿萨那香。”按上述史书记载的民族特性，康国者或康人应该是康藏文化的主人，据《旧唐书》记载，甘松之地为氐羌民族与藏地民族汇聚融合之地，早在北魏时就开始置

① 杨学政、萧霁虹：《心灵的火焰——苯教文化之旅》，四川文艺出版社 2003 年版，第 1 页。

县。司图亚特推测："（甘松香）这种植物在云南省和四川省西边境都有，但是它究竟是土生的还是移植来的尚不能肯定。如果中国其他地区没有这种植物，那么它或许是从印度来的，尤其因为云南自古和印度有接触，有许多印度移植来的植物。"[①] 因此，汉地典籍中记载的贝甘香和阿萨那香可以作为印度与西南少数民族地区香文化交流融合的较早正式记载。此外，旃檀香在印度是无价之香，但汉时典籍就有天竺、扶南、盘盘国等异域向中国朝廷进献旃檀香的史料记载。

其次，佛教经典中关于香文化的记载很多。《贤愚经》记载："时富那奇，俱与其兄，办足供养，各持香炉，共登高楼，遥向衹桓，烧香归命。佛及圣僧，唯愿明日，临顾鄙国，开悟愚朦盲冥众生，作愿已讫，香烟如意。乘虚往至世尊顶上，相结合聚，作一烟盖。后遥以水，洗世尊足，水亦从虚，犹如权股，如意径到世尊足上。尔时阿难，睹见是事，怪而问佛，谁放烟水，佛告阿难，是富那奇罗汉比丘，于放钵国，劝兄羡那，请佛及僧，故放烟水，以为信请……"[②] 此经文记载的古印度烧香礼佛的风俗，反映了香文化与佛教文化的密切融合。印度丰富的香料产量以及佛教文化的氛围，形成"十方佛世界，周遍有妙香"的独特宗教用香文化现象。在佛教进入藏地之后，虽然佛苯文化之间有碰撞、调试的过程，但烟祭的形式和文化象征意义被佛教接纳、融合，并发展为以香供佛的文化，藏地民族煨桑习俗也发展成为如今藏传佛教之"世界烟祭节"的文化现象。

此外，"香为佛事，大论，天竺国热，又以身臭故，以香涂身，供养诸佛，及僧"[③]。在佛教文化中，香不仅用在净化环境、医疗健康等实用性领域，更多的是增加宗教和祭祀仪式的神圣感、神秘感等方面。与中国南方少数民族用香一样，佛教的发源地印度，由于天气炎热，人们身体常常带有臭味，加上盛产香料，因此就地取材，使得香料被作为除臭、洁净的用途。此后，慢慢有持香供养佛塔，以香御病，得成正果

① 劳费尔：《中国伊朗编》，林筠因译，商务印书馆 1964 年版，第 281 页。

② 高楠顺次郎、渡边海旭发起，小野玄妙等人负责编辑校勘，慧觉等译：《贤愚经》，《大正藏》（第 4 册），日本大正一切经刊行会 1934 年版，第 395 页。

③ 高楠顺次郎，渡边海旭发起，小野玄妙等人负责编辑校勘，戒显辑：《沙弥律仪毗尼日用合参》，《大正藏》（第 60 册），日本大正一切经刊行会 1934 年版，第 380 页。

者出生即身口出香，大法师“常有妙香，从其口出”等佛教香文化及用香禁忌、宗教礼仪等等。从而使得香的文化性以及香对成佛的辅助性日益明显，以至于“香”在佛教文化中成为可以指代一切与佛有关的事项了，如香山上居住着乾闼婆——喜神和乐神。[①] 香象成为菩萨的称号，焚烧香料的熏炉、香器被叫作“象炉”，“日本净土宗之传法仪式中，也用象形之香炉，称为触香”。[②] 而相传为龙之九子之一的狻猊被设计成喜烟而坐于香炉之上。正如《尔雅注疏》中所记载：“狻猊如虦猫，食虎豹。”郭璞注：“即狮子也，出西域。”[③] 明代《山堂肆考》中记载：“狻猊，平生好坐，今佛座下跨者是也。”[④] 佛教文化的广泛传播促使香文化的礼仪象征性及宗教艺术性日益丰富，香文化广泛地进入社会日常生活之中。

而“异香”更是作为高僧大德圆寂时的神异现象。《神仙传》写蓟子训：“至时，子训乃死，尸僵，手足交胸上，不可得伸，状如屈铁，尸作五香之芳气，达于巷陌，其气甚异，乃殡之棺中。……子训去后，陌上数十里，芳香百余日不歇也。”[⑤] 类似的香文化在道教中也有许多记载。杜光庭所编的《神仙感遇传》就记载了一些高道行香及伴随香烟而有仙鹤降临等神异现象。“（湖州刺史崔玄亮）奕世好道，勤于香火。……修黄箓斋于紫极宫，有鹤三百六十五只，集降坛上。……自是通感，弥加精诚。一旦于静室诵《黄庭》，异香盈室。”“（令狐绹）于开化私院自创静室，三日五日即一度，开室焚香，终日乃出。时有神仙降之，奇烟异香，每见闻于庭宇。”[⑥] 佛道经典中记载的异香文化现象，表明印度等因香而与中国结缘的异域文化和中国西南少数民族文化的相同性，正是对香文化的这种共同的认知和一致的文化象征意义，才使得佛教文化与西南少数民族文化得以沟通与交融，从而进一步使藏传佛教

① 谢弗：《唐代的外来文明》，吴玉贵译，中国社会科学出版社 1995 年版，第 344 页。

② 张林：《佛教的香与香器》，中国社会科学出版社 2003 年版，第 181 页。

③ 郭璞：《尔雅注疏》，上海古籍出版社 1990 年版，第 192 页。

④ 尚民杰：《龙生九子杂说》，《文博》1997 年第 6 期，第 40 页。

⑤ 王立：《香意象与中外交流中的敬香习俗》，《上海师范大学学报》2007 年第 2 期，第 57 页。

⑥ 《道藏》（第 10 册），文物出版社、上海古籍出版社、天津古籍出版社 1988 年版，第 884 页。

文化成为西南少数民族丰富的民族文化中独特的一个文化体系。

三 结语

无论是春秋时期，西南边疆少数民族与南亚次大陆及中南半岛相连的“蜀身毒道”，还是公元1世纪贯通蜀地与西亚的“麝香之路”，香料以及香文化始终处于西南少数民族与南亚、中亚、西亚等异域文化交流过程中的重要位置。正如谢弗所指出的：“中世纪的远东，对于药品、食物、香料以及焚香等物品并没有明确的区分——换句话说，滋补身体之物与怡养精神之物之间，魅惑情人之物与祭飨神灵之物之间都没有明确的区别。……仙境、极乐世界以及民间传说和诗歌中，尤其是道教所极力灌输的天界奇境——当然佛教的传说，也和香料不无关系。”① 西南少数民族传统香文化反映着西南边疆少数民族传统的自然观、洁净观、健康观以及日益成熟的礼仪文化，这既是西南少数民族香文化的本质特点，也是西南少数民族传统文化与异域文化和合共存的原因。西南少数民族香文化既自成体系，又不断与南亚、中亚、西亚，乃至欧洲等异域民族香文化相互交流、借鉴和融合。

作者：陈鲁雁，云南民族大学教授，党委书记。
孔含鑫，云南民族大学副教授。

① 谢弗：《唐代的外来文明》，吴玉贵译，中国社会科学出版社1995年版，第341页。

浅论华香

绍云长老　释纯正

华香文化源远流长

何谓华香？仁者见仁，智者见智。通俗地说，华香就是中华民族使用的香。

中华民族使用香料的历史久远。从现有的史料记载可知，早在先秦时期香料就被广泛应用于生活。从士大夫到普通百姓，都有随身佩戴香囊和插戴香草的习惯。在香艺发展鼎盛时期的宋代，用香成为普通百姓追求美好生活不可或缺的一部分。生活中随处可见香的身影，街市上有“香铺”、“香人”，还有专门制作“印香”的商家，甚至酒楼里也有随时向顾客供香的“香婆”。

好香不仅芬芳，使人心生欢喜，而且能助人达到沉静、灵动的境界，于心旷神怡之中达于镇定。在防病养生方面，早在汉代，名医华佗就曾用丁香、百部等药物制成香囊，悬挂在居室内，用来预防肺结核病。现代流行的药枕之类的保健用品，都是这种传统香味疗法的现代版。明代医学家李时珍用线香“熏诸疮癣”。在清宫医药档案中，慈禧、光绪御用的香发方、香皂方、香浴方等更是内容丰富。从中医药学的角度来说，香疗当属外治法中的“气味疗法”。各种木本或草本类的芳香药物，通过燃烧所产生的气味，可起到免疫避邪、杀菌消毒、醒神益智、润肺宁心等作用。

华香的物质作用

1. 药用

北宋沈括的《梦溪笔谈》卷九，曾记载苏合香丸可用来治病：“此药本出禁中，祥符中赏赐近臣。”北宋真宗曾经把苏合香丸炮制而成的苏合香酒，赐给王文正太尉，因为此酒“极能调五脏，却腹中诸疾。每冒寒夙兴，则饮一杯”。宋真宗将苏合香丸数篚赐给近臣，使得苏合香丸在当时非常盛行。此外，在中国的金创药及去瘀化脓等方剂中，乳香、麝香及没药等，都是非常重要的成分。

2. 祭祀庆典

在中国，有很多用香来祭祀及举行典礼用香的记载，例如祭天地、祖先、亲耕礼等。北宋仁宗庆历年间，由于河南开封地区发生旱灾，仁宗就在西太乙宫焚香祝祷求雨，仪式中曾焚烧龙脑香 17 斤。此外如南宋淳熙三年（1176）皇太后圣诞，从 10 天以前，皇后、皇太子、太子妃以下至各级官员及宫内人吏，都要依序进香贺寿。

3. 熏衣

早在西汉就记载着以焚香来熏衣的风俗，衣冠芳馥更是东晋南朝士大夫所盛行的。在唐代时，由于外来的香输入量大，熏衣的风气更是盛行。

在《宋史》中记载，宋代有一个叫梅询的人，在晨起时必定焚香两炉来熏香衣服，穿上之后再刻意摆动袖子，使满室浓香，当时人称之为“梅香”。北宋徽宗时蔡京招待访客，也曾焚香数十两，香云从别室飘出，蒙蒙满座，来访的宾客衣冠都沾上芳馥的气息，数日不散。

4. 宴会

在中国南宋官府的宴会中，香是不可缺少的。如春宴、乡会、文武官考试及第后的“同年宴”，以及祝寿等宴会，细节烦琐，因此官府特别差拨“四司六局”的人员专司。

5. 考场焚香

在中国多样的用香文化中，还有一个特殊的场合会焚香，就是在考场设香案。在唐代及宋代，于礼部贡院试进士日，都要设香案于阶前，先由主司与举人对拜，再开始考试。

宋朝欧阳修就曾作一首七言律诗“紫案焚香暖吹轻，广庭春晓席群英。无哗战士御枚勇，下笔春蚕食叶声。乡里献贤先德行，朝廷列爵待公卿。自惭衰病心神耗，赖有群公鉴裁精。”

6. 用香木建筑

除了生活中常见的燃香、熏香之外，香木也被运用于建筑上。清皇室在承德的夏宫中，其梁柱与墙壁都是西洋杉所制造，而且刻意不上漆，让木材的芳香能够直接沁入空气中。

7. 养生

香是自然造化之美，人类之好香为天性使然。从早期的简单用香，到后来的富有文化气息的品香、咏香，体现了人类热爱自然的积极情趣，表明了人类安逸从容的生活态度。华香发展到今天，已经不单纯是品香、斗香的概念，而是一种以天然芳香原料作为载体，融汇自然科学和人文科学为一体的，感受和美化自然生活，实现人与自然的和谐，创造人的外在美与心灵美的和谐统一的香的文化。

华香的含义远远超越了香制品本身，而是通过香这个载体达到修养身心，培养高尚情操，追求人性完美的文化。香，在馨悦之中调动心智的灵性，而又净化心灵；于有形无形之间调息、通鼻、开窍、调和身心；香，既能悠然于书斋琴房，开发心智；又可缥缈于庙宇神坛，安神定志；既能在静室闭观默照，又能于席间怡情助兴。正是香的种种无穷妙用，使其完全融入了人们的日常生活。从香料的熏点、涂抹、喷洒所产生的香气、烟形，令人愉快、舒适、安详、兴奋、感伤等的气氛之中，配合富于艺术性的香道具、香道生活环境的布置、香道知识的充实，再加上典雅清丽的点香、闻香手法，经由以上种种引发回忆或联想，创造出相关的文学、哲学、艺术的作品，使人们的生活更丰富、更有情趣。

华香的精神作用

人们对香的心灵感受认识与鉴赏，则是我国香文化的精神内核。从《诗经》、《史记》到《红楼梦》，从《名医别录》、《洪氏香谱》到《本草纲目》、《香乘》，历朝历代的经典著作都有对香的描述和记录。除春秋战国时期屈原《离骚》中就有很多精彩的咏叹外，唐宋诗人王维、杜甫、李白、白居易、李商隐、苏轼等都有此类作品。

王维《谒璇上人》有：少年不足方，识道年已长。事往安可悔，余生幸能养。誓从断臂血，不复婴世网。浮名寄缨佩，空性无羁鞅。夙承大导师，焚香此瞻仰。颓然居一室，覆载纷万象。高柳早莺啼，长廊春雨响。床下阮家屐，窗前筇竹杖。方将见身云，陋彼示天壤。一心在法要，愿以无生奖。

苏轼的《和鲁直二首》：四句烧香偈子，随风遍满东南。不是闻思所及，且令鼻观先参。万卷明窗小字，眼花只有斓斑。一炷烟消火冷，半生身老心闲。

朱熹的《香界》：幽兴年来莫与同，滋兰聊欲泛光风。真成佛国香云界，不数淮山桂树丛。花气无边熏欲醉，灵芬一点静还通。何须楚客纫秋佩，坐卧经行向此中。

陈去非的《焚香》：明窗延静书，默坐消尘缘。即将无限意，寓此一炷烟。当时戒定慧，妙供均人天。我岂不清友，于今心醒然。炉烟袅孤碧，云缕霏数千。悠然凌空去，缥缈随风还。世呈有过现，熏性无变迁。就是水中月，波定还自圆。

黄庭坚所作的《香之十德》，称赞香的好处有："感格鬼神，清净身心，能拂污秽，能觉睡眠，静中成友，尘里偷闲，多而不厌，寡而为足，久藏不朽，常用无碍。"

古典名著《红楼梦》中亦有很多咏香的词句。如在《中秋夜大观园即景》的联句中，黛玉和湘云便有"香篆销金鼎，脂冰腻玉盆"的对句。谓秦可卿的卧窗前飘出的是一缕"幽香"，使人感到神清气爽；薛宝钗的衣袖中散发的是一丝"冷香"，闻者莫不称奇；而倒霉的妙玉则被一阵“闷香”所熏而昏厥，被歹徒劫持……正是由于香的种种妙用，文人墨客挥墨歌之咏之。我们从众多传世的诗文也不难看出我国香文化的深厚积淀。

佛教与华香

华香是花香的代称，佛教经典中的华多指草木之花，《华严经探玄记》卷一云：“华有十义，所表亦尔：（一）微妙义是华义，表佛行德离于粗相，故说华为严，下并准此。（二）开敷义，表行敷荣性开觉故。（三）端正义，表行圆满德相具故。（四）芬馥义，表德香普熏益自他故。（五）适悦义，表胜德乐欢喜无厌故。（六）巧成义，表所修德相善巧成故。（七）光净义，表断障永尽极清净故。（八）庄饰义，表为了因严本性故。（九）因果义，表为生因起佛果故。（十）不染义，表处世不染如莲华故。”

华香是源于人类的生活而不是单纯的宗教活动。但是，由于香料，特别是用于焚烧的香，与人的精神活动有格外密切的关系，所以古往今来的诸多宗教，无论规模是大是小，是东方还是西方，都对香给予了格外的关注，其中佛教尤甚。

从流传下来的经书中可以看到，佛家关于香的记载非常之多，如《佛说戒德香经》、《六祖坛经》、《华严经》、《楞严经》、《玄应音义》、《大唐西域记》等等；而且诸佛圣众都有与香有关的论述，如释迦牟尼佛、大势至菩萨、观音菩萨、慧能大师、龙树菩萨等等；经书中所记载的香品的种类难以计数，现今使用的绝大多数香料在经书中都有记载。

在佛教刚刚兴起，释迦牟尼佛还住世之时，就对香十分推崇；其后两千多年里，佛家用香的风习不改，而且不断得到强化和发展，以至于现在有佛寺处必有香烟，居士之家也必设香案宝鼎。

佛教对香的重视反映在以下几个方面。

1. 佛家认为香与圆满的智慧相通

佛家认为，香与人的智慧、德性有特殊的关系，妙香与圆满的智慧相通相契，修行有成的贤圣，甚至能够散发出特殊的香气。据经书记载，佛于说法之时，周身毫毛孔窍会散出妙香，而且其香能普熏十方，震动三界。故在佛教的经文中，常用香来譬喻证道者的心德。如《戒德香经》所记，佛陀对弟子阿难讲述，持守善德的人具“戒香”，此无上之香普熏十方，虽顺风逆风也畅达无碍，非世间众香所能相比；《六祖坛经》中，慧能大师即以戒香、定香、慧香、解脱香、解脱知见香讲述了五分法身之理；在《楞严经》中，大势至菩萨阐述修持者若能专诚地忆念佛性，则能受到佛的加持与接引，将之喻为“如染香人，身有香气，此则名曰香光庄严”。

2. 佛家还把香引为修持的法门

其中最著名的是《楞严经》中的香严童子，以闻沉水香，观香气出入无常而悟道。据经中记载，在楞严法会上，香严童子叙述自身得悟的因缘，就是以闻香入手。“我于居处静堂养晦自修，看见比丘们烧沉水香，香气寂然，入于鼻中。我观察这个香气，并非本来就有，也不是本来就空；不是存在烟中，也非存在火中，去时无所执着，来时无所从来。我由此心竟顿销，发明无漏，证得阿罗汉果位。现在佛陀问我达到圆通所用的法门，如我所证悟者，以香的庄严为最胜。”

3. 佛家认为香能沟通凡圣，为最殊胜的供品

佛陀住世时，弟子们就以香为供养。佛家认为“香为佛使”，“香为信心之使”，所以焚香上香几乎是所有佛事中必有的内容。从日常的诵经打坐，到盛大的浴佛法会、水陆法会、佛像开光、传戒、放生等等佛事活动，都少不了香。特别是法会活动，必以隆重的上香仪式作为序幕。

据经书所记，佛陀本人及其他圣众，都反复讲到香是最重要的供养。佛陀曾对清净慧菩萨讲述，“以牛头栴檀、紫檀、多摩罗香、甘松、芎劳、白檀郁、金龙脑、沉香、麝香、丁香等种种妙香”制成香水沐浴佛像，再取少许洗像之水置于自头上，“烧种种香，以为供养”。此为“诸供养中最为殊胜”。

再如《大方广佛华严经》记载：“以无量香盖、无量香幢、无量香幡、无量香宫殿、无量香网、无量香像、无量香光、无量香焰、无量香

云、无量香座、无量香轮、无量香住处、无量香佛世界、无量香须弥山王、无量香海、无量香河、无量香树、无量香衣、无量香莲华，以如是等无量无数众香庄严，以为供养。”

4. 佛家用香辅助修持

佛家认为香对人身心有直接的影响。好香不仅芬芳，使人心生欢喜，而且能助人达到沉静、空净、灵动的境界，于心旷神怡之中达于正定，证得自性如来。而且好香的气息对人有潜移默化的熏陶，可培扶人的身心根性向正与善的方向发展。好香如正气，若能亲近多闻，则大为受益。所以，佛家把香看作是修道的助缘。

同时，佛家也认为香有好香、恶香之别。并非芬芳馥郁即为好香，而是能培扶灵根者，“悦意”者才是好香。如《入阿毗达摩论》云：“香有三种，一好香，二恶香，三平等香。谓能长养诸根大种名好香；若能损害诸根大种名恶香；若俱相违名平等香。”《五事毗婆沙论》云：“诸悦意者说名好香；不悦意者说名恶香。”

5. 佛家以香治病

由于绝大多数的香料本身就是药材，如沉香、檀香、丁香、木香、肉桂、菖蒲、龙脑香（冰片）、麝香、降香、安息香、甘松香等，所以佛家的香也很早就用于治病。用于治病的香品，也称为“香药”，是“佛医”的一个重要组成部分。佛家香药的配方种类十分丰富，用途也极其广泛。不仅熏烧香药以除污去秽，预防瘟疫，还有专门的药方对治特殊的病症。使用香药的方法也很多，有的是如《大唐西域记》记载：“身涂诸香，所谓栴檀、郁金也。”印度气候湿热，易生体垢体味，所以佛家弟子很早就用檀香、郁金制成涂香抹于身上，既能净身去味，又能消炎杀菌，防治皮肤病。

与“香”有关的寺庙

佛教传入中国后，中国的寺庙命名也有许多与“香”有关。如香积寺、香山寺、香光寺、香泉寺、香界寺、香岩寺、天香寺、香林寺、香海寺、香严寺等较为普遍。

香积寺：中国佛教净土宗祖庭，位于陕西西安市南郊神禾原西端，南临滈水，西傍潏水。据《隆禅法师碑》载，唐高宗永隆二年（681）净土宗的实际创始人善导入寂，弟子怀恽为其祟灵塔于神禾原上，又于塔侧广构伽蓝，称香积寺。

台湾嘉义竹崎乡香光寺：创建于清光绪元年（1875），原为民间神庙，时称玉山岩。曾遭二次震灾，现有寺宇为1971年所重建。在心志法师住持本寺的翌年改寺名为香光寺。

通州香光寺：位于江苏南通市，原名“香光莲社”，为“净土宗”道场。为通东地区规模较大、有影响的寺院。

香泉寺：位于卫辉市西北20公里处的霖落山上。始建于北齐天保七年（556），为著名高僧稠禅师在魏离宫旧址上所建。隋大业五年（609）重修，唐、宋、金、元、清历朝均有石刻、雕像。素有“豫北第一古刹”之称。

西山八大处香界寺：建于唐代，寺内有两棵古老的菩提树，一株老态龙钟，一株枯死后生发新树。菩提树基座的台阶下，竖立一块石刻，刻着一尊头像，浓眉大眼，为男性，上有篆文刻字：“大悲菩萨自传真像”。

山西省清徐县香岩寺：建于金明昌元年（1190），现存东、西、中三殿均为金代石构佛殿。以抹角与迭涩结梁，顶部拼成八角藻井，全殿无梁架，故称无梁殿。明、清时，东侧增建三清殿、五连洞、五龙洞、七星庙、卧方亭、关帝庙等，或单檐殿宇，或重檐楼阁，或洞窟，或别墅，变化多样，各具特色。

辽宁省鞍山市香岩寺：为“千山五大禅林”之一。始建年代不详，但据寺内金、元、明、清之墓塔碑刻分析，建于金、元时期是可能的。

河南省邓州香岩寺：原本是唐代一行和虎茵二师所创的禅院。据《大明一统志》卷三十所载，一行示寂于长安，肃宗送葬时，山中飘溢香风，月余未散，因此将寺名称为香岩寺。

福建南安市水头镇南安天香寺：建于隋代（581—618），祀奉三世尊佛。自隋以来，琼山洞宇或祀佛祖，或奉仙祖。而今，佛、道分开，寺、观相邻，古观新宇相映美，更加堂皇壮观。

山东省平阴县菩萨山天香寺：在佛教盛传中国的唐代贞观年间，山巅之南就设立了“普济院”，建有菩萨庵、奶奶庙和望岳坊。明代成化二年（1466）重修普济院。清代康熙五十二年（1713）此寺初毁于民国初年，再毁于1949年前后，现在天香寺旧址仍有石雕罗汉残体10尊，可见石雕艺术之一斑。

南京香林寺：该寺位于南京城东明故宫北，佛心桥37号。始建于萧梁天监（502—519）年间，为金陵南朝古刹之一。1992年被列为南京市文物保护单位。

吉林顺天市香林寺：据传，1246年新罗景德王在位时，由道诜国师创建。根据风水传说指定了叫飞风瀑的穴位，修好了佛像安座的地方，又因从古就产名茶，就将寺庙的名称叫作香林寺 。

甘肃古浪县香林寺：建于康熙年间。

福建泉州德化香林寺：为德化四大名古寺之一。据《香林风物志》记载：早在后周显德二年（955），泉州开元寺深沙院首僧释守珍率徒二人至德化贵湖里湖山一带弘扬佛法，化缘募资在湖头村兴建湖山寺，后迁址西村，建香林寺。

浙江温州市南苍县香林寺：始建于宋淳祐四年（1244），原称香林教院，为江南最大寺院。

马来西亚槟城香林寺：为槟城大乘佛教三大道场之一。

桐乡香海禅寺：桐乡濮院之香海禅寺，始创于元至大二年(1309)。初名福善寺，由濮院镇濮氏先祖铿公舍宅而建。清康熙年间，清世祖赐额香海寺，奉旨更其名。

吉林省通榆香海寺：清顺治六年（1649）建成，迄今已有300余年历史。香海寺初建时名“青海庙”，清乾隆时将其改名为“福兴寺”。六世班禅也曾来寺里传经说法，汇聚喇嘛1080人，前来听经受法者不计其数，因其“日日香烟缭绕，弥漫如海”，故而得名“香海庙”。

河南省淅川香严寺：原有两座禅院，“一在白岩万山环抱之中，一在山麓丹水旁。相望30里，俗谓之上寺、下寺”。

山西柳林香严寺 ：相传为古离石县唐朝八大寺庙之一。背山面水，筑于山腰，苍松环绕，翠柏成荫。现存有山门、钟楼、鼓楼、中殿、后殿、配殿和僧舍，寺庙完整。

浙江省台州香严寺：始建于唐开元元年（713），初名“禅林寺”，会昌年间废。北宋大中祥符兴，改称香严寺，为有较大知名度的寺院。

以“香”命名的寺院还有很多，因篇幅所限不再一一列举。

作者：绍云长老，河南少林寺、江西云居山真如寺首座；安徽省岳西县司空山二祖寺方丈。
释纯正，江西省抚州市西竹寺住持。

香与佛教的渊源略考

释理净

香虽然是华夏文化的重要内容，但也与佛教有着不解之缘，在印度佛教中就有对香的记载，说明香不仅是华夏文化的精髓，也是印度文化的组成部分。佛教起源于印度，深受印度各种文化的影响，印度的香文化同样对佛教有很深的影响。不过印度的香文化与中国的香文化有很大不同，在中国古代用香主要是用于宁神和熏染，而在印度用香主要是用来驱污和净身之用。因此，佛教在印度时“香”也是禁用之物，如在佛教戒律《沙弥律仪》中就有“不得以香涂身”之戒，这里的香是指一种“涂香”，也有可能就是今天印度所用的各种“精油”。

佛教传入中国之后，香文化在佛教中更加广泛应用，在佛教形成了特别意义的佛教香文化，随之香文化也成为佛教文化的重要组成部分，使得香文化在佛教得到了快速的发展。甚至焚香成为佛教信仰的象征，慢慢地香在人们的生活中失去了作用，不再被人们所重视和运用。今天人们一谈到香不是敬神就是敬佛，使得香与神佛有了不解之缘，成了人们用来敬佛的特殊象征，不再被人们日常生活中所运用，离人们的日常生活也就越来越远！本文就香与佛教的渊源来谈谈佛教的香文化。

一　香在佛教的起源

香在佛教的起源可追溯到印度佛教，在佛教众多经典中都有以香供佛的经文，这说明在古印度时佛教就广泛运用香文化，将香作为供佛的重要内容之一，不过在印度佛教中用香只是用来供佛而已，并没有烧香信佛的习俗。在古印度习俗中就有用香来涂身体，以达到驱污净身的作用。因此，香在印度实际只是一种生活用品，在今天的印度也仍然将香用于日常生活中，比如印度的各种精油都很有名，这些精油实际上就是佛教所说的“涂香”，在佛教戒律《沙弥十戒》中就有“不着香华鬘，不香油涂身”的规定，这说明香在印度佛教中的运用是有严格规定的，只能用来作为供佛的供品，而僧侣在日常生活中严格禁用。在印度虽然佛教有用香之记载但并没有焚香的习惯，就是今天在印度也没有焚香的习俗。可以说，烧香敬佛应当是中国文化的习俗，佛教传入中国之后，也就自然接受了这种燃香的习惯，后来慢慢就成了人们敬佛、信佛、供佛的必需品和专用品。

香在中国传统文化中有着悠久的历史渊源，古代有高雅之士在弹琴、赋诗时都习惯燃一炉香，用来宁神和静心，这些文人雅士给香赋予了高雅、神圣的使命。当然，在中国古代早期香也主要是用于熏衣除污，后来慢慢用于燃烧。如屈原的《离骚》中就提到了多种香草之名，屈原还亲自大量种植，如《离骚》中说：“扈江离与辟芷兮，纫秋兰以为佩……余既滋兰之九畹兮，又树蕙之百亩。”这里的江离、辟芷、秋兰都是香的名称，并且种植兰草九畹（三十亩为一畹），一百亩蕙兰，这在当时也是大面积的种植。如唐代诗人王维《谒璇上人》有：“少年不足方，识道年已长。事往安可悔，馀生幸能养。誓从断臂血，不复婴世网。浮名寄缨佩，空性无羁鞅。夙承大导师，焚香此瞻仰。”除此之外，香在中国古代也有药物之作用，在《本草纲目》中有非常详细对香的用法的记载。这说明香在中国传统文化和民间生活中早已广泛应用，后来才慢慢发展成为敬神、敬佛之专用。

香在佛教的应用随着中国传统文化的传播也得到了快速发展，并且逐渐完善形成了具有佛教文化特色的香文化。香在中国佛教的应用相传起源于汉武帝时期，但并没有史料记载具体使用的时间，如云龛居士《颜氏香史序》中说：“焚香之法，不见于三代，汉至唐时儒生稍有使用，宋朝时开始广泛使用。”这说明在中国民间用香也是盛行于唐宋以后，隋唐时期虽然已经使用，但并不是很盛行，在汉之前没有关于用香的记载。因此，我们说佛教的用香起源也应当和中国当时的民间用香息息相关，不可能超越当时的民间用香习俗。在唐宋以后随着香文化在民间的盛行，佛教用香也得到了完善和全面发展，佛教在各种场合、礼仪、仪规中都运用了香文化，比如佛教关于香文化的代表作品《炉香赞》就形成于宋明时期。佛教用香的仪规主要体现在佛教的唱诵、礼忏、赞佛、坐禅等宗教性场合，而中国佛教的唱诵、礼忏等基本形成于宋以后，虽然在南北朝至隋唐也有唱诵和忏法，但现在佛教所运用的唱诵和忏法仪规都是宋明以后形成的，这说明在早期佛教的用香和佛教唱诵等仪规都不完善，到宋明以后才真正意义上有了完善、详细的香文化使用仪规。

在佛教经论中虽然也有用香的经文，但佛经中所说的香并不是我们现在所说的外在香文化，而是指内在的无形的心香。如《大方广佛华严经》卷15云："以善根回向、供养诸佛，以无量香盖，无量香幢，无量香幡，无量香宫殿，无量香光，无量香焰，无量香住处，无量香佛世界，无量香须弥山王，无量香海，无量香河，无量香树，无量香衣，无量香莲华"……"以如是等无量无数众香庄严以为供养"。[①] 这里的"香"不是外在的形香，而是指诸法自性的性香。还有佛教所说的"五分法身香"，也是指诸法自性的自性之香。如《六祖坛经》中说："一戒香：即自心中无非、无恶、无嫉妒、无贪嗔、无劫害，名戒香；二定香：即睹诸善恶境相，自心不乱，名定香；三慧香：自心无碍，常以智慧观照自性，不造诸恶，虽修众善，心不执著，敬上念下，矜恤孤贫，名慧香；四解脱香：即自心无所攀缘，不思善，不思恶，自在无碍，名解脱香；五解脱知见香：自心既无所攀缘善恶，不可沉空守寂，即须广学多闻，识自本心，达诸佛理，和光接物，无我无人，直至菩提，真性不易，名解脱知见香。善知识，此香各自内熏，莫向外觅。"[②] 由此可见，在佛经中所说的香是指戒定慧之心香，在后来的仪规、礼忏、唱诵中才真正运用了形香的香文化，也就有了众多的佛教"香赞"和用香的方法，同时也对用香有了众多的分类、方法、礼仪等香文化。

二　香在佛教的用途

随着香文化在中国传统文化中的发展，佛教香文化也得到了快速发

① 《大方广佛华严经》(卷15) T09，p0495c。

② 《六祖法宝坛经》(卷1) T48，p0353。

展，形成了具有佛教文化特色的佛教香文化。同时，随着佛教香文化的发展，香文化也成为佛教文化的重要组成部分，从某种意义上起到了佛教文化繁荣和发展的象征，逐渐形成了佛教文化不可缺少的内容，从而推动了佛教信仰在民间的传播。虽然早期佛教对香的使用仅止于供佛和除异味，而后来随着香文化在民间的发展，佛教香的运用才形成了严格的仪规、礼节、方法和特性。综合而言，香在佛教的用途主要表现在以下几点。

1. 香有除污净化作用，创建清净和谐的修行环境

香在佛教的用途虽然有很多种，但从最直接的原因而言，用于除去秽气和异味是主要用途。所以，佛教用香非常注重香的质量，如果香的原料不纯、质量不好，就不仅达不到除去秽气和异味的作用，反而对环境和身体有不利之处。因此，佛教要求制香的原料一定是天然的纯木质，以本有的纯原料不添加任何其他成分，以体现出香本身的纯朴性和无异味，这样在燃烧时才能真正起到除去秽气和异味的作用。香在古代早期本身就是用来除异味，用来净化空气和美化环境。如司马迁在《史记》中就说："稻粱五味所以养口也，椒兰、芬芷所以养鼻也。"这说明在汉代人们就运用香来除去异味，使得鼻子能享受到清新的空气。因为空气的好坏主要是由鼻子来判断，所以古人说"椒兰、芬芷所以养鼻也"。香能够清除空气中的异味，使得鼻子能够享受到清新的空气。在佛教的《大般涅槃经》中也说："于晨朝日初出时，各取种种天木香等。倍于人间所有香木，其木香气能灭人中种种臭秽。"①

佛教徒在修行时要清心，无论是禅坐、诵经还是唱诵都要沐浴洁身、斋戒焚香，使得身心清净、庄严道场以表虔诚。如《大通方广忏悔灭罪庄严成佛经》卷1中所说："若欲受持读诵是经，当净洗浴，着清净衣服，净持坊舍，以悬缯幡盖，庄严室内，烧种种妙香、旃檀香、末香、种种涂香、礼拜，如是六时，从初一日，乃至七日，日日中间，读诵是经，正心正忆，正念正观，正思维，正思议，正受持，正用行，正

---

① 《大般涅槃经》（卷1）T12，p0608a。

教化。”[①] 这里所使用的“旃檀香、末香、涂香”都是用来除去空气中的异味和秽气，以此达到空气清新、环境幽美，使得道场清净庄严。因此，佛教主要是用香来除去异味和秽气，在修行道场中起到优化环境、庄严道场的作用。

2. 香有宁神安心作用，引导修道者静心修学佛法

佛教用香的另一重要用途，是通过香燃烧的气味来调身静心，因为香具有宁神安心的功用。所以佛教用香一般要求要用高质量、高品质的香，也就是说佛教所用的香应当是一些上等的檀香、沉香之类。因为沉香和檀香才具有宁神安心的功效，普通的香是没有这种功效的，今天人们所烧的香大部分是普通材质制作，材质低劣、品质不高、原料不纯、技术低下，所以香的质量和品质都不符合要求。因为，古代禅师们禅修静坐不是只为了锻炼身体，每天坐一两个小时就完事，而是常年、累日、无时无刻都要静坐禅修，这是对身心的一种考验，需要经年累月、日日夜夜坐而不动，无论是对身体还是心灵都是一种严格的考验，没有一定的功夫和定力是不能做到的。对于初学者而言功夫不够深厚，就需要在坐禅之前先燃烧一些檀香或沉香之类，通过香的气味来安身调心，这样就能够很好地静心禅修。比如沉香的功效在《医林纂要》中说：“坚肾，补命门，温中、燥脾湿，泻心、降逆气，凡一切不调之气皆能调之。并治噤口毒痢及邪恶冷风寒痹。”这里“降逆气”者，是说能起到安神顺气的作用，使得心情舒畅愉悦，达到调心宁神的妙用；“凡一切不调之气皆能调之”者，是说调身改变环境，使紧张烦躁不安的心情能够改变，使之安身静心安住于当前环境。

所以，香在佛教的另一重要用途是安神宁心，因为修道首先要解决情绪的问题，也就是要处理好心理上的焦虑不安，使得身心清净、安神守意、心不散乱、专注一念，而香在这里发挥了重要作用。如《大方广佛华严经》云：“善男子，雪山有香，名阿卢那，若有众生，嗅此香者，其心决定，离诸染着。”[②] 又云：“善男子，人间有香，名曰象藏。

---

① 《大通方广忏悔灭罪庄严成佛经》（卷1）T85，p1340c。

② 《大方广佛华严经》（卷67）T10，p0361a。

因龙斗生，若烧一丸，即起大香云，弥覆王都，于七日中，雨细香雨。若着身者，身则金色，若着衣服，宫殿楼阁，亦皆金色。若因风吹，入宫殿中，众生嗅者。七日七夜，欢喜充满，身心快乐，无有诸病，不相侵害，离诸忧苦，不惊不怖，不乱不恚，慈心向善，志意清净。”① 在这段经文中可以看出香在禅修中所发挥的作用和功能，能够引导禅修者心身安宁、心情喜悦，身无诸病，心离染着，离诸忧苦，不惊不怖，慈心向善，志意清净。因此，香在佛教的禅定、诵经、念佛等修行中都发挥着特殊的作用。另外，香在佛教中还有引导修行者发菩提心，立大志、发大愿的正能量作用。如《悲华经》云：“悉雨忧陀罗婆罗香，并栴檀香，牛头栴檀香，种种末香。若有众生，在在处处，闻是香者，悉发阿耨多罗三藐三菩提心。”② 另外，《大佛顶首楞严经》云：“我时辞佛宴晦清斋，见诸比丘烧沉水香，香气寂然来入鼻中，我观此气非木非空非烟非火，去无所着来无所从，由是意销发明无漏。”③ 这就是说香严童子在过去修行时，当时闻沉水香，观香气出入无常而悟道。在《维摩诘所说经》中也说上方有众香世界，众生闻香入律，自然止恶生善。如经云：“尔时维摩诘问众香菩萨，香积如来以何说法？彼菩萨曰：我土如来无文字说，但以众香令诸天人得入律行。菩萨各各坐香树下闻斯妙香，即获一切德藏三昧，得是三昧者，菩萨所有功德皆悉具足。”④ 在《慈悲道场忏法》中也有关于鼻根与香的发愿，如发愿文云：“一切众生不闻一切臭恶之气，常闻一切栴檀、妙树花香之气，常闻一切说法香、戒香、菩萨香、五分法身香等。”⑤ 由此可说明，香在佛教修行中所具有的特殊意义和用途，正因为这样才使香与佛教有了不解之缘，将香与佛教文化紧密地联系在一起。

3. 香有表法明心作用，树立坚定不移的修行信愿

香在佛教还有另外一种重要用途，那就是香在佛教具有表法的作

① 《大方广佛华严经》（卷67）T10，p0361a。
② 《悲华经》（卷4）T03，p0191b。
③ 《大佛顶首楞严经》（卷5）T19，p0125。
④ 《维摩诘所说经》（卷3）T14，p0552c。
⑤ 《慈悲道场忏法》（卷10）T45，p0964c。

用，佛说法常用日常生活中的一些事物来表法，作为对佛法的解释和说明。佛法不仅是一种宗教含义，而且还具有社会教育的作用，是一种特殊的人生教育，佛陀为了人们能明白这种教育的含义，大量地运用了比喻手法，在佛教叫作“表法”，也就是具有表达示义的意义。香在当时是一种人们生活中能广泛运用和接触的事物，佛陀就借用香这种具有特殊性的事物来表法，让人们更好地明白佛法所表达的深意，让人们更好地接受和理解佛法，以此达到社会人生教育的目的。因此，佛教给“香”赋予了特殊的意义，让香在佛教文化中发挥了其重要作用，成为人们了解佛教和接受佛法的特殊象征。

我们通过佛教的经论可以认识到这一特性，在佛教很多经论中都讲到了关于“香”的神圣性和特殊功德，这也让我们很多人认为香是佛教宗教的象征，从而将香认为是佛教所特有。如在《大智度论》中说：“或有菩萨满三千大千世界香，供养诸佛若塔，根香、茎香、叶香、末香，若天香、若变化香，若菩萨果报生香，作是愿令我国土中，常有好香无有作者。”[①] 这里把“香”作为一种特殊用品来供养佛菩萨，由此就能得到无量之功德，而不是用来燃烧之用。也就是说香在佛教不仅是用来燃烧，还有另外一层用法是当作供品来供养诸佛，使供养者也能同样获得其功德效用。在《大智度论》中还说：“人虽贫贱，而能持戒，胜于富贵。而破戒者，华香木香，不能远闻，持戒之香，周遍十方”。[②] 这里将持戒之功德比喻香的气味传播之遥远，来说明修行之人持戒的功德其力量不可思议。人们都知道香的气味能随风飘移到很远的地方，人虽不能到而香味却早已飘到，而佛在《大智度论》中却说“花香木香，不能远闻，持戒之香，周遍十方”。说明持戒之功德要超越香的气味更加远播。所以在《苏悉地经》中把“香”列为五种供养之一，在《大日经》中也将“香”列为六种供养之一。另外，在《佛说戒德香经》中佛陀告诉阿难，只有持戒之香不受顺、逆风的影响，能普熏十方。如《佛说戒德香经》云：“佛告阿难，是香所布，不碍须弥、山川、天地，

① 《大智度论》（卷 93）T25，p0710c。

② 《大智度论》（卷 13）T25，p0153c。

不碍四种，地水火风，通达八极，上下亦然，无穷之界，咸歌其德。”①这些都说明了在佛教更多发挥了“香”的功德妙用，将香与修道更紧密地结合起来，将香的文化性发挥到了极致。

4. 香有引导化俗作用，引导世人向佛的修行途径

当然香在佛教中大家最常见的还是“引导化俗”的作用，也就是今天大家所认为的佛教寺院的“香火”兴旺表示着佛教的兴衰。人们在生活中所遇到一些不如意的事，就通过在佛前烧香许愿祈求佛菩萨能解救，也以此达到佛菩萨能护佑平安如意的心愿。因此，在无意间香成为引导世人向佛的途径，人们也就认为烧香就是信佛的表示，烧香就能得到佛菩萨的感应，烧香就能表达自己对佛菩萨的恭敬之心。所以，香已经成为佛教教化世人引导向佛的重要途径，香也就成为佛教文化中的重要组成部分。

在当今时代，随着社会经济和物质文化的快速发展，人们的心理压力和困惑也随之增加，使得很多人在心灵上越来越无助，精神上也越来越空虚，更多的人越来越需要宗教信仰来化解空虚。宗教信仰在物质文明快速发展之时代更加为人们所需要，这也就是宗教的特性和存在价值观，宗教信仰在任何条件下和任何时候都被人们所需要。在中国的80年代初随着改革开放的步伐，人们的物质需求得到了极大满足，而精神和心灵却越来越空虚，使社会伦理和道德越来越下降，社会上各种不健康的病端也随之蔓延，而宗教信仰却正好纠正了这一错误，对社会伦理道德的重建发挥了重要作用。而人们通过烧香祈求平安，祈求佛菩萨的护佑，将烧香作为供奉佛菩萨的最佳手段，由此也使寺院、神庙的香火越来越旺盛，更有甚者将此作为经济发展的主要途径。虽然香火之事近年来在社会上出现很多负面影响，但不可否认的是通过香火的影响使很多人接触了佛教，在人们的心目中将烧香当作了信佛的重要途径，这已经是当前社会现象中不可否认的事实。

① 《佛说戒德香经》（卷1）T02，p0507c。

三　香在佛教的类别

香作为佛教文化的一种特殊文化，与佛教文化形成鱼水相融的关系，从某种意义上讲香文化推动佛教在华夏文化中的传播和发展，使得香在佛教中具有特殊的地位和作用，也使得香与佛教结下了深厚之缘。因此，佛教对香从用途、表法等不同角度形成了不同分类，使得香文化在佛教文化中成长，发扬光大，形成了华夏文化特有的佛教香文化体系。如果从佛教用香的性质而言，可分为形香和性香；如果就形香而言，从香的外形可分为线香、盘香、末香、卧香、瓣香、熏香、涂香、塔香等等；如果从制香的材质而言，可分为檀香、沉香、草香、柏香、松香、药香等等。

下面细说形香：

（1）线香，线香也称为立香，其形状是一条直线，粗细长短均匀，名为“线香”；线香是直立于香炉之中，所以也称为“立香”。这也是大家一般见到的最为常用的一种香，也是我们生活中的普通用香。

（2）盘香，盘香也称为环香，其形状是一环一环地旋转而成，名为“环香”，一般是平放于香炉中燃烧，所以又称为“盘香”。这种香也是大家在生活中比较常用的，尤其是居士在家中比较常用。

（3）末香，末香也称为粉香，其形状是一种粉末状，所以称为“末香”或“粉香”。一般是直接放在香炉中燃烧，或者和瓣香合用。

（4）卧香，卧香又称短香，其形状与线香相似，但比线香要短很多，比较适合居士在家燃烧，一般是平卧在香炉中焚烧，所以常称为“卧香”。

（5）瓣香，瓣香也称为块香，其形状是原材料的一小块，一般以檀香或沉香为原料，并且直接使用不用加工，因为是香原有的一小瓣，所以常称为“瓣香”或“块香”。

（6）熏香，熏香的形状也是一种粉末状，但用法上与末香不同，熏香一般是用一种提炉来燃烧，可以从一个场所移动到另一场所用来“熏坛”，从其用法上称为“熏香”。

（7）涂香，涂香是一种香料或香精，也就是今天人们常见的精油类。主要用于涂抹在佛像或者掺在水中制成香汤来浴佛用，所以称为“涂香”。

（8）塔香，塔香与盘香形状相似，但整体要比盘香大出很多，使用方法也与盘香完全不同。塔香一般是悬挂在殿常门前的空旷处燃烧，燃烧时间可达几天不间断，因为悬挂时形状像宝塔一样，所以称为“塔香”。

另外再细说制香的材质。

（1）檀香，又名旃檀香，主要产于印度、中国、泰国、日本等亚洲地区。檀香是极为常见的香料，经常制成成品香用来在各种宗教场所燃烧之用。檀香主要分为白檀、黄檀、紫檀、红檀、绿檀、黑檀，这是从其颜色和成色上分的，一般白檀是上等檀香，佛教用来焚烧的也是白檀。如李时珍在《本草纲目·檀香》中引宋叶廷珪的《香谱》中说：“皮实而色黄者为黄檀，皮洁而色白者为白檀，皮腐而色紫者为紫檀。其木并坚重清香，而白檀尤良。宜以纸封收，则不泄气。”

（2）沉香，沉香是所有香料中价值最高的香，具有很高的药用价值，如《本草再新》中说：“治肝郁，降肝气，和脾胃，消湿气，利水开窍。”沉香具有通窍、驱邪、除瘴等功效，是自古以来人们最为珍惜的香料，佛教一般用来制涂香或瓣香使用。但大多数是制成工艺品用来收藏，已经很少有人用来焚烧了。

（3）草香，草香是香料中最为普通的香料，一般是用具有芳香成分的香草制作而成，成本比较低，适用性比较广泛。大多在神庙、佛寺、道观作为祭祀、敬神之用。

（4）柏香，也就是用柏树枝制作而成，其气味芳香纯正无异味，成本也相对较低，也是人们制作成品香的最佳原料。一般也制作成线香、盘香或末香，但品质不高，大多用于公众场所，很少用于家庭或室内。

（5）松香，用松树枝叶制作而成，香味纯正清雅，成本也比较低，是常用制成品香的最佳用料。这里说的松香和中医说的松香不同，中医所说的松香是用松树的油脂精制而成，具有很高的药用价值，如明李时珍《本草纲目》中说：“松脂，别名松膏、松肪、松胶、松香。”佛教密宗在烧火供时所用的就是松香，直接把松树枝放在火中添加上酥油供品来燃烧。

（6）药香，药香顾名思义具有药的成分，也就是说在制作过程中加入了中草药，在燃烧之时具有药用之效果，可以达到除秽气、除异味、灭菌、消毒等作用。佛教一般很少用药香，在我们生活中用得比较多，如卫生香、灭蚊香、艾香等。

香在佛教运用非常广泛，也随着制作的形体不同和原料不同有很多分类，在这里由于篇幅所限不能一一列举，只列举了一些比较常用的类别供大家参考。香文化虽然在中华民族的传统文化中已发展得非常之繁荣，但佛教以其自身的特殊性和特殊文化，将香文化发展到了极致，成为佛教文化的重要组成部分，让人们通过香文化来认识和接受佛教文化思想，从而成为佛教文化的代言者。

香在佛教除了形香之外，还有心香的部分，心香是佛教对香文化内在和自性上的挖掘，展现出了香在佛教文化中的特殊作用和意义。所谓“心香”也叫性香，是无形的本性、自性和体性，用香来表达和体现出了诸法的自性，这是佛教对香文化的特殊表达方式。如在佛经中所说的“五分法身香”，将香作为法身来表述，“法身”是指诸佛法身，是佛的三种身之一，是指诸法的清净自性，而佛教将香表法为法身，可见佛教对香的敬重和推崇。这里对“心香”不做过多描述，在后面关于“佛教用香的功德”中做详细论述。在这里佛教还有另外一种“信香”，信者信息、信念、信愿等含义，佛教用香来表达一种信息，或者信念、信愿，这是香文化在佛教的另一种特殊含义。信香是以“有形似无形”，将有形的形香的价值观引申到无形的信息和信念之中，形成了另一种佛教香文化艺术形态。这种“信香”一般是用于佛教“禅堂”之中，在禅堂里将这种信香叫作“行香”，把有形的香文化转化为可操作的行为艺术准则，用来给参禅者传达有关参禅的信息。因为这种信香完全不用香，而运用了香的特有名称，如在禅堂中跑香、行香、坐香、散香、巡香、早香、午香、晚香、加香、香板、香盘、香牌等等，都是参禅者所要掌握和运用的仪规，而在这里佛教巧妙地运用为“香”。

四 佛教用香的仪规

香既然在佛教文化中具有了特殊意义，那就在用香上也形成了具有佛教文化特点的佛教香文化特性，佛教对香的运用制定了其特殊的用香仪规。这些仪规也不是完全唯佛教独有，佛教传入中国之后受中国传统文化影响，将中国传统文化的一些特色引用和完善成为佛教用香的特定仪规，随着时代的变迁很多传统的香文化仪规被社会淘汰，而佛教却很好地保留了这些香文化，逐渐形成了佛教香文化仪规。佛教的香文化仪规主要体现在以下几个方面。

1. 净身

在敬香之前，首先要净身、洗手、漱口等准备事宜，佛教焚香是用来供养十方三世诸佛菩萨，不同于一般意义上的燃香，所以在焚香前需要做好焚香准备工作。佛教要求在佛前焚香时，首先要沐浴斋戒，以示对佛菩萨的虔诚恭敬之心，所以在焚香之前要净身、洗手、漱口，要整洁衣冠，端正仪容，安定身心。

2. 摄心

其次要发恭敬之心，以欢喜稀有之心面对圣容，也就是直立在佛菩萨圣像之前，要恭敬合掌，虔诚向佛，心中观想佛陀及一切圣众功德巍巍，如现在眼前，发起恭敬供养之心。在佛菩萨像前诚心默念佛菩萨名号，或默念“一切恭敬供养，一心恭请十方常住三宝及一切诸佛菩萨!”

3. 唱赞

然后要口诵《供养偈》和唱念《炉香赞》，《供养偈》：愿此香花云，遍满十方界，供养一切佛，尊法诸贤圣，无边佛土中，受用作佛事，普熏诸众生，皆共证菩提。或为：愿此香花云，遍满十方界，一一诸佛土，无量香庄严，具足菩萨道，成就如来香。

“香赞”主要有三大香赞，即《炉香赞》：炉香乍热，法界蒙熏，诸佛海会悉遥闻，随处结祥云，诚意方殷，诸佛现全身，南无香云盖菩萨摩诃萨；《宝鼎赞》：宝鼎热名香，普遍十方，虔诚奉献法中王，端为世界祝和平，地久天长；端为世界祝和平，地久天长，南无香云盖菩萨摩诃萨；《戒定真香》：戒定真香，焚起冲天上，弟子虔诚，热在金炉上，顷刻纷纭，即遍满十方，昔日耶输免难消灾障，南无香云盖菩萨摩诃萨！

4. 拈香

要虔心向佛，如法拈香，将香点燃后用两手的中指和食指夹住香杆，平举齐眉，以示对佛菩萨的恭敬之心，然后长跪在佛像前，先将第一支香用右手插入香炉中间，第二支香用左手插入香炉右边，第三支香用右手插入香炉左边，三支香之间相隔一指的距离为准则。佛教规定一般上三支香，有三重含义：一是代表佛、法、僧三宝；二是代表戒、定、慧三学；三是代表过去、未来、现在三世诸佛。

5. 礼拜

要诚心礼拜，如法供养，佛教上香完不能算结束，上香是前节奏，目的是为了以恭敬心礼拜忏悔。所以上香完必须要以恭敬心礼佛三拜，以忏悔自己宿世罪孽，祈愿佛陀慈恩加彼，观想佛陀福慧二足站在自己两掌，用自己的头磕拜在佛的脚面，名为“头面接足礼”。在拜下后默念“赞佛偈”：能礼所礼性空寂，感应道交难思议，我身影现如来前，感应道交难思议。一般要礼佛三拜，一拜一念诵，三拜起立后再行问训礼。

6. 回向

以此功德，回向法界，在佛前上香问训完成后，站立在佛像前念回向文三遍，回向文：愿以此功德，庄严佛净土，上报四重恩，下济三途苦。若有见闻者，悉发菩提心，尽此一报身，同生极乐国！然后再行问训礼退出佛堂。

在佛前烧香每个人的心愿和目的都不一样，所得到的功德也就不一样，而恭敬之心和虔诚之心是通过外在形式来传递和表达的。因此，在佛前上香要如法如律才能获得功德，不可言笑、轻浮，不可对佛菩萨不敬。在生活中有许多人烧了一辈子香，却不知道烧香的真正意义，更不知道烧香的仪规和仪式。在佛前烧香我们只知道向佛索求，祈求保佑平安，而却不知忏悔、反思、改过，佛前敬香的真正含义是忏悔而不是索求。只有如法焚香才能忏悔我们的业障，增长我们的福慧，从而圆满自己在佛前许下的心愿！

五　佛教用香的功德

佛教用香有其特殊的含义，不仅仅是一般意义上的祈福保平安而已，而佛教对“香”赋予崇高、深奥的意义，将用香升级为“功德”这一概念，代表了对佛法领悟的一种境界。一般来说，佛教用香的主要目的有两个方面：一是以香供养诸佛菩萨，以此而获得无量功德；二是以香恭请诸佛菩萨降临，能够护佑度化有情众生。因此，香在佛教具有神圣而特殊的使命，不仅敬香能恭请佛菩萨降临，而且还能获得无量诸功德。这种功德不是从外在有形的“形香”而获得，而是从无形的“心香”而获得，这也是佛教用香和普通生活用香的最大不同。我们常说“心诚则灵”，这就是说外在的形香只是一种信仰的表达方式，而通过香要表达的“心香”才是自性功德，也是学佛拜佛敬香的本质所在。

以香供养佛菩萨，是因为香能除垢秽，芳香远流，令人闻之欢喜。令此“心香”奉献诸佛菩萨，所以常说“心香一瓣礼法王，功德无尽难计量”。而此“心香”就是戒香、定香、慧香、解脱香、解脱知见香，以此“五分法身香”及无上菩提心供养十方无量诸佛，才是最上等、最考究的供养。另外，香具有恭请诸佛菩萨降临的功能，如《增一阿含经》上说：“佛言：香为佛使，故须烧香遍请十方。”① 在《贤愚经》里有这样一个故事：“一位长者为请佛应供，于夜间登上高楼，手执香炉，遥向胝洹精舍烧香，以表至诚，第二天中午，佛果然来到。”② 在《佛教念诵仪规》中也有：“香花迎，香花请，弟子众等，一心奉

① 《诸经要集》（卷5）T54，p0045b。

② 《贤愚经》（卷9）T04，p0416a。

请，娑婆教主本师释迦牟尼佛，消灾延寿药师如来，西方接印阿弥陀佛，当来下生弥勒尊佛，尽虚空遍法界一切诸佛，唯愿不违本誓，怜愍有情，分身现相，居慈莲座，降临道场。”[①] 这些都是佛经上记载用“香”恭请圣临的特殊用途和功德妙用，也是“香”在佛教所发挥的特殊作用和价值所在。正如《性觉香赞》中所说：“性觉灵明，寂照真常，昔迷今悟露堂堂，三宝是慈航，一瓣心香皈依法中王，南无香云盖菩萨摩诃萨！”[②] 这就是“心香”的功德和妙用，以此“心香”供养十方诸佛菩萨，祈愿诸佛菩萨以三宝慈恩护佑众生，普度众生出离生死得到究竟解脱。

佛教用香之所以赞颂“心香”者，主要是表达“香”在佛教信仰中所发挥的功德作用，外在的香文化只是一种行为艺术上的表现，而佛教用香不在行为艺术上，而在于激发个人的虔诚之心，所以将有形的“形香”引申于无形的“心香”，才能更好更彻底地表现出香的真实含义。如在《大方广佛华严经》卷 13 中就有种种香供养之说：“百万亿黑沉水香，普熏十方，百万亿不可思议众杂妙香，普熏十方一切佛刹，百万亿十方妙香，普熏世界，百万亿最殊胜香，普熏十方，百万亿香像香彻十方，百万亿随所乐香，普熏十方。百万亿净光明香，普熏众生，百万亿种种色香，普熏佛刹，不退转香，百万亿涂香，百万亿栴檀涂香，百万亿香熏香，百万亿莲华藏黑沉香云，充满十方，百万亿丸香烟云，充满十方，百万亿妙光明香，常熏不绝。百万亿妙音声香，能转众心。百万亿明相香，普熏众味，百万亿能开悟香，远离瞋恚寂静诸根充满十方，百万亿香王香，普熏十方，百万亿天华云雨，百万亿天香云雨，百万亿天末香云雨。”[③] 从这段经文可以看出，佛经中充分描述了香的不可思议功德，也将香的功能在佛教中发挥到了极致，这也就是我们今天研究香文化的重要意义和价值所在。

---

① 参见《佛教念诵集》。

② 同上。

③ 《大方广佛华严经》（卷 13）T09，p0479b。

结束语

总之，在佛教中从有相的用香，到无相的用香，最后将外在的“形香”引申为内在的“性香”，是一种对香文化的发扬和延伸，从外在的有形香到无形的五分法身香，由此证得无上正等正觉；将此光明之香遍满一切，使众生闻此香心离一切杂染而得解脱，自证法身智慧，以此智慧之香焚烧一切烦恼得到究竟解脱。这可以说是佛教把香的境界从世间的用香，彻底转化升华到越超生命的境界，给单纯的香文化赋予了神圣的灵魂，使无生命的香文化成了有血有肉的生命文化。因此，在佛经中常以香来比喻修行者持戒之功德，如《佛说戒德香经》中说：在世间的香中，多由树的根、枝、花所制成，这三种香只有顺风时得闻其香，逆风则不闻；当时佛陀弟子阿难思维欲知是否有较此三者更殊胜之香，何者能不受风向影响而普熏十方，于是请示佛陀；佛陀告诉阿难，如能守五戒、修十善、敬事三宝、仁慈道德、不犯威仪等，果能持之不犯，则其戒香普熏十方，不受有风、无风及风势顺逆的影响，戒香乃是最清净无上者，非世间众香所能相比。这则故事告诉了我们香的功德妙用，香在佛教的特殊含义和无量诸功德。

我们今天却有很多人并不明白“香”的真正含义和功德，而是盲目地用所烧香的多少和高大来衡量自己的功德，这实在是一种错误的认识和邪说歪解，不仅不能发挥香文化的真实妙用，反而使香伤财害命和污染环境。但愿能借诸位专家学者和名人志士来改变和纠正这种歪风邪气，将香文化的妙用发扬光大，使得香文化能在净化人们的心灵、美化社会环境中发挥妙用。本文由于篇幅有限不能将佛教的香文化功德一一表达，恳请有意者对佛教香文化功德有更多研究和挖掘，为实现和谐社会和“中国梦”而增添色彩！

作者：释理净，中国佛学院副教授，中国佛教协会理事，敦煌法幢研究所副所长，北京市佛教文化研究所研究员，南京栖霞山三论宗研究所研究员。

梅残玉靥香犹在

——论元人散曲中的“香”世界

汪龙麟

元人散曲在人们心目中一直是一种尖新浅俗的文学，不同于诗之庄、词之媚，曲之风味在于“蛤蜊味”①、“蒜酪味”②。这些看法自有其合理性，但却忽略了一个事实，即作为诗词文学之变体的散曲，在由庙堂移位民间时，对本在诗词文学中已然多所表达且亦为民间阅读所趋奉的香艳之风，不仅未做变更，且多所承传并有新的发展。事实上在元人散曲中，“香”是个频繁出现的字眼。据统计，在《全元散曲》③ 中一共有 1445 句曲语带有“香”字。当我们在阅读这些“香气缭绕”的曲作时，可以明显感觉到这些芳香字眼的频繁出现不仅仅是为了给浅俗的曲风锦上添花，还在曲中开辟出一种暗香浮动的意境，为整个元人曲作带来一种特殊的美感。试看以下曲句：

梅残玉靥香犹在，柳破金梢眼未开，东风和气满楼台。桃杏折，宜唱喜春来。（金·元好问【喜春来】春宴）

寒梅清秀谁知？霜禽翠羽同期，潇洒寒塘月淡。暗香幽意，一枝雪里偏宜。（商衢【越调】天净沙）

煞是你个冤家劳合重，今夜里效鸾凤。多情可意种，紧把纤腰贴酥胸。正是两情浓，笑吟吟舌吐丁香送。（商挺【双调】潘妃

① （元）钟嗣成：《录鬼簿·序》。

② （明）何良俊：《四友斋丛说》卷 37。

③ 隋树森编纂：《全元散曲》，中华书局 1964 年版。共收入元人散曲小令 3853 首，套数 457 套。本文所举元人曲作，均据本书。

曲）

觉筵间香风散，香风散，非麝非兰。醉眼朦胧问小蛮，多管是南轩蜡梅绽。（白朴【大石调】青杏子·咏雪）

南枝消息小春初，香满闲庭户。见说仙家旧风度，寿星图，瑞光浮动云衢婺。

绣筵开处，散花传，彩袖不曾扶。（王恽【越调】平湖乐·寿李夫人六首其三）

从上面这些曲作我们可以看出，曲家们习惯并且擅长在曲中添上一层香气，让这种美好的味道弥漫在曲句之间，使得整个曲境更加适于表达作者所要诉说的情感。再仔细研读，我们就会发现，曲家虽然不约而同地运用了一股香气来渲染曲境，可是在这香气缭绕中，曲作者所传达的感情却有着细微的差别。这是因为“香”本来就是一种朦胧缥缈的气味，每个人对于香气的感受、理解都不同，他们将这种不同的感受融入曲作中，就会创造出一个个散发着不同香气的曲境。也正是因为元代曲家乐此不疲地创造着这样一种众香云集的芳香意境，这就影响了整个元人散曲的风格，更为曲这种文体带来了不同于其他文体的特殊美感。所以，元人散曲这股多变的香气值得我们进一步探讨和研究。

一　冷香与暖香

其实早在先秦时期，香这种味道就已经进入了文学作品之中。《说文》：“香，芳也。从黍从甘。《春秋传》曰：黍稷馨香。凡香之属，皆从香，香之远闻曰馨。”① 可见，这种味道一开始指的是谷类等粮食的味道。《诗经》中就有这样一段描写：

卬盛于豆，于豆于登。其香始升，上帝居歆。胡臭亶时，后稷肇祀。庶无罪悔，以迄于今。（《诗经·生民》）

① （汉）许慎撰，（清）段玉裁注：《说文解字注》，上海古籍出版社1981年版，第330页。

这是描写后稷祭祀的一段文字。在这段文字中，神灵们从人类供奉的食物的香气中获得了满足，进而庇佑人的平安顺利。可见这种食物的香气一开始就被人们认定是一种可以用来供奉神灵的、美好纯洁的味道。

但是，真正将香气所具有的美好高洁的含义引入文学殿堂的却是楚国的大诗人屈原。屈原在《楚辞》中描写了大量高洁美好的香草，有人统计，在《离骚》中一共出现了18种香草：江蓠、芷、兰、椒、菌、桂……在《九歌》中也出现了16种，而屈原之所以如此热衷描写这些香草，当然与它们所散发的美好香气分不开。在屈原的楚辞世界里，这些香草为我们留下了两种不同感觉的幽香：一种是象征爱情的暖香，一种是象征政治理想、高洁品格的冷香。

从《九歌》中，我们看到了许多关于人与神恋爱的爱情故事，在这些故事中似乎处处都能见到这些香草的踪影、处处都能闻到它们散发出来的浓烈的香气：

> 薜荔柏兮蕙绸，荪挠兮兰旌。（《湘君》）
>
> 筑室兮水中，葺之兮荷盖。荪壁兮紫坛，匊芳椒兮成堂。（《湘夫人》）
>
> 浴兰汤兮沐芳，华采衣兮若英。（《云中君》）
>
> 被石兰兮带杜衡，折芳馨兮遗所思。（《山鬼》）

人们将自己沐浴在香草带来的美好气味之中，用带有芬芳气味的香草筑起美丽的华室，将芬芳的香草送给自己所思念的人（神）……因为他们相信这种香气能够引导身在远方的心上人来到自己的身边，也能够勾起人们内心的如火恋情。简而言之，这些凝聚不散的香气在屈原笔下成了一种执着、热烈、缠绵的爱情理想的象征。

与此同时，还有另一种香气也在屈原的诗歌中静静地飘散着：

> 纷吾既有此内美兮，又重之以修能。
>
> 扈江离与辟芷兮，纫秋兰以为佩。（《离骚》）

诗人通过“扈江离与辟芷”、“纫秋兰以为佩”这两个动作标示着自己的“内美”与“修能”。在诗人的眼中，一个“内美”与“修能”并具的人，他的精神世界必定是充满着兰芷芬芳的，诗人不仅用香草来代表自身的修养与品质，他的一生也在为建立一个美好的香草世界而不断努力追求着，他孜孜不倦地“滋兰”与“树蕙”，为的就是把他的理想传承下去：

余既滋兰之九畹兮，又树蕙之百亩。
畦留夷与揭车兮，杂杜衡与芳芷。
冀枝叶之峻茂兮，愿竢时乎吾将刈。
虽萎绝其亦何伤兮，哀众芳之芜秽。（《离骚》）

屈原追求的是一个兰泽多芳草的芬芳世界。即使是在被疏远、流放的日子里，他依然穿着“芰荷”与“芙蓉”制成的衣裳，佩戴着秋兰做成的饰物，“朝饮木兰之坠露”、“夕餐秋菊之落英”，因为对于屈原来说这些芬芳气味已经不仅仅是他的理想与追求，更是一种灵魂的救赎与心灵的归宿。

可见，屈原笔下产生的这两种香气分别代表了爱情与理想。同时，这两种香气也给了人们偏冷与偏暖的不同感觉：表达“爱情”的这股香气浓烈、温暖，它能够勾起隐藏在人们内心的热烈情感，自然是一种暖香；而象征着屈原清高不屈精神的馨香却可以使人即使在逆境之中也能保持冷静的头脑，坚定地顺着自己所坚持的道路走下去，我们可以认为这是一股冷冽之香。而在屈原之后的文人作品中，我们也经常闻到这两股香气——从曹植《洛神赋》中描写的那位“践椒途之郁烈，步蘅薄而流芳”的洛神宓妃，到左思《招隐士》中那个用“秋菊兼糇粮，幽兰间重襟”的隐士，象征着爱情甚至艳情的暖香与象征着清静高洁情操的冷香，这些味道在文人的笔下固执顽强地飘荡千年，这才有了元人散曲芳香沁人的馨香世界。诗人们将屈原笔下两种香气引入曲中，并且赋予它们“理智”与“情感”这两种不同的象征意义，这两种象征意义就像两颗种子在元人曲苑里生根发芽，开出了芳香四溢的花朵。

名为“情感”的种子开出了元散曲词中最绚丽的爱情花朵，它散发出的是一种缠绵悱恻的香气，它能够温暖人们孤寂的心灵，让人沉醉其中不能也不愿自拔，这种香气就像一层朦胧的帘幕一样笼罩住元散曲，让曲体能够自成一格，在言情的小路上越走越深、越走越远。试看下面这支小令：

木樨风淅淅喷雕棂，兰麝香氲氲绕画屏，梧桐月淡淡悬青镜。漏初残人乍醒，恨多才何处飘零。填不满凄凉幽窖，捱不出凄惶梦境，打不开磊块愁城。（郗仲谊【双调】湘妃引）

寂寂长夜，孤枕独眠。淡月清梦，愁情无限。然而这清冷的夜幕下，一缕兰麝温香，漫过画屏青镜，虽“打不开磊块愁城”，却为无“多才”相伴的冷夜带来了一丝温慰，一抹温馨。

元人曲作中处处可感受到清夜的寂苦，颇有意思的是，排遣这种苦楚的几乎都是兰麝温香：

【后庭花】兽炉中香倦焚，银台上灯渐昏。罗帏里和衣睡，纱窗外曙色分。

想情人，起来时分，蹀金莲搓玉笋。（贯云石【仙吕】点绛唇·闺愁）

【新水令】夜深香烬冷金炉，对银釭甚娘情绪。和泪看，寄来书。诉不尽相思，尽写做断肠句。（商衢【双调】风入松）

春三月，夜五更，孤枕梦难成。香销尽，花弄影，此时情，辜负了窗前月明。花前约，月下期，欢笑忽分离。相思害，憔悴死，诉与谁？只有天知地知。乜斜害，药难医，陡峻恶相思。懊悔自，埋怨你，见面时，说几句知心话儿。桃花树，落绛英，和闷过清明。风才定，雨乍晴，绣针停，短叹长吁几声。（吴仁卿【商调】梧叶儿）

【煞尾】团团黄篆焚金鼎，夜夜浓熏暖翠屏，偏今宵是怎生？乍别离不惯经，睡不安卧不宁，分外春寒被儿冷。（薛昂夫【正宫】端正好·闺怨）

和衣懒睡，洒泪览书，知心爽约，别离未惯，种种男女思情场景的设计，都笼罩在袅袅的烟雾之中，曲作者惜香、怜香的行为令人动容，但是这一切归根结底只是三个字——“为情深”。元代曲家以其善于言情的笔舌，倾吐着这种人类最美好的感情，在暖香飘散的时刻，他们敏感地捕捉到自己心灵的波动，而这缕暖香也为整个曲境增添了一层绮丽朦胧的面纱。

另一颗“理智”的种子开出的花朵名为“寄托”，当花朵绽放的那一瞬间，人们看到的是曲家最美好、最高洁的理想与期待。这朵花的香气没有爱情暖香的甜腻与缠绵，相反，它是一种会让人有超脱红尘之感的冷冽香味，是曲作者清净精神的表白。这淡雅冷冽的香味一旦渗入曲中，便让曲作呈现出另一种风格，不同于暖香萦绕的爱情表白，这是一种冷艳的风流：

寒梅清秀谁知？霜禽翠羽同期，潇洒寒塘月淡。暗香幽意，一枝雪里偏宜。（赵秉文【越调】天净沙）

青鸾舞镜，红鸳交颈，梦回依旧成孤另。冻云晴，月华明，香消烛灭人初静。窗外朔风梅萼冷。风，寒夜景。横，梅瘦影。（曾瑞【中吕】山坡羊）

如果说，我们从上面的郏仲谊【双调】湘妃引等曲词中闻到的那股余香是让人沉醉其间的暖香的话，那么，这两支小令中所散发出的寒梅香气就是一股冷香了。这种冷冽的香味象征着一种高洁品格，寄托着曲作家对高洁品质的执着精神。

这种清冷的香味，不只来自高洁的梅花。在元人散曲中，兰风竹韵，密荷淡菊，其所散发出的香味，也让人从中感受到曲家对高雅品节的执着和坚持：

金风发，飒飒秋香，冷落在阑干下。万柳稀，重阳暇，看红叶赏黄花。促织儿啾啾添潇洒，陶渊明欢乐煞。耐冷迎霜鼎内插，看雁落平沙。（薛昂夫【正宫】甘草子）

香飘桂子楼，凉生莲叶舟。落日鸳鸯浦，西风鹦鹉洲。冷泉秋，水西寻寺，题诗忆旧游。（张子友【仙吕】后庭花）

葛陂里神龙蜕形，丹山中彩凤栖庭。风吹粉箨香，雨洗苍苔冷，老仙翁笔底春生。明月阑干酒半醒，对一片儿潇湘翠影。（徐再思【双调】沉醉东风）

小斋容膝窄如舟，苔径无媒翠欲流。衡门半掩黄花瘦，属东篱富贵秋，药炉经卷香篝。野菜炊香饭，云腴涨雪瓯，傲煞王侯。（孙周卿【双调】水仙子）

秋水粼粼古岸苍，萧索疏篱偎短冈。山色日微茫，黄花绽也，妆点马蹄香。（杨果【仙吕】赏花时）

从上面的曲词中不难感受到，那冷落阑干、桂楼秋寺、寒雨苍苔、小斋东篱、萧索秋水的背后，是一股股疏淡幽独的冷冽清香，这种冷香已不再是现实中的某种味道，而已化成了曲作者心中的一种符号，这一符号象征着诗人真挚的情感，形象地表达了诗人的个体生命体悟和人生追求，或是高蹈世外之思，或是耽溺世俗之乐，或是农事田园之恋。从这个意义上说，这些曲作中的冷香符号，已是一种带有哲学内涵的符号了。

二　帘香与枕香

唐代诗人王勃在《滕王阁序》中描写了这样一个画面："落霞与孤鹜齐飞，秋水共长天一色。"其中，落霞与孤鹜比翼齐飞，秋水与长天交融和谐，这样的画面既让我们感受到了宁静致远，同时也让我们感受到了生机涌动。这是因为，作者恰到好处地将四种美景叠加在一起，让落霞不落单、孤鹜不孤独，也让秋水与长天交织和谐，由此便产生了一种极致的审美效果。与此相似，在元人曲作中，曲家们在将香气融入曲境的时候也运用了这样的"叠加法"。因为香气本身是一种缥缈无依的味道，它的发散需要有特定的时间与空间，甚至需要特定的物件来让它附着，于是曲中常用的某些意象如帘、夜、衾枕等就被用来与香气"捆绑"、"叠加"。在这些意象所共同创造的典型的场景和气氛当中，香就能最大限度地发挥它表情达意的功能。现在我们就来看一看香气与不同意象叠加后所形成的不同的香世界。

1. “一帘香雾袅熏笼”

“帘”是元人散曲中频繁闪现的意象，曲家们用这一意象创造了无数“一帘香雾袅熏笼”（于伯渊【仙吕·混江龙】）的优美意境。仔细阅读元人曲作，我们不难感受到那诱人的“一帘香雾”：

聚殷勤开宴红楼，香喷金猊，帘上银钩。象板轻敲，琼杯满酌，艳曲低讴。结夙世鸾交凤友，尽今生燕侣莺俦。语话相投，情意绸缪。拼醉花前，多少风流。（严忠济【双调·蟾宫曲】）

春闺院宇，柳絮飘香雪。帘幕轻寒雨乍歇，东风落花迷粉蝶。芍药初开，海棠才谢。（关汉卿【黄钟】侍香金童）

怕见春归，枝上柳绵飞。静掩香闺，帘外晓莺啼。恨天涯锦字稀，梦才郎翠被知。宽尽衣，一搦腰肢细。痴，暗暗的添憔悴。（关汉卿【双调】碧玉箫十首之二）

帘外风筛，凉月满闲阶。烛灭银台，宝鼎篆烟里。醉魂儿难挣挫，精彩儿强打挨，那里每来，你取闲论诗才。咍，定当的人来赛。（关汉卿【双调】碧玉箫十首之四）

乍凉时候，西风透。碧梧脱叶，余暑才收。香生凤口，帘垂玉钩，小院深闲清昼。清幽，听声声蝉噪柳梢头。（关汉卿【仙吕】翠裙腰【六幺遍】）

平林暮霭收，远树残霞敛。疏星明碧汉，新月转虚檐。院宇深严，人寂静门初掩，控金钩垂绣帘。喷宝兽香篆初残，近绣榻灯光乍闪。（王嘉甫【南吕】一枝花）

小楼红，隔纱窗斜照月朦胧。绣衾薄不耐春寒冻，帘幕无风。篆烟消宝鼎空，难成梦，孤负了鸾和凤。山长水远，何日相逢。（刘敏中【双调】殿前欢）

映帘十二挂珍珠，燕子时来去。午梦熏风在何处？问青奴，冰敲宝鉴玎珰玉。兀的不胜如，石家争富，击破紫珊瑚。（马致远【越调】小桃红·四公子宅赋·夏）

帘与香的融合似乎是天作之合，两种意象都给人以缥缈、神秘的感觉，它们的叠加使原本就偏于软媚的曲体更加旖旎梦幻。在这重重帘幕所营造的隐秘空间里，香气可以自由、长久地飘散，更适合表达一些平日里无法表达的暧昧情思以及雅致的闲情。

宋人陈敬编写的《陈氏香谱》中有这样的记载："焚香必于深房曲室，矮桌置炉，与人膝平。"[①] 可见，在古人的心目中，焚香并不是一件随便的事情，它需要有合适的地点和方式，而"深房曲室"式的空间不仅可以使得香气凝聚不散，还可以营造出一个静谧、安全的氛围。这样的焚香环境就将帘与香这两种事物联系了起来，因为这重重的帘幕正好可以围成一个"深房曲室"式的空间，香气流动于其中也可以久久不散。另外，帘在古人的意识中，不仅能遮挡来自自然界的风风雨雨，更重要的是，它能阻隔旁人窥探的视线。既然帘外人不能非常清晰地见到帘内之景，那么，帘内人的"隐私权"便得到了保障。古人很早就将物的"帘"同道德范畴中"廉耻"之"廉"连在一起——《释名》："帘，廉也。自障蔽为廉耻也。"可以说这样的帘幕为充满暧昧情愫的暖香提供了一个自由飘散的空间：

> 画阁深不听啼鸟，绿窗幽只许春知。象牙床蜀锦裀，鲛绡帐吴绫被。串烟微帘幕低垂，受用煞春风玉一围，红日上三竿未起。（郝仲谊【双调】沉醉东风）
>
> 玉钩帘控画堂空，宝篆香消锦被重，无人温暖罗帏梦，梦中寻可意种，碧纱窗忽地相逢。舌尖恨，心上恐，惊觉晨钟。（吴西逸【双调】水仙子）

人们常说"女为悦己者容"，这两支小令表达的则可说是"香为悦己者熏"了。曲中的女主人公实际已把这份馨香看成了一份希望，但两曲中的女主人公的希望却颇为有别。郝曲中的女子在低垂帘幕之后，与

① （宋）陈敬：《陈氏香谱》，载（清）纪晓岚等编《四库全书》844 册，上海古籍出版社 1987 年版，第 266 页。

良人共度春风，以致日上三竿未起，“串烟”细微的香雾中，流露的是“受用煞”的甜蜜和快乐。吴曲中的女子却只能独自在罗帷中自品春梦，梦中相逢的欣喜和晨钟破梦的惊恐，渐渐消烬的篆香中，弥漫的是对“可意种”的无尽相思之情。无论是两情浓好还是相思无尽，都是属于私密空间的，是无法对他人言说的，故而曲中的女主人小心翼翼地放下重重帘幕，护住了香气，护住了希望，也将自己的心思藏在其中。这两支小令用重重帘幕创造出了一个“典型”的空间，在这个空间里感情的表达得到了允许，因为帘幕的隐秘性为曲中女子表达这种缠绵情思提供了一个特殊的舞台，再加上一股暧昧缠绵的熏香，更为这个舞台营造出一种暧昧朦胧的情境，也顺利引发出女主人公无法对他人言明的私密情感。可见，帘与香的配合为描写恋情甚至艳情都创造了情境上的前提。

2. “惨淡香消翡翠衾”

人们对于在衣上熏香的兴趣由来，似乎与东汉的荀彧有着密切的关联。据说此人衣上常有浓香，其坐处香味三日不灭，于是便留下了一个流传至今的“荀令熏香”的典故。后世的文人才子们也将这熏香之事看成一桩风雅美事而争相效仿。到了晋代，又出了一个“韩寿偷香”的浪漫爱情故事。故事中那个心仪韩寿的贾氏女子将一种异域奇香当作定情信物送给了韩寿，但是正因为这香味附着在衣上经久不散，他们的恋情很快就被女方家长发现，无可奈何之下也只好成全了他们。于是这香不仅充当了定情信物，也成就了一段好姻缘。这样一种香气既代表着风雅，又夹杂着几许风流香艳的味道，善于言情的元人曲家又怎能放过？元人散曲中常常会将一缕香气附着在衾枕衣袖之上，这是因为衾枕衣袖往往是感情的见证，再加上一缕暧昧的香气，更能够衬托出曲作者所要描述的缠绵恋情。

在元人散曲中，这些附着在衾枕衣袖之上的香气经常出现在两种不同的感情氛围里：其一是情人欢聚，情正浓时的香艳、暧昧的氛围；另一种氛围就是词人与恋人离别之后，黯然神伤时的凄清氛围。

首先，在欢情正浓的气氛下，从衾枕衣袖之间飘散出的缠绵香气会成为渲染暧昧氛围的最佳工具。在元人曲作中，文人们用它在宴席之间娱宾遣兴，在这种场合下，他们倚红偎翠、循香访艳，写下的词句充满了香艳气息：

> 云鬟风鬓浅梳妆，取次樽前唱。比著当时楚江上，减容光，故人别后应无恙。伤心留得，软金罗袖，犹带贾充香。（白朴【越调】小桃红）

此曲系白朴为友人贾子正所恋歌姬赵氏而作，尽管此番见面的赵氏已“减容光”，然樽前飘舞的罗袖，弥漫席间的“贾充香”，将这支小令带进一种暧昧迷离的艺术氛围中。

在元人曲作中，描写情人们欢聚的词毕竟还是少数，大多数曲作所描写的都是离别与追忆的场面，下面我们就来看看在这种黯然神伤的凄清气氛中，留存于衾枕衣袖的香气会营造出怎样的词境：

> 多情去后香留枕，好梦回时冷透衾，闷愁山重海来深。独自寝，夜雨百年心。（王伯成【中吕】阳春曲）
>
> 凄惶泪湿鸳鸯枕，惨淡香消翡翠衾，恼人休自怅蛩吟。惊夜寝，邻院捣寒砧。（曾瑞【中吕】喜春来）

多情去后，衾、枕、衣袖上仍留有浓浓的香味，这些味道让人遐想万千。这消散、冷去的香味正是曲家渐渐憔悴的心灵的象征，而那华丽的翠被与绣衾代表的是往日的那些欢乐聚首，曲家们之所以不停地在曲中描写这样的画面，恐怕正说明了他们对这些旧日欢乐的留恋与不舍。

以上就是元人散曲为我们展示的一个个缠绵悱恻的香气世界。在这些香世界中，香气并不是一个独立的存在，它飘散在帘幕之下、暗夜之间，也悄悄地委身于衾枕衣袖之上，每当它与这些元人散曲中常见的意象相结合、相呼应，我们就可以感受到一种不同的曲境。这些意象的叠加就像色彩世界中的三种原色互相调和那样，给我们带来了一个更加五彩缤纷的元人散曲的美丽世界！

作者：汪龙麟，首都师范大学教授。

香与藏族文化

谢　佐　王　亭

中华民族的远古先民们早在神农氏尝百草的时代就认识并试图应用芳香类植物。青藏高原虽地处祖国边陲，羌族先民也早已认识到芳香类植物在他们日常生活中的应用。譬如青藏高原的自然地理环境高寒气候条件下生长的植物，由于紫外线光照强，早晚温差大，植物适应这种环境的能力也随之增强。许多植物为避风寒而匍匐生长，藏沙棘（藏语 dar wu）就以低矮身姿避风，所结的沙棘果都粒大而饱满，藏医采集熬成沙棘膏治疗消化系统的疾病；在帐圈羊板粪的地方天然生长的野菊花（藏语 lou mei mei du），花大茎粗茁壮；海拔 3000 米以上生长的藏香薷（藏语 xu rao ba），牧民发现香可驱虫，在刚宰杀的牛羊肉上放置藏香薷，昆虫苍蝇等不扰，藏医用来治疗小儿肛门蛲虫、成人皮肤瘙痒病等。凡此种种，藏族对香类植物的应用，由来已久。

青藏高原的牧人曾杀麝取香，麝香作为芳香开窍药，应用十分广泛。藏成药“五鹏丸”（藏语 qiang ya）临床用于消炎，其中有麝香成分。藏族文人将香料分为熏香（藏语 dau bei）、涂香（藏语 you bei）、和合香（藏语 jia xiang ge bei）、具生香（藏语 lan jie ji bei）等。藏族将知识分为大五明和小五明十大学科，其中工巧明（即工艺类）就有制香的技术。

藏族工匠用丁香、檀香（又分紫檀、白檀）、乳香、芸香等做原料，制成线香、盘香等，藏传佛教仪轨都要燃香敬佛。据传西藏冈底斯雪山深处有香积山，那里有天然诸香聚集，成为佛教信众向往的地方。和汉传佛教一样，藏传佛教寺院也设香案，历史上有香火地，多有香客进香。

藏传佛教界还制作香泥（藏语 bei dan me），用来塑造佛像。高僧大德圆寂后，也有将遗体用香泥塑成佛像供奉的，青海省互助县白马寺曾经供奉藏传佛教后弘期鼻祖喇钦·贡巴饶赛的遗体佛像，后毁于兵燹。青海省乐都县瞿昙寺曾经供奉该寺开创高僧噶玛·桑杰扎西的遗体佛像。这些遗体佛像民间俗称“肉身体”，千百年供奉在殿堂而无损，是因为有香泥护身的缘故罢了。

藏族还珍视松香，特别是原始森林中的松香经久化石，形成琥珀，被视为珍宝。藏医用来入药，治疗眼疾。青海省玉树藏族自治州的康巴藏族妇女，将琥珀的一种称作腊珀，戴在头上，作为珍贵的装饰品而世代传承。

藏族很早有煨桑的习俗。“煨桑”一词是汉藏合璧的动名词。煨，汉语，存火不燃冒烟；桑，藏语，祭祀香烟。藏族民间依据煨桑的地点不同，有山头煨桑和河谷煨桑之别。每逢节庆，藏族人家要到山头煨桑祭祀山神，当桑烟升起时念诵煨桑祈祷文，吹起海螺，抛撒风马旗。藏族英雄史诗《格萨尔王传》中描叙：格萨尔王在一次出征时，见一巨型野牦牛拦在山口，格萨尔王命人煨桑祭祀，请野牦牛让路。这部鸿篇巨制的《格萨尔王传》还有“世界公桑”之部，描述举行隆重大型烟祭仪式以求神灵护佑的场面。

藏族运用香烟还有清洗秽气、消除罪过、断除疑虑、解除疲劳、辟除不祥等用意。在举行煨桑仪式时，煨以香烟、柏枝、糌粑、奠酒果品，以虔诚之心敬神敬佛。

青海河湟地区的藏汉族人民群众与艾草结下了不解之缘。据记载：艾“在植物分类中属菊科。艾的茎、叶都含有挥发性芳香油，成分为檬烯、桉油精、樟脑、龙脑、侧柏酮、水芹烯、乙酸乙酯、水合莰烯等。现代药理学研究表明，艾产生的奇特芳香，对多种细菌有杀灭和抑制作用，还有温经、去湿、散寒、止血、消炎、平喘、止咳、安胎、抗过敏等药理作用，又可驱蚊蝇、虫蚁和净化空气”[①]。因此艾灸治病在汉藏医学临床上广泛应用。

古老的青藏高原的先民还用艾叶拧成火绳，用火镰与火石之间夹干

---

① 董得红：《江河源拾韵》“河湮艾草飘香”，青海人民出版社 2012 年版，第 138 页。

艾叶取火，保留火种。藏族医学典籍中指出：人类最早的疾病是不消化形成的臌胀，最早的药物是开水，反映了人类从生食走向熟食的漫漫历程。烧开水要有器皿盛水，河湟地区发现的这种器皿就是烟熏火燎痕迹的陶鬲。

香从远古时代走进人们的生活，至今还在为人们的生活服务。人们对香寄托了许许多多的厚望，毕竟香给人们带来了精神的慰藉和身体的安康。

作者：谢佐，教授，历任青海省委党校副校长，省社科院副院长，省地方志总编，青海省人民政府参事。
王亭，人民艺术杂志社编辑。

回族穆斯林的“点香”礼仪

马　平

中国穆斯林是一个较多使用香的群体。但是穆斯林的用香习俗，和其他宗教的用香习俗有明显的差异。就其平时称呼时，穆斯林称“点香”，其他宗教称“上香、烧香、烧高香……”，这在穆斯林中都是没有的。通过仅仅称呼上的不同，穆斯林试图划清“我界”与“他界”的区别。

穆斯林用香习俗由来已久。伊斯兰教要求每个穆斯林做到内清外洁，内清即信仰纯正、不生邪念；外洁即讲究卫生、洁美环境，因而早期的阿拉伯穆斯林除了保持个人卫生和环境卫生外，也经常使用或燃点各种香料，以使自身和环境充满芬芳香味。

在穆斯林心目中，用香习俗是“圣行”——先知穆罕默德圣人的行为，换言之是来自先知穆罕默德的嘉美行为，因而千百年来，用香习俗已成为全世界穆斯林的一种嘉懿行为。各地穆斯林常用的香是一些含香料的药材，这些药材可制成香袋、棍香、熏香、香粉等，也有从香花中提炼的香精和配制的香水。这些香料可提神醒脑、洁雅环境；避除异味、有益健康。所以穆斯林常在聚众的情况下，使用或燃点香料，尤其是在开斋节、宰牲节、主麻日、诵经时、家有亡人等时候。

一　伊斯兰教早期有关“点香”的论述

点香是“穆斯太汗布”[①]。有人给艾乃思送去香时，他接受了，没有

---

① 穆斯太汗布，阿拉伯语，意即可嘉许的行为。参见《穆斯林圣训集》第四册第七部分第48页、《塔志》第三册第168页。

拒绝。他说："人们给圣人送去香时，圣人也接受了，没有拒绝。"因为圣人凭香与天使交谈。[①]

扎比尔传述："我随圣人礼拜后，跟圣人到了他的家，来了一群儿童，圣人摸了他们的脸，也摸了我的脸。我感到圣人的手冰凉、香气四溢，好像刚用手抓过香料盆中的香料似的。"这段圣训及其相连的几段圣训说明：圣人的体味非常香，圣人的香味是真主尊重圣人而使圣体发香，不是因为擦香料而香。圣人虽体味很香，但是他平常仍然在用香，使体味更香，为的是他与天使见面、接受天启、与教生同坐。[②]

圣人说："你们经常坚持点印度的棍子香，他能医治七种疾病。"这段圣训中的七种病症是圣人凭天启知道的。[③]

念大赞提到圣人诞生时起身是穆斯太汗布。因为圣人登宵时，天使们拿着檀香木的香炉，点着冰片香、麝香，迎接圣人。[④]

伊本·殴迈尔（大贤欧迈尔之子）在房中点香时，使用的是香木棍子或用冰片香制作的棍子香。他说："圣人生前就是这样点香的。"这段圣训告诉我们，点棍子香是穆斯太汗布。[⑤]

艾乃思传述，圣人说："今世我最喜爱的是女人、香、礼拜。"这段圣训中圣人说的是：女人是家中之灯，是子女的摇篮等等；香能使人心驰神往、取悦天使；礼拜使人心安理得、快乐，能与真主交谈。[⑥]

圣人说："第一群入天堂的人面容如十四晚上的月亮，第二群入天堂的人面容如天空中最亮的星宿；他们永远不大便、不小便、不流鼻涕、不吐痰，他们的梳子是金子的，他们的汗是麝香味，他们点的是印度的棍子香。"这段圣训中"点的是棍子香"，也译为"香炉是铝的"。若译为"香炉是铝的"，则隐喻为铝香炉中点的是印度的棍子香。所以在此处，该句的意思为点的是印度的棍子香。[⑦]

---

① 见《提尔秘籍圣训集》第二册第107页、《布哈里圣训集》第二册第878页。

② 见《穆斯林圣训集》第四册第七部分第81页。

③ 见《布哈里圣训集》第二册第849页、《穆斯林圣训集》第四册第七部分第25页、《迷失卡提》第387页、《塔志》第三册第183页、《麦卡雷麦里艾合俩给》第18页。

④ 见《怒子海图里卖扎里斯》第二册第82页。

⑤ 见《穆斯林圣训集》第四册第七部分第48页、《乃萨伊圣训集》第二册第283页。

⑥ 见《塔志》第二册第255页、《乃萨伊圣训集》第二册第93页。

⑦ 见《伊本·马哲圣训集》第331页。

圣人说："在每个聚礼日，你们让香味充满清真寺大殿。"这段圣训说明：在每个聚礼日，在清真寺大殿里点香是穆斯太汗布。[①] 艾乃思说："圣人有个器皿，专门点香。"这段圣训中这个器皿指点香的器具、香炉。[②]

阿伊沙传述，圣人命各部落修建清真寺、打扫清真寺、让香味充满清真寺。这段圣训中"让香味充满清真寺"就是指点香。[③] 阿伊沙太太传述，圣人命人们在大地上修建清真如前所述，穆斯林认为点香是包括圣人在内的一切圣人的"逊乃提"[④]。穆斯林相信香来自天堂，直通天堂。点香后天使、圣贤的灵魂会来到点香的场所，吉庆会降临点香的场所。点香后的诵经、赞圣、礼拜、念求祈、念"则克尔"等等的"尔麦里"[⑤]，远远胜于不点香时的"尔麦里"。其根据如下。

艾布·阿令伊说："阿丹圣人从天堂里带出来了天堂中的一根树枝，这树枝有天堂中一棵树的官帽。到了印度信德地面后，这个树枝干了、叶子蔫了后掉了。从叶子中发出了各种香味。所以所有美味的根都在信德。"伊本·阿巴斯说："阿丹圣人从天堂里下来时，身上散发着香味。之后他在信德的一个平川上栽了一根树苗，这树苗原来在天堂里，然后这个平川充满丁香味。所以香料是从印度来的，香的根子是阿丹圣人的体味，阿丹的体味是从天堂中的气味来的。"[⑥]

圣训称："四件事是所有圣人的圣行：知耻、用香、刷牙、结婚。"这段圣训的意思是：这四件事不仅是我们贵圣的好品格，而且是所有圣人的好品格。[⑦] 圣人说："若有人赠香，当欣然接受，香来自天堂。"这段圣训中的"香"指各种各样的植物香料品。[⑧] 圣人说："而有人给你妈送来香，你们当接受，不要拒绝。"这段圣训里的香指棍子寺并使清真寺干净、充满香味。伊本·赫哲尔博士说："让清真寺充满香味是穆斯太汗

① 见《伊本·马哲圣训集》第55页。
② 见《塔志》第三册第168页。
③ 见《提尔秘籍圣训集》第一册第130页。
④ 逊乃提，阿拉伯语，意即圣行，伊斯兰先知穆罕默德生前的种种行为。
⑤ 尔麦里，阿拉伯语，意即宗教仪式、善行与功德。
⑥ 见《根索安碧亚》第23页。
⑦ 见《塔志》第二册第254页、《提尔秘籍圣训集》第一册第206页。
⑧ 见《提尔秘籍圣训集》第二册第107页、《塔志》第三册第168页。

布。”每当大贤欧迈尔坐在演讲台上时，阿卜杜拉用香使香味充满清真寺。应打扫干净清真寺，因为圣人命索哈拜们把清真寺收拾得干干净净，在清真寺里点香。圣人说：“你们不要让儿童、疯子、带武器的人、互相有仇的人……来清真寺，在主麻日你们在寺里点香，寺门前放干净东西。”①

要讲究卫生和用香。因为圣人对大贤阿里说：“哎！阿里啊！每个主麻日你要点香，因为他是我的逊乃提。”萨迪克传述：“圣人点香的支出比家务的支出多。”索哈拜·阿卜杜拉说：“点上香，然后用鼻嗅香味，放在两眼中间，念‘安拉洪迈算里尔俩，穆含麦丁卧里尔俩，阿里穆含麦丁’，香还没插下去，真主就已经将点香的人罪饶了。”② 萨迪克说：“点香后做的两拜乃玛子比不点香做的贵70倍。”艾比里·哈三说：“点香是圣行，只有驴子反对点香。”③ 这里的驴子，讽刺的是那种没有智慧的人。

在清真寺里点棍子香也是穆斯太汗布。大贤欧迈尔命人在每个主麻日里在清真寺大殿里点棍子香。④ 索哈拜阿卜杜拉·伊本·则比尔每天在克尔白⑤里点香。在主麻日点的香更多。⑥

据载，圣人的第十五个哈随（常干的好行为）是在清真寺大殿里点棍子香、用香料。主麻日大贤欧迈尔曾命众人，在清真寺大殿里点棍子香，主麻日在大殿里点香比在其他日子里更贵重。⑦ 谁若是举意为了遵圣人的圣行而在清真寺大殿里点香、家中点香、身上洒香水，那么这是顺服真主，在后世，他的气味比麝香还香；谁若是举意为了今世、为了显阔气、为了讨女人喜欢而点香、洒香水，那么这是违抗真主，在后世，他的气味比臭肉的气味还臭。⑧

① 见《萨维》第三册第141页。
② 见《麦卡雷麦里艾合俩给》第17页。
③ 同上书，第17、18页。
④ 同上。
⑤ 克尔白，沙特阿拉伯圣地麦加城内的伊斯兰教禁寺中的白房子。
⑥ 见《海米斯塔勒黑》第一册第119页。
⑦ 见《克士福利温默》第一册第117、122页。
⑧ 见《太傅席勒克比日》第一册第679页。

主麻日穿新衣、脸上抹油、点香也是穆斯太汗布。[①]

索哈拜·萨迪克说："点香后礼的两拜礼拜比不点香礼的70拜礼拜更贵。"[②]

在坟墓上点香的根据是：教门的学者们断定在坟墓上栽树、点香是逊乃提。[③] 把山丹花、香草（制香的两种植物）放在坟墓上是合乎教门的好行为。[④]

嗅香是否坏斋？也有一些相关根据：点香后不是有意拿到嘴跟前硬吸，而香的烟进了喉咙的话，不坏斋，但如果点了香后有意拿到嘴跟前硬吸香的烟的话，斋就坏了。[⑤] 如果烟，或灰尘，或香味，或苍蝇飞入他的喉咙中，他的斋不坏。[⑥]

此外，嗅闻香花可以具体到何种花香。据载，由至圣上传来说："闻见红玫瑰香的气味，而没有赞我的人，确是对我无礼的人。"艾乃斯从圣人上传来："真主从他的尊光上造化了红玫瑰香，并把它转成了万圣的气味。那么，谁意欲观看真主的荣耀，想闻到万圣的香味，谁就应当去点红玫瑰香。"圣门弟子说："闻红玫瑰香有益于面黄肌瘦的人，有利于内体健康，能消除红肿，并能医治热癞病。"[⑦]

艾乃斯说："圣人有个器皿，专门点香。"这段圣训中这个器皿指点香的器具、香炉。[⑧] 而用香的器具也很具体。穆萨·本·艾乃斯·本·马立克由他的父亲上传来："圣人曾经有一个香炉，用它来点香。"

在克尔白（天房）用香格外珍贵。据载，由圣妻阿依莎上传来，她说："你们在天房中点香，那是洁净它，洁净克尔白比在天房上镶金银更受喜。的确，伊本·宰比尔在修建克尔白竣工后，他把天房里里外外用龙

① 见《塔志》第一册第251页。

② 见《麦卡雷麦里艾合俩给》第17、18页。

③ 见《托海塔伟》第34页。

④ 见《看祖力艾巴迪》第382页。参见《太尔给力木斩俩》第103页、《麦尕玛庆塞尔顶也》第143页。

⑤ 见《麦支麦艾力艾乃胡勒》第一册第245页。参见《看祖力艾巴迪》第406页，《艾玛东迪尼》第28、30页，《弗台万得俩以力》第225页，《弗台瓦努勒力胡达》第78页，《弗台瓦阿兰克日》第一册第208页，《伟嘎耶》第一册第312页。

⑥ 见《弗台瓦·木盖热》第一册第208页。

⑦ 见《奴孜海图·麦扎里苏》第92页。

⑧ 见《塔志》第三册第168页。

涎香和麝香粉刷一新，他每天用一斤香来点，在主麻日点两斤，甚至穆尔伟耶给每番拜点香的人付功价，于是香在朝觐期间被广泛使用。”

脑威耶说：“谁也不能拿天房中的香，不能沾吉，也不能送人，谁拿去一支香必遭责备。谁想沾吉，就用自己所带的香，用它触摸天房之后带走。”①

伊本·哈吉还提到了房子中的烟不左不右，不前不后，而是直通天空。法赛耶说：“也许这股烟指天房中的点香的烟。真主至知。”②

二　中国穆斯林的“点香”

香料交易通过“丝绸之路”很早就大量进入中国。用香既然是来自先知穆罕默德的嘉美行为，因而伴随着伊斯兰教传入中国1300多年，用香习俗也已内化为中国各地穆斯林生活习俗。当然，中国穆斯林尤其是回族穆斯林受到中国传统香文化的一定影响，也是毋庸置疑的。

中国回族穆斯林认为：念《古兰经》时若点了香：真主的慈悯、吉庆就降临了；赞圣时若点了香，圣人就来到了；念“求祈”时若点了香，卧力③们就来到了；礼拜时若点了香，真主饶恕了点香者和点香礼拜者。

据说，点香是包括贵圣在内的十二万四千有零圣人的圣行。在点香的地方，真主的慈悯、吉庆降临，至圣和一切天仙、众圣人与一切卧力的鲁哈④都会光临。

在中国东南沿海广州等地建有伊斯兰教四大先贤墓，当地穆斯林为他们分别建有墓庐和清真寺，历史上一直有专人守护，每逢穆斯林三大节目（开斋节、宰牲节、圣纪节），当地穆斯林要去点香游坟，中外过往的穆斯林也常去墓地悼念。四大先贤墓的墓主人，是外国传教的伊玛目、学者，其中有逊尼派，也有什叶派和苏非派，为其上坟悼念者，国内外各教派门宦的人士都有。

举例而言，穆斯林圣纪节的最重要内容是诵经赞圣活动。诵经赞圣活

① 见《扎米尔·来推服》，第110页。
② 同上书，第50页。
③ 卧力，阿拉伯语，意即上人。
④ 鲁哈，阿拉伯语，意即灵魂。

动主要有三项内容：开经、念大赞、念《明沙勒》。开经，意味着圣纪节活动正式拉开帷幕。开经仪式时，香炉里点香，念求济、念赞圣经《卯路提》或《穆罕麦斯》等。举行开经仪式后，方开始炸油香。举行开经仪式后，无论举行几天活动，每天都接着念《卯路提》或《穆罕麦斯》。家庭举办圣纪节庆祝活动，少则半天，多则三天。届时请来阿洪、亲朋好友、鳏寡孤独，诵经赞圣时都要点香。

就点香而言，民国时期甘肃河州著名的聋阿洪（祁明德）曾阐述道："一切的干办全凭举意。同样，点香、洒香水若是遵圣行，真主则会饶我们；若是隔臭气、身上香，则真主不会饶恕。点香虽不是主命、瓦直布[①]，但它是穆圣及一切圣人的逊乃提。沉香、丁香是阿丹圣人的泪上来的，红粉鲜花（制香的香料植物）是穆圣上米拉之时，马的汗滴在土地上发出的。点香是所有圣人的逊乃提。点香时要尊重地跪下，在嘴唇、额上挨一下后点下了香的话，主饶了点香的人的罪了。"聋阿洪继续阐述道："念《古兰经》时若点了香，真主的热海麦齐、伯勒克齐就降临了；赞圣时若点了香，圣人就到来了；念求济时若点了香，卧力们就到来了。"

虎夫耶记载："点香是一样接续，点浊香接续妙香、真香……"，"一根香典型的是真主独一，两根香典型的是呼吸二气，三根香典型的是三光归一，四根香典型的是成全四藏（风、火、水、土），五根香典型五大主命（无字为真），六根香典型六字真言，七根香典型七层讨热，八根香典型八大动静，九根香典型九层空轮，十根香典型十大天仙。"[②]

哲赫忍耶念大赞前，要洗大净、换净衣、点香，然后不说一句话就念大赞、干尔麦力，据说也是有经典根据的，这是因为见圣人时，为了尊重圣人，要洗大净、换净衣、点香。哲赫忍耶家中有亡人时点香，亡人下葬后家里要点香40天，点香中要有人照料，不能熄灭。

嘎德忍耶也同样有的地方，点香一个月。格迪目（老教）过乜贴，也点香。伊赫瓦尼与赛莱菲耶都没有点香习俗。

---

① 瓦直布，阿拉伯语，意即义务性的行为。

② 虎夫耶：《杂学》，第49页（由宁夏社会科学院马燕助理研究员提供资料）。

三 “点香”的原意与禁忌

尽管中国伊斯兰教的苏非主义门宦有其拓展性的解释，但穆斯林点香的原意却是很单纯的，就是为了清洁卫生。兼有驱虫、除蚊、祛瘴的作用。穆斯林坚信，佳美的食物，清洁的信士，可以凭借香气远离那些污秽的东西。

中国穆斯林因所处地域性、教派门宦的差异性，对点香仪式中的一些具体做法也产生一些分歧。如有的穆斯林认为：点香的目的是让房间的空气变得清新宜人，这样人的心情会很好，在这样的环境里面举行宗教功课是可嘉的。如果为了得到真主的喜悦，而在宗教场所里面点香，其目的是为了让宗教功课和仪式顺利进行，这也是可嘉的行为。

不过倘若使用那种大香炉，烧着像水管一样粗的香，烟雾缥缈，搞得神神秘秘的动作和神态，这不是伊斯兰的做法。许多穆斯林认为这样做，不仅呛得人难受，还容易使人打喷嚏，熏得人眼睛也睁不开，这样的“功课”究竟是尔麦力还是活受罪？结论不言自明。

还有的穆斯林误认为香是为亡人点的，只有在家里有人无常（逝世）时、走坟时、诵经为亡人求饶恕时才点香。或者诵一遍经点一次香，甚至在坟头上大把烧香（坟地乃旷野，空气清新，点香已无意义）。有识者认为这实在是一种迷误，指出穆斯林一定要走出误区，正确理解用香的意义，不要贻误了自己和后人。

近代以来，瓦哈比学说传入中国，对穆斯林用香提出质疑，如说：“点香是学汉人的，没有根据，是异端，香炉是多神教徒的。”伊赫瓦尼主张“尊经革俗”，认为点香是中国汉俗，不符合伊斯兰教义教法。赛莱非耶更主张回到伊斯兰，加以反对，如有的宗教界人士认为这样的“功课”不但没有好处，还违反了教规。他们批评一些阿訇，“明明知道这样不符合经训，却不去制止，却还要坚持这样误导民众，这样的阿訇难道不怕将来有一天他们会站在他们的主那里接受质询吗？”这在中国穆斯林内部不同教派门宦之间引起一些争议。

四　穆斯林的“点香”与其他宗教的差异

除称呼不同外，穆斯林用香与非穆斯林烧香敬拜偶像或祭祀先人也是有本质区别的。

首先，在中国只有佛教、道教才将点香作为它的宗教礼仪和功修的一部分，伊斯兰教不是佛、道教，所以穆斯林没有给亡人或真主供香烧香、顶礼膜拜的习俗。

其次，非穆斯林认为上香能给他们带来幸运、财运、官运或者幸福。而伊斯兰的点香仅仅只是为了驱除异味，净化空气，以使自身和环境充满芬芳香味。特别是在集体场所，像清真寺或者开斋节、宰牲节、主麻日、诵经等集体活动的场所更应如此。

有穆斯林学者认为：无论人们怎样神化，香只能起香的作用，如果懂得早期阿拉伯伊斯兰教历史的话，就可以理解圣训中有关穆斯林点香的含义，它在穆圣时代和现代阿拉伯人生活中，都是指个人日常生活中使用的香水和在公众场合用来驱污气的香料产品，而不是人们所理解的那种被神化了的香。

也有穆斯林学者所指的“逊乃提”是指穆斯林个人和大众使用它的良好习惯，而不是将它神化，如果个人愿意将它作为宗教功修来做，那是个人的事，但个人意愿不能超越伊斯兰教法。

还有穆斯林学者指出，伊斯兰世界用香很普遍，但对点香比较虔诚的可能就数中国穆斯林了，有的甚至已经超越了伊斯兰教法所赋予的本意，有点舍本求末的味道。或许一些穆斯林受到了其他宗教（如佛教、道教等）影响，夹杂了一些非伊斯兰教的习俗。作为穆斯林，应当将本不属于伊斯兰的习惯改掉，让人养成正确用香的习惯，而不是将它神圣化和庸俗化。

作者：马平，研究员，回族，历任宁夏社会科学院《宁夏社会科学》编辑部编辑、《回族研究》编辑部主任、回族伊斯兰教研究所副所长、所长。

蒙藏地区佛教的香文化

——如何敬香礼佛的思考

嘉木扬·凯朝

引　言

在蒙藏地区佛教中，“香”代表佛的“慈悲”，而“灯”代表佛的“智慧”，因此，佛教信众到寺院来几乎都要烧香和点灯。烧香和点灯时，蒙藏地区寺院僧俗都念诵佛、菩萨的身、语、意圆满三功德，即佛教密宗所说的“嗡、啊、吽”（huG A OM）其“香和灯”，又以“吽”字之力能去色香之垢使其洁净；以“啊”字之力现成甘露微妙之食，以“嗡”字之力以无量出生自然增长。

信仰佛教，礼佛、上香和点灯的含义：一是对佛菩萨三宝的敬重，二是通过烧香和点灯，祈愿佛菩萨对自己乃至家人或社会群体给予加持护佑、幸福吉祥。这是蒙藏地区佛教信众烧香、点灯的动机所在；另外，蒙藏地区所用的“香”是天然材料制作而成的环保香，昔年蒙藏地区制作的燃香，都是在佛教寺院里生产制作的。众所周知，蒙藏民族由于历史的原因全民几乎是以信奉佛教为主，既然是佛教信众，他们知道佛教所讲的因果关系，即“善有善报，恶有恶报”的道理，他们知道应该做什么，不应该做什么的因果关系。自然而然地也就不会做出损人利己、投机取巧的事。他们自觉地遵循着“先做人后做事的人生理念，人的事情都做不好的人焉能做好佛的事情”这样的朴实思想。一贯履行着佛教提倡的“慈、悲、喜、舍”和“六度”、“四摄”的菩萨行，这是他们的信仰和祈愿。同时以此来约束自己的行为，对真正的佛教信众来讲，帮不了他人的忙，但绝不会做坑害他人的事；不破坏自然环境，就是保护自然环境等等，做人行事的理念时时刻刻地提醒他们心灵深处的良心。不杀生就是放生的原则，不搞形式主义，是以“心作佛，心有则有，心无则无，心诚则灵”的“心香”来代替物质方面的“香”。正如《金刚经》[①] 所云：

“不应以我相、人相、众生相、寿者相得见如来，不应住色生心，不应住声香味触法生心，应无所住，而生其心。……，尔时世尊，而说偈言，若以色见我，以音声求我，是人行邪道，不能见如来。”

一　佛陀时代的香文化

“香”，巴利语称为gandha，梵语称为gandhar，香有芳香、熏香、香料之意。《戒德香经》中记载，在世间的香中，多由树的根、枝、花所制成，由这三种原料制得的香只有顺风时得闻其香，逆风则不闻；当时佛陀弟子阿难想知道是否有较此三者更殊胜之香，何者能不受风向影响而普熏十方，于是向佛陀请示。佛陀告诉阿难，如果能守五戒、修十善、敬信三宝、仁慈道德、不犯威仪等，如果能持之不犯，则其戒香普熏十方，不

① （姚秦）鸠摩罗什译：《金刚般若波罗蜜经》，“若菩萨有我相、人相、众生相、寿者相，即非菩萨。若有我相、人相、众生相、寿者相，应生嗔恨”。

受有风、无风及风势顺逆的影响，这种戒香乃是最清净、无上者，非世间众香所能相比。此即“心香”。心净则国土净，心安则众生安，一切皆由心所造。

“香”有“五分法身香”之说，此观念来自于原始佛教。当初舍利弗涅槃后，他的弟子很伤心，便请问佛陀，舍利弗灭度之后，大众将何所依恃？佛陀很慈悲地告诉他们说，舍利弗虽然灭度了，但是他的戒、定、慧、解脱、解脱香解脱知见还存在着。这就是五分法身的由来。舍利弗灭度了，一切诸佛灭度了，一切圣者灭度了，但是他们的五分法身永远存续着，永远令人崇敬。由此看来，从五分法身所散发出来的香，非世间的香，而是“心香”。心香一瓣，遍满十方，一切诸佛悉能闻此。

“香”又代表五分法身，也就是戒香、定香、慧香、解脱香解脱知见香。在《六祖坛经》“忏悔品”里提到这五分法身之香的功德，有如此的解释：

> 一戒香：即自心中无非、无恶、无嫉妒、无贪嗔、无劫害，名戒香；二定香：即睹诸善恶境相，自心不乱，名定香；三慧香：自心无碍，常以智慧观照自性，不造诸恶，虽修众善，心不执著，敬上念下，矜恤孤贫，名慧香；四解脱香：即自心无所攀缘，不思善，不思恶，自在无碍，名解脱香；五解脱知见香：自心既无所攀缘善恶，不可沉空守寂，即须广学多闻，识自本心，达诸佛理，和光接物，无我无人，直至菩提，真性不易，名解脱知见香。善知识，此香各自内熏，莫向外觅。

若以戒定慧等法性之香作为对佛陀、菩萨、三宝的供养，是最殊胜的“法供养”，即是“心香”[①]。

因此，蒙藏地区佛教信众烧香的目的是与佛菩萨三宝感应，佛菩萨三宝悉皆欢喜“香味”，所以说，烧好香是应请佛菩萨三宝，给烧香者带来福德与智慧；民间有这样的看法，说饿鬼野魂是喜欢臭味的，因此，烧香之人所用的如是劣质臭味的香，反而招致恶魔野鬼来扰乱你的生活和工

① 学诚：《文明敬香是三宝弟子的责任》，《法音》2014 年第 2 期，第 7—8 页。

作，对你的身心有害无益。所以说，是要幸福吉祥，还是给自己招致麻烦，大家都自知之明。清水里没有苍蝇等飞虫，污浊的脏水苍蝇蚊子等都喜欢，道理是一样的。

二 法显大师汉译的《佛说戒德香经》

法显大师汉译的《佛说戒德香经》中记载："戒定真香"四字。[①] 这就告诉佛教信众，只要虔诚供养佛、菩萨、三宝，以心礼佛"心香一瓣"，一切佛菩萨都会感应信众的真心礼佛，悉皆慈悲护佑信众吉祥幸福。

从古至今，佛教传统制作"香"都是自然天然的树木、花草、药方完成的，丝毫没有一点添加剂和对人、众生有害之物，所以称之为"戒定真香"。香的用处也是从自然而来，又回归自然的一种良性循环，对人和自然都没有负面作用，供香的目的也是通过天然之香，与佛菩萨三宝，乃至天龙八部护法联系的一种特殊方式，来达到供香人之所求。试问，如果是使用劣质香，人都喜欢，佛菩萨、天龙八部能喜欢吗？能感应其人吗？而且，如法的佛教信众，他是不会执着外相的。其实对佛菩萨来讲，不烧香也没关系，只要念一声佛号，佛菩萨就应声而来。一心作佛，《华严经》说："信为一切功德母，长养一切诸善根。"

① 法显大师在斯里兰卡求法的无畏山寺大塔。

三　佛教阐释香文化的经典

如《佛说戒德香经》、《六祖坛经》是以香来比喻戒德及五分法身，而《妙法莲华经》、《法师功德品》中，描写受持本经的广大功德，能闻到一切香味而毫不错乱。《俱舍论》卷1、《瑜伽师地论》卷3则在说明香的分类。而《华严经》卷13“如来升兜率天宫一切宝殿品”中，则有以香供佛华丽壮阔的场景。同经卷67“入法界品”中，则叙述善财童子参访鬻香长者的故事。《维摩诘经》“香积佛国品”中，对以香构成的香积国土有生动的介绍，《楞严经》卷5中，还记载了以闻香入道的香严童子的故事。《苏悉地羯啰经》“涂香药品”、“分别烧香品”及《蕤呬耶经》卷中，则是说明密法中不同的本尊，应以何种香供养。《金光明经》“大辩才天女品”中有特别的32味香药研成香末的加持咒药洗浴之法。《观普贤菩萨行法经》、《慈悲道场忏法》、《菩萨从兜率天降神母胎说广普经》卷2及《观自在菩萨大悲智印用遍法界利益众生熏真如法》则记载了鼻根与香的忏悔、发愿、修持等法门。《出曜经》卷10中则记载多种香品。从这些经典中，我们可以看出香在佛教中的殊胜因缘。

《大方广佛华严经》卷13中，就有广大不可思议的香供养：“百万亿黑沉水香，普熏十方，百万亿不可思议众杂妙香，普熏十方一切佛刹，百万亿十方妙香，普熏世界，百万亿最殊胜香，普熏十方，百万亿香像香彻十方，百万亿随所乐香，普熏十方。

“百万亿净光明香，普熏众生，百万亿种种色香，普熏佛刹，不退转香，百万亿涂香，百万亿栴檀涂香，百万亿香熏香，百万亿莲华藏黑沉香云，充满十方，百万亿丸香烟云，充满十方，百万亿妙光明香，常熏不绝。”

“百万亿妙音声香，能转众心。百万亿明相香，普熏众味，百万亿能开悟香，远离瞋恚寂静诸根充满十方，百万亿香王香，普熏十方，百万亿天华云雨，百万亿天香云雨，百万亿天末香云雨。”

而在《大方广佛华严经》卷15中，也记载行者以善根回向，供养诸佛，以无量香盖、无量香幢、无量香幡、无量香宫殿、无量香网、无量香像、无量香光、无量香焰、无量香云、无量香座、无量香轮、无量香住处、无量香佛世界、无量香须弥山王、无量香海、无量香河、无量香树、无量香衣、无量香莲华，以如是等无量无数众香庄严，以为供养。

以不可思议涂香盖，乃至不可思议涂香庄严，以为供养，以不可称末香盖，乃至不可称末香庄严，以为供养。

除有形的香之外，经中也以心香供佛来比喻精诚的供养。在供香时，我们不妨将身心沉静下来，让香成为我们与佛菩萨之间最为寂静深秘的交会。

在佛法中，从有相的用香，到无相的用香，最后将此香回熏自内，证得五分法身，证得无上正等正觉，将此光明之香遍满一切，使众生闻此香，心离一切杂染而得解脱，自证法身，自证智慧，以智慧的香焚烧一切，这可以说是佛法把香的境界从世间的用香，彻底转化升华到超越究极的境界。

在藏汉蒙译文的《圣普贤菩萨行愿王经》中，普贤菩萨对香文化是如此阐述的：

ཇི་སྙེད་སུ་དག་ཕྱོགས་བཅུའི་འཇིག་རྟེན་ན། །

所有十方世界中

དུས་གསུམ་གཤེགས་པ་མི་ཡི་སེང་གེ་ཀུན། །

游于 三世人狮子

བདག་གིས་མ་ལུས་དེ་དག་ཐམས་ཅད་ལ། །

我以清净身语意

ལུས་དང་ངག་ཡིད་དང་བས་ཕྱག་བགྱིའོ། །

遍礼一切悉无余

第一愿“礼敬诸佛”中说，

ji sñed su dag phyogs bcuhi Hjig rten na// dus gsum gśegs pa mi yi seng ge kun// bdag gis ma lus de dag thams cad la// lus dang nag yid dang bas phyag bgi o//

所有十方世界中，游于三世人狮子；我以清净身语意，遍礼一切悉无余。

bzang bo sphyod paHi smon lam stobs dag gis// rgyal ba thabs cad yid kyi mnon sum du// shing gi rdul sñed lus rab btud pa yis// rgyal ba kun la rab tu phyag tshal lo//

普贤行愿威神力，普现一切如来前；一身复现刹尘身，一一遍礼刹尘佛。

第二愿“称赞如来”中说，

rdul gcig steng na rdul paHi sangs rgyas rnams//sangs rgyas sars kyi dbus na bshugs pa dag / de ltar chos kyi dbyings rnams ma lus par// thams cad rgyal ba dag gis gang bar mos//

于一尘中尘数佛，各住菩萨众会中；无尽法界亦复然，我信诸佛皆充满。

de dag bsngags pa mi zad rgya mtsho rnams// dbyangs kyi yan lag rgya mtshohi sgr-akun gyis// rgyal ba kun gyi yon tan rab brjod cing// bde bar gśegs pa thams cad bdag gis bstod//

各以一切音声海，普出无尽妙言辞；尽于未来一切劫，赞佛甚深功德海。

རྡུལ་གཅིག་སྟེང་ན་རྡུལ་སྙེད་སངས་རྒྱས་ རྣམས། །

于一尘中 尘数佛

སངས་རྒྱས་སྲས་ཀྱི་དབུས་ན་བཞུགས་པ་དག །

各住菩萨众会中

དེ་ལྟར་ ཆོས་ཀྱི་དབྱིངས་རྣམས་མ་ལུས་པར། །

无尽法界亦复然

ཐམས་ཅད་རྒྱལ་བ་དག་གིས་ གང་བར་ མོས། །

我信诸佛 皆充满

第三愿“广修供养”中说，

me tog dam pa Hhreng ba dam pa dang// sil sñan rnams dang śug pa bdugs mchog dang // mar me mchog dang bdug spos dam pa yis// rgyal ba de dag la ni mchod par bgyi//

以诸妙花妙花鬘，伎乐涂香胜伞盖；最胜灯明妙烧香，我悉供养诸如来。

na bzaH dam pa ranms dang dri mchog dang / phye ma phur ma ri rab mñam pa dang / bkod pa khyad par Hphags pahi mchog kun gyis rgy-al ba de dag la ni mchod par bgyi//

最胜衣服最胜香，末香烧香与灯明；一一皆如妙高聚，我悉供养诸如来。

མེ་ཏོག་དམ་པ་འཕྲེང་བ་དམ་པ་དང་། །

以诸妙花妙花鬘

སིལ་སྙན་ རྣམས་དང་བྱུག་པ་གདུགས་མཆོག་དང་། །

伎乐 涂香 胜伞盖

མར་མེ་མཆོག་དང་ བདུག་སྤོས་དམ་པ་ཡིས། །

最胜灯明 妙烧香

རྒྱལ་བ་དེ་དག་ལ་ནི་མཆོད་པར་བགྱི། །

我悉供养诸如来

མྱ་ངན་འདའ་སྟོན་གང་བཞེད་དེ་དག་ལ། །

诸佛若　欲示涅槃

འགྲོ་བ་ཀུན་ལ་ཕན་ཞིང་བདེ་བའི་ ཕྱིར། །

我悉合掌而劝请

བསྐལ་པ་ཞིང་གི་རྡུལ་སྙེད་བཞུགས་པར་ཡང་།

利乐一切有情故

བདག་གིས་ཐལ་མོ་རབ་སྦྱར་གསོལ་བར་བགྱི།

唯愿　久住刹尘劫

第八愿“请佛住世”中说，

mya nan Hdah ston gang bshed de dag la // Hgro ba kun la phan shing bde baHi phyir // bskal ba shing gi rdul sñed bshugs par yang // bdag gis thal mo rab sbyar gsol bar bgyi //

诸佛若欲示涅槃，我悉合掌而劝请；利乐一切有情故，唯愿久住刹尘劫。

在《华严经》最后一会的“入法界品”中所说的法界，是普遍真理世界，指大日如来（MahA Vairocana，昆庐舍那佛）的境界。入大日如来的真理世界乃为入法界。而入法界的条件必须依靠普贤菩萨“行愿无尽”的大愿大行的菩提行，这样方能入法界。在“入法界品”中普贤菩萨是作为主尊修行者出现的，而代表智慧的文殊菩萨是作为客尊陪侍出现的，他们之间作为求法者身份出现的活跃分子，实际是善财童子。

正因为普贤菩萨十大愿有如此的利益功德，所以在内蒙古地区的佛教寺院，把《圣普贤菩萨行愿王经》也作为往生极乐净土相关的阿弥陀佛信仰，规定为该佛教寺院早课念诵的经典之一。也作为内蒙古地区佛教僧侣一生修持经典之一，每天念诵此经。坚信“未作不起，已作不失”的因果关系，坚信此经是成佛的重要修持法门之一，如若一生念诵此经，坚信临终时阿弥陀佛会派遣观音菩萨或大势至菩萨前来接应修行者领入极乐净土。

在内蒙古地区佛教僧俗的信仰意识中，以“五体投地”的形式礼佛，其宗教礼仪是依据《圣普贤菩萨行愿王经》[①] 的“以彼普贤行愿力，一切如来意现前；一身复现刹尘身，一一遍礼刹尘佛。于一尘中尘数佛，各住

① 胡雪峰、嘉木扬·凯朝编译：《藏汉蒙佛教日诵》，民族出版社 2009 年版，第 325—326 页。

菩萨众会中；无尽法界亦复然，我信诸佛皆充满”的教言。为此，在内蒙古地区僧俗的信仰意识中，在无限尘数的大地虚空中，都有诸佛、诸菩萨、圣众的莅临，所以“五体投地”礼佛，也是给诸佛、诸菩萨、圣众礼佛相同的功德。当然也与普贤菩萨的十大愿有着密切关联。台湾地区法鼓山圣严法师说：如果有人发了要学做菩萨的心愿，便不该厌离生死之苦，应当学习普贤菩萨那样，一边常随佛学，一边恒顺众生。不论有多艰难的逆境困扰，也不会让他退失救度众生的大菩提心。菩萨行者的信愿坚贞，难舍能舍，难忍能忍，难行能行。一般人如果厌苦离苦，便想逃避现实世界，菩萨行者则是知苦、耐苦，救度众生脱离苦难，所谓“不为自身求安乐，但愿众生得离苦”，所以菩萨不厌生死之苦。①

按内蒙古地区僧俗的宗教信仰传统意识，无论任何人（包括一切众生），只要依照普贤菩萨的十大愿努力精进修行，起码今世能达人天最高境界，幸福安康。而来世修行者会如愿往生阿弥陀佛的极乐净土。再则向上起修，只要按照普贤菩萨的十大愿进行实际修持的话，即能够实现佛教的上求菩提自利行，下化众生利他行的伟大理想。

དེ་དག་བསྔགས་པ་མི་ཟད་རྒྱ་མཚོ་རྣམས། །
诸功德海赞无尽

དབྱངས་ཀྱི་ཡན་ལག་རྒྱ་མཚོའི་སྒྲ་ཀུན་གྱིས། །
普以音支大海声

རྒྱལ་བ་ཀུན་གྱི་ཡོན་ཏན་རབ་བརྗོད་ཅིང་། །
颂扬一切佛功德

བདེ་བར་གཤེགས་པ་ཐམས་ཅད་བདག་གིས་བསྟོད། །
我今赞叹诸善逝

① 圣严法师：《智慧100——消除烦恼的方法》，陕西师范大学出版社2009年版，第207页。

四　提倡赠送天然香，契合佛法，利国利民益环保（案例）

徐文明教授这样说：如今，烧头香越来越成为人们一项重要的年俗活动。据媒体报道，2013 年的正月初一，单单是北京雍和宫，就有多达 7 万人来烧头香，有人排队长达 20 多个小时，这不能不说是一个引人注目的社会现象。

7 万人前来雍和宫，固然是由于雍和宫的历史地位和社会影响力，但也可能和春节人们烧香礼佛的场所不足有关。应当承认，大量人员过度集中，容易引发安全与健康问题，对于周边居民的正常生活也会造成一定的影响。作为一个数千万人口的大都市，解决大量宗教信徒的信仰活动场所确实不易。由于部分佛教信徒的身份并不十分确定，春节及其他特定节假日的活动场所与平时完全不同，如同春运一样，需要突然达到平时的数倍甚至更多。为了解决这一难题，一是可以多方宣传，弱化过于注重春节烧头香的传统习惯，注重信仰的常态化；二是可以开辟一些临时活动场所，使其他传统寺院也能起到分流的作用。

春节烧头香，表达了人们对美好生活的期望，也是祈盼佛祖神灵护国佑民、祝愿国泰民安的爱国精神的体现，是太平盛世、人民安乐、文化多元、信仰自由的象征。只要通过正确的引导和提升，其积极的一面就会得到更多的展现，就会起到维护和促进社会和谐、加强节日气氛的作用。这种景况肯定还会延续和发展下去，对此应有清醒的认识和心理准备，并采取相应的解决之策。①

---

① 转引自徐文明《一炷头香引发的思考》，《中国宗教》2012 年第 1 期，第 62—63 页。

结　语

众所周知，雍和宫是全国重要的佛教活动场所和著名的旅游景点。据统计，每月接待国内外游客信众达 137900 余人次，因此，作为首都宗教界的窗口——雍和宫一直以来为了保持宗教场所的清净与庄严，为了维护环境的和谐与美好而进行了不懈的努力。雍和宫早在 2003 年就率先引导信众文明敬香礼佛，倡导敬“三支香”的理念，杜绝燃烧高香、大香、粗香、大量燃香和劣质燃香等不良做法和风气。

自 2013 年 12 月 10 日起，雍和宫向入寺礼佛的信众免费赠送天然环保香。大力推广文明进香礼佛的理念，此举得到有关部门和广大信众的理解和支持，新闻媒体也以各种形式进行了广泛宣传。

雍和宫法轮殿内楹联曰“是色是空，莲海慈航游六度；不生不灭，香台慧镜启三明”，延绥阁内楹联曰：“狮座宝花拈来参妙谛，檀林法乳触处领真香”，佛陀拈花说法，以正法示与世间。亦只有受持正法，坚持正信、正见、正行的修行正道，方能心香一瓣，观香台慧镜，会到真香处。

中国佛教协会副会长、雍和宫胡雪峰住持说：“花钱买第一：累了自己，埋了隐患。”对于民间的“头炷香”狂热，胡住持表示，佛家其实并没有“头炷香”一说。“抢烧头炷香是一个误区，烧不烧头炷香，和虔诚与否没有关系，也不会因此而获得更多的福报，如果相信烧了头炷香就有更多福气，就是与佛做交易，不是信佛。”①

真正懂得因果关系，有正信、正见的佛教信众，应该是真正的学佛行佛之人，佛教的基本理念是施舍，而不是索取，不会给社会及他人带来麻烦。佛教的教理、理念是不分国度、地区、民族、时间的，只要虔诚礼佛祈愿的话，诸佛菩萨都会随时随地给祈求者带来吉祥幸福，因为佛菩萨没

---

① 胡雪峰：《赠香举措重在环保　契合佛法利国利民——雍和宫住持介绍实施免费赠香建设生态寺院经验》，《法音》2014 年第 2 期，第 11—12 页。

有分别心，随时应现信众的要求。你心目中敬香礼佛的时间，就是你最好的头炷香，就时间概念而言，由于时差各国或各地区都不一样，人们是依照他们适合生存的需要而定的时间，而对于佛菩萨来讲时间都是一样的，如信众大年初一早晨去寺院敬香或中午去敬香礼佛，众生所去的时间，就是佛菩萨普度众生的时间；地球是圆的，太阳是圆的，佛法是圆融无碍的，佛、菩萨、高僧大德是没有分别心的，众生平等，有求必应，因人施教，同体大悲，慈心无碍，这是诸佛菩萨行愿无尽的“菩提心香”。

法无定法，法无执着，敬三宝、戒三毒，均在发于心、落于行，心诚为要，行为根本。上香者借助那逐渐燃起的、缥缈的、回旋上升的烟线和香气，加之无形的——以至净至诚的心直面佛菩萨的“心香”和合，使进香者在静思、祈愿中洗礼精神、观照内心，以证悟色空不二之理，追求去染成净、自觉觉他的境界，形成和法界诸佛、菩萨的一种沟通和交流。通过焚香礼佛，也感受着千年前佛经古训：“一切有为法，如梦幻泡影，如露亦如电，应作如是观。”以更平和无染、慈悲、智慧、涅槃的心面对复杂多变的现实世界，奉献人生、觉悟人生。其实，“明德以存馨香”，无论烧多少、多大的香，甚至无论烧香与否，只有将有相的供香提升为无相的“菩提心香”，才可能会增长善根、增添福慧——诚心敬佛，不燃亦香；善念向佛，心香亦燃，离苦得乐，与乐有情。

乾隆御笔

清朝皇帝莅临雍和宫专用御香炉

作者：嘉木扬·凯朝，中国社会科学院世界宗教研究所研究员，全国民族教育委员会专家。

“素心香”说

周　齐

一　“素心香”的因由

“素心香”，是一款线香，是专为支持提倡使用天然香和理性焚香方式敬佛及上香的公益活动而提名的。

之所以支持这样的活动，一是基于大的背景原因，即如大家多经历过的那样，改革开放以来，随着社会生活氛围日益自由宽松，传统的焚香祈祷的行为也日趋浓厚，但是，劣质的、高大的香烛也随着利益驱动而充斥市场，以致各种相关场所大多乌烟瘴气，既污染了自然环境和相应的经济市场，也污染乃至扭曲着人们原本的诚敬之心。所以，提倡制造和使用天然香并理性焚香，是一件非常需要推进和十分有意义的公益活动。

另一个因由则是一具体的机缘，即发愿从事推广天然香的事业的发起人，曾是我们宗教所“博学班”的学员，所以，机缘巧合，特地题名“素心香”一款，以表支持；同时还特别提议，要求将此款香制作成既保质保量又天然低价的一款香，以素朴的形式，提供给心净心诚的使用者。

笔者自然是毫无取利之心，但是，对于“素心香”的低价高质要求，亦使得生产者无利可图。虽然制作者本即有送香的意愿，但笔者还是觉得多有歉疚。因而，抱歉之余，也因一些使用者问及，故特做此小文，解释一下“素心香”的意蕴。

二 “素心香”的意蕴

事实上，“素心香”的意蕴很简单，初衷就是想借此突出“素心”和“心香”的意蕴。

1. 所谓“素心”

“素心香”之谓“素心”，是以“素”来标的“心”。

“素”者，原意为不曾染色之丝也。故，素心当指本然之心，亦可谓真诚之心。

以佛教的义理而论，即是以无染无所着的心性境界为修行目标，并以之善护众生之心，即可谓契合素心，素心行施，亦可谓契合根本。

若为今时通俗之论，崇尚素心，就是崇尚秉持诚挚虔敬、少欲知足的本然清净的心性。

因而，秉持素心，简朴炷香，就足以表达诚敬。

2. 所谓“心香”

本然真挚之心，是崇敬崇拜的根本。因而，自古以来，各门宗教都强调虔诚之心的重要性。以佛教而言，素心精诚，自可感格神佛。因而，佛书中即常见“心香一瓣”、“一瓣心香”之语，就是说，诚心敬拜即无异于焚香敬拜，此即所谓“心香”的意思。

若以今时观念而论，“天然”并不等于“环保”。即使是天然香，过度焚烧亦是污染。

因而，“素心香”的意蕴，最终还是着落在强调“心香”意境上的多多精进。由此款香，或可提醒反省观照本心，即佛家强调的观所谓自性清净之心。

如此，秉持“素心”，少燃香；或，一瓣“心香”，不燃香。随心率性为是。

三　"素心香"的追求

无论是焚香、敬香表达崇拜之意，还是制香、品香显示的生活趣味，在中国都历史悠久。宋代陈敬的《香谱》将香溯源于先秦，如《左传》有"黍稷馨香"、"兰有国香"等语，《诗》有"其香始升，上帝居歆"，"有飶其香，邦家之光"等句；《香谱》又说，秦汉之前，香"惟称兰蕙椒桂而已"；到汉武之世，始多闻其他香；晋世，则外国异香渐多。

焚香用在很多方面，如焚香祝天，焚香礼神，焚香读《易》、读书，焚香静坐，烧香辟邪，烧香辟瘟，等等。两汉之际佛教传入后，又多了烧香拜佛的佛教仪式。

香炉、香盒、香匙等，则是古文献中常见的配套香具，大概与焚燃香粉、香饼、香丸等有关；至于线香到底出现在何时，笔者不是研究香的专家，无从考证。但是，有关资料显示，在明代成化时，线香已是非常平常的东西，如明代杨一清《关中奏议》中《奉敕谕起解反逆贼寇事》有记录说，有聚众盟誓者，"即取出线香一把，令众人当天各拈香说誓"。

千百年来，由于一些香料极其名贵，以致玩香制香的由头、噱头很多，层次差距也很大。所以，各种名香常常是王公富人或名流的玩赏奇货。如今，名贵香品也依然是一些人的品赏佳品。

但是，"素心香"不属于名贵品赏香。如前所述，此款香就是为了支持天然香和理性焚香的活动，为需要经常焚香敬拜者提供的一款清新线香。而且，意趣不在香，在清净之心。

心性清净，是提名"素心香"希望传达的品性追求。

作者：周齐，中国社科院世界宗教研究所研究员，研究生导师。

论佛香本草的历史文化特征与实用价值

李良松

什么是香？什么是佛香？我认为，香是指能散发芳香气味，或经燃烧、煎煮、研粉、加热能产生香气，以及虽无特殊芳香气味，但习惯上被当作香药使用的产品。香有狭义和广义之分。狭义香主要是针对人们的嗅觉而言，指气味芬芳、沁人心脾、清香怡人的嗅觉感受和各种形态的芳香制品。而广义的香，除了嗅觉之外，还有味觉和心理上的感受，在佛经中就有心香和法香的说法。因此，佛教将鼻根所嗅的一切都统称为香，同时还用香来象征修行者持戒清净的戒德之香，乃至圣者具足解脱、智慧的五分法身，可以说是解脱者心灵的芬芳。现将佛香的历史、种类、特征、功能和应用等略述如次。

一　佛香的历史

我们今天所说的佛香，是指由多种香料制成的香品。根据原料的不同，其芳香气味也有较大的差异。佛香原料并非完全源自古印度，而是呈现出多源的特征。我认为，推究佛香的历史，主要有五大源头，一是古印度香，二是中华香，三是西域香，四是南洋香，五是藏香。我们现在使用的各种佛香产品，上述五种类型兼而有之，其中中华香占据了主导地位。

1. 古印度香

我们所说的古印度，是一个区域的概念，指的是南亚次大陆。古印度香，主要是佛经中记载的各种香草及芳香制品。如《苏悉地羯啰经》写到了沉水香、白檀香、紫檀香、娑罗香、天木香。《乳味钞》还写到了白胶香、紫香、安息香、熏陆香等。熏香是佛教的重要传统，对于宗教仪式和养心保健都具有积极的作用。

2. 中华香

香的发明者和应用者当首推神农。“神农尝百草，一日七十毒。”尝者，尝味也。其次序应当是先闻，后看，再尝。诚然，芳香之药以其特有的气味优势，赢得了上古先民的青睐，并被广泛应用于日常生活和临床诊疗的各个领域。

《诗经》共载录本草及有关生物291种，其中芳香类药物有青蒿、芸香草、兰香、菖蒲、白茅、益母草、艾叶、泽兰、檀香等9种。屈原不仅是一位伟大的爱国诗人，而且也是一位药物专家，他对香类植物的论述代表了战国时期的最高水平。在屈原的作品中记载50种芳香植物，最早提出用芳香药物作为沐浴之剂，《云中君》载：“浴兰汤兮沐芳。”屈原还提出，要在庭院周围种植百草，使生活环境优美芳香。“合百草兮实庭，建芳馨兮庑门。”（《湘夫人》）

秦始皇以爱香著称，他不仅在生活用品上沾香着馨，而且外出巡游也香气不离。两汉承袭秦代的用香经验，并总结出各类香品的使用方法。如在《汉书》中还记载了桂、椒、木兰、留夷、枫胶香等芳香类植物。1973年，湖南长沙马王堆出土的秦汉古医籍《五十二病方》载药247种，其中芳香之品有20多种。《神农本草经》载药365种，其中芳香类本草有30多种等。

两晋南北朝时期是我国佛香本草发展史上的一个转折时期，这一时期值得称颂的是范晔的《和香方》。该书虽然早已亡佚，但我们仍可以从范晔的《和香方·自序》中了解到该书的内容梗概。从那时起，香类药品的流传和应用就越来越广泛。因此我认为，南朝之后的香类方药逐渐盛行，跟《和香方》的影响是不无关系的。

隋唐五代时期是佛香本草应用史上的鼎盛时期，这期间佛香本草被广泛运用于各个领域。《隋书·经籍志》著录了《香方》（1卷，宋明帝撰）、《杂香方》（5卷）、《龙树菩萨和香法》（2卷）三部香药医方。这些都是汉晋六朝以来，宫廷、民间和寺院的用香经验的总结。特别是唐代，佛香本草在宫廷和士大夫阶层的应用在我国封建社会达到了顶峰。仅在《旧唐书》与《新唐书》中，记载香药贡品就有120多次、30多种。主要品种有：沉香、麝香、白胶香、甲香、郁金香、龙脑香等。

两宋时期，由于海上丝绸之路的发展，大量的佛香本草从沿海口岸销往全国各地。作为海上丝绸之路起点的福建省泉州市，每年佛香本草的进口量都在10万公斤以上，主要品种有檀香、沉香、砂仁、乳香、安息香、苏合香、龙脑香等。许多中国商人与波斯商人将中国的丝绸、茶叶、陶瓷出口到南亚、波斯诸国，然后满载当地盛产的檀香、沉香、安息香等香药回国。20世纪70年代，从泉州古海港打捞上来的一艘宋代沉船，其货舱所藏的香药就达近2000公斤，由此可见当时香料贸易鼎盛之一斑。

明清时期，中外科技文化交流继续扩大。在《明史》中，记载了沉香、安息香、降香、龙涎香、乳香、胡椒、肉豆蔻、伽南、片脑、米脑、糠脑、脑油、脑柴、蔷薇水、乌爹泥、罗斛香、速香、檀香、黄熟香、树香、木香、丁香、乌香、白豆蔻、蔷薇露、藤竭、苏合油等芳香类本草，《清史稿》中也有上述香药的记载。在明清的本草与医方文献中，记载佛香本草最全面的著作当首推《本草纲目》和《植物名实图考》。《本草纲目》载药1892种，其中芳香类药物100多种，基本上囊括了现代常用的所有佛香本草。《植物名实图考》共分12类，其中第八类为“芳草”，载录了数十种芳香类草本植物。

3. 西域香

西域香从西汉开始陆续传入中原地区，到唐代达到了鼎盛。西域香有中国西部地区、波斯地区和古印度地区三个部分，其中以波斯亦即阿拉伯的香料最具代表性。唐代来自西域和波斯的香料有：郁金香、苏合香、沉香、熏陆、青木香、胡椒、毕拔、香附子、白真檀、贝甘香、阿薛那香、龙脑香、麝香、甘松、安息香等。

4. 南洋香

南洋香规模进入中原地区始于唐代，至宋代达到高峰，元、明、清三代也保持着较大的进口量。宋代特别是南宋时期，北部和西部地区都有独立或割据势力存在，陆上丝绸之路已基本中断，因此宋代的海上贸易特别发达，《宋史·太祖纪》载："（乾德元年，公元964年）己亥泉州陈洪进贡白金千两，乳香茶药皆万计。"《宋史·食货志》："闽广舶务监督抽买乳香，每及一百万两转一。"可见，宋代的海上香料贸易十分庞大。南洋香主产于今之越南、柬埔寨、泰国、印度尼西亚、马来西亚、菲律宾等国，有的甚至由斯里兰卡、古印度、西亚、北非通过海上丝绸之路进入中国。南洋香以沉香、抹鲸香、檀香、木香、砂仁、乳香、龙脑香居多。

5. 藏香

藏香是指产自西藏地区的香品。藏香除了在西藏、川西、甘南、青海等地受到推崇之外，在尼泊尔、不丹、锡金等处也很受欢迎。藏香的主要用途，以礼佛居多，约在80%以上。在藏医经典著作《四部医典》和《药王月诊》、《晶珠本草》等文献中，记载了数十种芳香类植物，其中有不少是制作藏香的主要原材料。藏香从唐朝开始，吸收了中原地区的制香经验，结合藏传佛教和西藏地区民间的用香特点，逐步形成一套独具特色的藏香体系。藏香的特点主要体现在香材、制法两个方面，香材为取自青藏高原及其周边的地区的香草，制法为调香、助燃的辅料及加工方法的独特性。

二　佛香的特点

佛香主要有三大类，一为物香，即有形的香，指的是燃香、香粉、香水等有形质的香；二为心香，即无形的香，指的是修习佛法之后的愉悦芳香之感受；三是法香，即永恒的香，指佛法中的种种境界，如戒香、定香、慧香和德香等等。

1. 物香——有形的香

有形香包括燃香、熏香、香水、香囊、香盒、香具等。燃香为长条形的可燃之香，其用途最为广泛，为寺院、祠堂、居家最常用的香品。据传燃香是沟通人与佛及菩萨的重要媒介，也是信众用于表达自己内心愿望的重要载体。熏香主要用于熏蒸或熏洗衣物，以示庄严尊贵。香水常用于喷洒寺院、居所的内外环境，以驱邪去浊；香囊常用于随身佩戴，主要用于防疫辟邪。香器是燃香、熏香、喷洒香料的道具，主要有香炉、熏炉、蒸炉等。

焚香、装香料的香器，展现了香的具体之美，也是香文化中颇为独特的艺术。在种类、材质、造型与色彩的显现上，都为人类的视觉与嗅觉心灵带来极大的喜悦。这些丰富的香器种类，主要是为了配合各种不同形态的香焚烧或蒸熏的方式而产生。除了实际上的用途之外，基于美观及装饰的考虑，香炉的型制、炉身的造型、色彩，更是琳琅满目，配合袅袅香烟，及美好的香味，让用香的情境达到极致。

由于香美好的特质和缥缈弥漫的香烟，而被视为能上达天庭，传达诚挚的供养之意给佛菩萨及天神等。所以香也是佛教中极为重要的供养，并发展出供香的仪轨、方法及真言、手印等。本书介绍金刚界法及护摩法中常用的供香手印、真言，以及日常供香的方法，希望让读者在供香时能有所依循。

在香的形态上，以立香与环香最为常见，立香有粗细，其不同的规格，视使用者所需而制。细的立香为家庭供香普遍使用，粗者则多用于寺院庙宇中，尤其以年节祭祀时为常见。

环香亦有大小粗细之分。一般而言，环香越大者其香之制作亦越粗，或垂直吊起燃烧，或用香架支着置于香炉内，而直接于香炉中放平燃烧者，则是以小盘香为主。大的香环可于寺庙或家族祠堂中常见，小的香环则多为个人供养或修行使用，多置于一般的案头之上。

其他香品尚有卧香、香塔、香粉等。一般而言卧香大多是比较高级的香，其中不含竹枝，直接放在香炉中燃烧，价格较高。香塔是制成锥状的香，纯粹用香粉制成，大多放在香炉中直接燃烧。香粉则是直接以香料燃烧，必须以香炉盛起，但较易熄灭，无法经常维持燃烧状态，因此香篆常以模子压制以持续燃烧。

2. 心香——无形的香

指在修习佛法过程中，当达到一定的程度时，人的感觉系统会产生一种特殊的体香，既是愉悦的快感，也是由内及外的芳香感受。

芬芳的气味，令人愉悦，带来美好的感受，而有德的修行者，心灵也散发出美好的芬芳，令人崇仰，芳香远闻。因此，经典中常以香来比喻修行者持戒之德，如《戒德香经》中记载，在世间的香中，多由树的根、枝、花所制成，这三种香只有顺风时得闻其香，逆风则不闻。当时佛陀弟子阿难欲知是否有较此三者更殊胜之香，何者能不受风向影响而普熏十方，于是请示于佛陀。佛陀告诉阿难，如果能守五戒、修十善、敬事三宝、仁慈道德、不犯威仪等，持之不犯，则其戒香普熏十方，不受有风、无风及风势顺逆的影响，这种戒香乃是最清净、无上者，非世间众香所能相比。

就一般人而言，香可以增长我们身体诸根大种，并借着香传递信息给诸佛菩萨。但是最高明的用香方法则不仅如此，而是以香直接燃烧供佛，心香就是用至诚的心来直接面对佛。以有相的香，加上无形的心香；一个是庄严的表征，一个是心的常寂光明，以此供养诸佛，移相内熏，供养自身的法身佛，这是用香法门的极致。

3. 法香——永恒的香

法香指的是佛法中亘古不变的芳香品格。在《诸经要义》、《集诸经礼忏仪》、《六祖坛经》等文献中，都以香比喻五分法身，其将无学圣者于自身成就的五种功德法，称为五分法身；并以香来比喻，则称为戒香、定香、慧香、解脱香、解脱知见香。戒香，即自心中，无非，无恶、无嫉妒、无贪嗔、无劫害，名戒香。定香，即睹诸善恶境相，自心不乱，名定香。慧香，自心无碍，常以智慧观照自性，不造诸恶。虽修众善，心不执着，敬上念下，矜恤孤贫，名慧香。解脱香，即自心无所攀缘。不思善，不思恶，自在无碍，名解脱香。解脱知见香，自心既无所攀缘善恶，不可沉空守寂，即须广学多闻，识自本心，达诸佛理，和光接物，无我无人，直至菩提，真性不易，名解脱知见香。

在佛法中，从有相的用香，到无相的用香，最后将此香回熏自内，证得五分法身，证得无上正等正觉，将此光明之香遍满一切，使众生闻此香，心离一切杂染而得解脱，自证法身，自证智慧，以智慧的香焚烧一切，这可以说是佛法把香的境界从世间的用香，彻底转化升华到越超究极的境界。

4. 有形香与无形香并用

《楞严经》中谈到诸根圆通的法门中，其中关于香的修法，是香严童子以香尘来修持："香严童子，即从座起，顶礼佛足，而白佛言，我闻如来教我谛观诸有为相，我时辞佛，宴晦清斋，见诸比丘烧沉水香，香气寂然来入鼻中。我观此气，非本非空，非烟非火，去无所着，来无所从，由是意消，发明无漏。如来印我得香严号。尘气倏灭，妙香密圆。我从香严，得阿罗汉。佛问圆通，如我所证，香严为上。"大意是说，在《楞严经》的法会中，有25位圣者，分别叙述自身开悟的法门。当时香严童子叙述自身得悟的因缘，就是以闻香入手："当时我听见如来教我谛观一切有为相。告别佛陀之后，就于居处静堂养晦自修，看见比丘们烧沉水香，香气寂然，入于鼻中。关于香气的由来，并非本来有的，也不是本来空的；不是存在烟中，也非存在火中，去时无所执着，来时无所从来。我由此心意顿消，发明无漏，证得阿罗汉果位，佛陀问圆通法门，如我所证悟者，以香的庄严为最殊胜。"香严童子就是由于闻沉水香味而发明无漏，证得罗汉果位。

5. 密教中的香

在密教许多修法中，香也是必备的供养，烧香与阏伽、涂香、花鬘、灯明、饮食等合称为六种供养。依不同的经轨而焚不同的香。如胎藏界三部所烧之香就有分别。根据《苏悉地羯啰经》卷上《分别烧香品》记载，佛部应燃烧沉水香，金刚部应燃烧白檀香，莲华部应燃烧郁金香，或是混合三种香，通用于三部，或是以一种香通用于三部。

在各种香中，室唎吠瑟咤迦树汁香，通用于三部，也可以用来献与诸天。而安息香献与药叉，熏陆香则献与诸天天女，娑折啰娑香献与地居天，娑落翅香献与女使者，干陀啰娑香献与男使者等，各有不同。龙脑、干陀啰娑、娑折啰娑、熏陆、安悉、娑落翅、室唎吠瑟咤迦等香，称为七胶香，为最胜最上者，以此和合而烧之，可以通用于佛部、金刚部、莲华部之息灾、增益、降伏等三种法，共为九种法。而《蕤呬耶经》卷中《请供养品》记载，在一般供养法中，应该以白檀香混合沉水香来供养佛部，以尸利稗瑟多迦（室唎吠瑟咤迦）等诸树汁香供养莲华部，而以黑沈水、安息香供养金刚部。

白檀香、沉水香、龙脑香、苏合香、熏陆者、尸利稗瑟多迦树汁香、萨阇罗沙香、安息香、娑罗枳香、乌尸罗香、摩勒迦香、香附子香、甘松香、阏伽跢哩香、柏木香、天木香、地夜香等，与砂糖混合，则称为普通和合，可以随意取用，以供养诸尊。

另根据《苏悉地羯啰经》卷上《分别烧香品》记载，因为所修之法不同，相对于所烧香的种类也有差异，如修息灾法，应焚捣丸香，修降伏法应焚尘末香，修增益法应焚丸香。而据不空三藏《佛顶尊胜陀罗尼念诵仪轨》则记载，于息灾法应焚沉水香，于增益法应焚白檀香，于降伏法应焚安息香，于敬爱法应焚苏合香。另于《金刚顶瑜伽千年千眼观自在菩萨修行仪轨经》卷下及《金刚寿命陀罗尼经法》等也有相同的说法。

在密法中，常可见到“五香”的说法，如《成就妙法莲华经王瑜伽观智仪轨》、《建立曼荼罗及拣择地法》中说，密教作坛时，与五宝、五谷等共埋于地中之五香，即是指沉香、白檀香、丁香、郁金香、龙脑香。另也有为成就诸真言而备办之五种香。

三　佛香的类型与配制

1. 佛香本草的种类

佛香本草根据种属的不同，可分为矿物类、植物类、动物类和合成类。

矿物类的佛香本草有：滑石、丹砂、石硫黄等。一般来说，矿物类药物本身很少具有芳香气味，只有经过香草熏洗、蒸煮与添加香粉等特殊处理后才具备芳香气息。如用滑石制作美容香粉，常混以沉香、檀香等香药的粉末；炮制丹砂，也需经香水浸泡后再进行加工处理。《雷公炮制论》：“凡修事朱砂，静室焚香斋沐后，取砂以香水浴过。”

植物类香药是佛香本草的主体，占佛香本草总数的90%以上。根据药用部分来分有花类（辛夷花、茉莉花、桂花等）、叶类（苏叶、艾叶、桂叶等）、果实类（胡椒、茴香、樟脑等）、全草类（芸香草、兰香草、仙鹤草等）、根茎类（当归、白芷、川芎等）、树皮类（肉桂、阴香皮、合欢皮等）、枝条类（桂枝、丁香枝等）、油脂类（松香、檀香油、肉桂油等）等。

动物类的佛香本草有：麝香、甲香等。麝香是鹿科动物麝雄体香囊中之分泌物，甲香为蝾螺动物蝾螺或其近缘动物的掩厣。

合成类的佛香本草有：苏合香、香曲等。在古代，佛香本草复方的运用十分普遍，但通过较为复杂工序合成新香药的方法则不多见。《南史·天竺国传》载："苏合是诸香汁煎之，非自然一物也。"香药神曲是用几十味中药混合制成的芳香类本草，具有芳香化湿、健脾开胃的功效。

2. 佛香本草的剂型

佛香本草的主要剂型有散剂、膏剂、水剂、油剂和喷雾剂。

散剂：散剂有内服和外用两种。内服者，多在宫廷内院。因长期服用芳香散剂会使皮肤透发出特殊的香味，借以争芳得宠。外用香粉乃美容化妆之需，上至皇族闺秀、下到百姓人家皆有用之。为了美容化妆之需，美容香粉常与滑石等相拌合使用。

膏剂：膏剂即将香药研成极细的干粉或湿粉，然后加上油脂，调匀后储瓶备用。膏剂主要用于涂抹面部、手部或胸部，用以美容、防晒及治疗皮肤疾患。

水剂：水剂包括生榨水和煎煮液。生榨指用新鲜植物榨取芳香水分，全草、树叶多用之。煎煮液指按照汤剂的煎煮方法煎取芳香液体。可用于内服、沐浴、涂抹肌肤等。

油剂：油剂有两种，一是从芳香植物的果实、树皮等药用部分中榨取芳香油脂，如樟脑油、丁香油、肉桂油等。二是用油脂溶解提取药用植物的芳香成分。

喷雾剂：喷雾剂常用酒精提取，亦有用生榨香液。主要用作喷洒香水或喷洒周边环境。

3. 佛香本草的用途

按照用途分，佛香本草有服食、佩戴、涂抹、熏香和蒸洗等多种用法。

服食：指服用丸、散、膏、丹、汤等佛香本草剂型，以期治病或美容。

佩戴：一是指佩戴香囊，以期避邪除秽。二是穿戴的服饰经熏香或喷洒香水，以美化嗅觉、显示高贵。

涂抹：指将香药涂抹于体表，以期香化肌肤与治疗疾病。

熏香：用于香化室内环境与衣物装饰、驱除虫害及熏染宗教气氛。

蒸洗：主要用于沐浴、衣饰及加工食品。

4. 佛香本草的香型

佛香本草有清香型、浓郁型、异味型、混合型。

清香型：气味清雅悠香、沁人心脾。多用于加工食品、糖果及香水。

浓郁型：气味浓郁重镇、沁人五藏。多用于避秽、熏香、香化衣物及熏染宗教环境。

异味型：气味怪异、若香若臭。多用于驱除病虫害。

混合型：香气不纯、气味混杂。除兼有上述三型的功用外，多用于临床治疗。

5. 佛香本草的配制

佛香本草配制方法主要有研粉、煎煮、水磨、制香、提取和混合赋型。

研粉：将佛香本草研成极细粉末、经反复过筛后，密闭储藏以备用。

煎煮：将佛香本草煎煮成香液或浓缩成胶状、块状等。

水磨：将佛香本草湿磨成混悬香液。如民间常用檀香、沉香等磨取液治疗急痧、浊气等引起的头痛、腹痛等症。

制香：将佛香本草制成药香、寺院用香、蚊香等。

提取：现代的提取方法多种多样，但在古代一般只有酒和醋，酒是最常用的提取方法。做法是：将单味或复方香药浸泡在酒等媒质中，以获得芳香有效成分。

混合赋型：将佛香本草的药粉或浓缩液加上赋型剂，制成片剂、丸剂以及块状、球状等佛香本草剂型。

四　佛香本草的应用

佛香本草在宗教、医学、民俗和日常生活等领域的应用十分广泛。可以说，我们吃的、穿的、住的、用的等都与佛香本草有着密切的关系。在医学上，佛香本草不仅可用于临床各科疾病的治疗，而且在疾病的预防及养生保健等方面也有着积极的作用。在日常生活中，吃的——可做各种食品的添加剂和调味剂等，穿的——可用作各种佩戴物及衣物着香等，住的——可在庭院种植芳香花草、在室内喷洒芳香剂或熏燃香气，用的——可做美容化妆用品等。现分述如次。

1. 治疗作用

古往今来，佛香本草的单方、验方、秘方和以佛香本草为主药的方剂可达一万多条，并在临床各科得到普遍运用。如十味香薷饮、十香止痛丸、十香返魂丹、丁沉透膈汤、九制香附丸、当归生姜羊肉汤、藿香正气散、麝香止痛膏、小七香丸、木香顺气丸、木香调气饮、四味香薷饮、四制香附丸、芎归散、芎辛导痰汤、芸香草片、芸香油滴丸、香砂养胃丸、香砂六君子汤、藿香正气水、藿朴夏苓汤等都是以佛香本草为主药的方剂，在临床各科疾病的治疗中发挥出了积极的作用。解表、化湿、开窍是佛香本草最主要的三大功效，解表有桂枝汤、薄荷散等以薄荷、桂枝、白芷等为主药的解表剂，化湿有藿香正气散、平胃散等以藿香、豆蔻、砂仁等为主药的芳香化湿剂，开窍有安宫牛黄丸、至宝丹、紫雪丹、苏合香丸等以麝香、沉香、苏合香为主药的开窍剂。此外，佛香本草在临床其他方面的应用也十分广泛，如洋金花用于麻醉，仙鹤草用于止血，胡椒用于温里、木香用于理气、香薷用于解暑等，都有着十分确切的功效。佛香本草以其特有的气味优势，成为独具特色的本草门类。但因香药多为辛窜之品，必须中病即止，否则有伤身损体之虞。

2. 预防作用

佛香本草常被用于预防瘟疫、瘴气与秽浊之气以及消毒、杀虫的诸多方面。《旧唐书·穆宗纪》载："壬子诏入景陵玄宫，合供千味，食肥肉鲜鱼，恐致熏秽，宜令尚药局以香药代食。”初生儿用檀香洗口，可除胎浊；紫苏叶可消除鱼类之腥浊；沉香、檀香等可用于预防瘟疫；青蒿等可治疗瘴气；艾叶、菖蒲、樟脑等可消毒、杀虫，特别是樟脑、冰片等对服饰的防虫防蛀防潮具有独特的效果。平日服食、佩戴、熏蒸、悬挂、涂抹芳香之剂，确能达到良好的预防作用。

3. 养生作用

在佛香本草中，除了黄精、白术、萱草、当归、麦冬、鹿含草等具有养生之功效外，常处于优美芳香生活环境，亦能起到很好的养生作用。在历代的史书、医书中，食黄精、饵白术被认为是隐士高人之养生要诀。《北史·由吾道荣》载：“辟谷饵松术，求长生之秘。”从医学的角度来讲，佛香本草中的滋阴、补气、健脾、补血之品，的确有相当可靠的养生效果。在日常生活中，在室内外栽种芳香盆景或花草树木，如玉兰花、茉莉花、桂花、丁香、萱草等，会调节生活气息，促进人们的身心健康。屈原在《九歌·湘夫人》中写道：“合百草兮实庭，建芳馨兮庑门。”

4. 美容化妆

史书中常见于美容化妆药物及用品有：檀香、沉香、安息香、苏合香、龙脑香、降香、蔷薇水、蔷薇露、苏合油、兰膏、绛雪、口脂、面脂、面药、红雪、紫雪、腊日、历日、腊脂、香饵脂膏、五药脂膏等。《宋史·占城国传》：“又有蔷薇水，经岁香不歇。”《旧唐书·林邑国传》：“得麝香以涂身，一日之中，再涂再洗。”《新五代史·占域传》：“显德五年（公元958年）其国王因德漫遣使者莆诃散来贡……蔷薇水十五瓶。……蔷薇云得自西域，以洒衣虽敝而香不灭。”

口脂面药：指用于涂饰脸面、肌表的香膏、香脂、香粉，主要起到化妆美容、保护肌肤的作用。

熏香衣饰：用芳香之品熏蒸衣饰，以在一定的时日内保留香气。

香水：用以喷洒头发、肌肤、服装，以香化身体、愉悦心境。现在，香水已成为日常生活中必不可少的化妆品。当然，随着社会的发展和科技的进步，化学合成的芳香之品也不断增多，但这已超出了本文的论述范围。

5. 避邪除秽

常用于避邪除秽的佛香本草有檀香、沉香、艾叶、菖蒲、樟脑、山苍子等，主要用法有熏、蒸、佩、挂、洒等多种方法。

熏、蒸：用以驱除隐藏在室内各角落的病虫害、致病媒介及改善空气质量。

佩：将香药做成香囊或用其他形式佩戴身上，以达避邪除秽之功效。如有的地方将檀香药条佩挂在婴儿胸前，通过其经常咀嚼，借以消除浊秽之气。

挂：根据民间习俗，在端午节前后要在各个门窗前悬挂新鲜艾条、菖蒲。

洒：将香药喷洒于室内外，一则可驱除病虫害，二则可使周围环境芳香舒适。

6. 饮食调味

常用于饮食调味的佛香本草有桂叶、苏叶、当归、桂花、茴香、胡椒、川椒等。在烹饪过程中，加入适量的香药不仅会使食物芳香可口、开胃醒脾，而且还能起到治疗作用，如《金匮要略》中的“当归生姜羊肉汤”即是。在日常生活中，茴香、桂皮等常用作加工卤味食品，胡椒、苏叶、桂叶、当归等常用作煎煮菜肴的调味剂，桂花、芝麻等常用于制作各种糕点食品。佛香本草不仅可改观食物的色香味，而且香气诱人、沁人心脾，在调味、食疗等方面具有重要的作用。

7. 调适环境

香花、香草以其幽雅的清香，成为调适环境必不可少的佳品。桂花、玉兰花、茉莉花等都十分适合于庭院种植，置身于绿树香草之中，会使人心旷神怡、精力倍增。屈原在《九歌·湘夫人》中提出，要在庭院周围种植百草，使生活环境优美芳香。

8. 陶冶情趣

芳香花草为文人墨客写诗作赋提供了美好的情感空间，古往今来有关这方面的歌赋不断涌现。后汉有朱穆的《郁金赋》，西晋有傅咸与成公绥的《芸香赋》，左九嫔的《郁金颂》与《芸香赋序》，梁有江淹的《藿香颂》等。可谓“芳草含情皆入药，香花有意赋楚歌”。

9. 民俗活动

在我国和世界各地的传统习俗中，佛香本草常常发挥着特殊的作用。梁·宗懔《荆楚岁时记》载：“正月一日……进椒柏酒……进屠苏酒……下五辛盘，进敷与散。”《风土记》、《练化篇》等亦有类似的记载。在民间，端午节前夕往往要悬挂艾条和菖蒲，春节前夕要喝屠苏酒。这些都是佛香本草在民俗活动中实际应用的体现。在其他地域，香药亦有其特殊的作用，《旧唐书·堕婆登国传》载：“其死者口实以金，又以金钏贯于四支，然后加以婆律青及龙脑等香，积柴以燔之。”

10. 遗体保存

遗体防腐保存在历代各种医药著作中均无记载，但在类书和其他文史著作中可寻其端倪。古代的遗体防腐除了墓葬和棺椁结构外，主要是运用香药防腐，主要以苏合香、安息香、檀香、沉香等香药经科学配制而成。《太平御览》引《从征记》云：“刘表家在高平郡，表子捣四方珍香数十斛置棺中，苏合、消疫之香毕备。永嘉中，郡人发其墓，表如生，香闻数十里。”记载尸体防腐的还有《西京杂记》中的“魏襄王冢”，《太平广记》“墓冢类”中的“魏王子且渠冢”、“晋灵公冢”、“幽公冢”等。这些尸体防腐措施做得很好的古墓，除了十分注重墓葬结构外，还有一个共同特点——运用佛香本草作为防腐剂。古埃及、古西域有关木乃伊的制作，也离不开香药。因此，佛香本草是古代遗体防腐的重要材料。

除了佛教之外，道教、伊斯兰教、印度教等宗教均在不同程度上将佛香本草用于宗教活动，在宗教文化发展史上写下了浓重的一笔。但就香文化本身而言，其在佛教中的应用最为广泛，也最具文化内涵。每当我们进入佛教寺院时，一缕缕飘绕的香烟、一缕缕迎面的香气，给人以庄严、神秘之感。佛教寺院所燃的香、佛事活动所燃的香木等，都离不开檀香、沉香等芳香之品，佛教所燃之香，旨在营造宗教氛围、净化人们身心，同时也可起到驱虫避邪的作用。我们可以说不知香者，不足以谈佛医；不知香者，不足以言佛教文化。

作者：李良松，北京中医药大学教授，国学院副院长，
海峡两岸中医药交流与合作研究所所长。

五分法身香的现代阐释

释法祇　释证道

一

香在中国传统文化中占有很重要的地位。《说文》曰："香，芳也，从黍，从甘。"[①] 可见香的本义即是黍的芬芳的气味。在以农为本的传统社会里，黍是五谷之一，其重要性是不言而喻的，而香作为其散发出来的芬芳的气味，自然是生活中很重要的一部分。"香"后来引申为一切芳香的气味和有香味的原料或制成品。随着时间的推移，不管是气味芬芳，还是含有香味的原料，渐渐地被赋予了更加深刻的文学乃至哲学的意味。例如，屈原反复吟咏"香草美人"以代指君子；《关尹子》中也有"威凤以难见为神，故圣人以深为根；走麝以遗香不捕，故圣人以约为纪"[②] 的记载，因为麝香的原因，人们不会捕猎走麝，圣人因此而悟出治理天下要"以约为纪"。这种"近取诸身，远取诸物"的体察社会自然的思考方式，更加增添了香的神圣意味。

如果说先秦以前的香主要是天然的气味或者原料的话，那么汉以后的香就增添了很多人为的香料制品。不论是《汉武帝内传》中所说的"燔百和之香"[③]，还是《三国志·吴志·士燮传》中所说的"燮每遣使诣权，致杂香细葛，辄以千数"[④]，都表明了人们已经在主动地制造和利用

---

① （汉）许慎撰，（宋）徐铉校定：《说文解字》，中华书局 1963 年版，第 147 页。

② （周）尹喜：《关尹子》下卷，四部丛刊本。

③ （汉）班固：《汉武帝内传》，明正统道藏本。

④ （晋）陈寿著，陈乃乾校点：《三国志》，中华书局 1964 年版，第 1192 页。

各种香料了。

源自人们主要粮食作物的香，在本土文化中已变得具有特殊含义。佛教传入之后，其和香的结合，更加促进了香的神圣性。

佛经中多有关于佛和香的记载：

《妙法莲华经》：若复有人，受持读诵，解说书写《妙法华经》，乃至一偈，于此经卷，敬视如佛，种种供养，华香、璎珞、末香、涂香、烧香、缯盖、幢幡、衣服、伎乐乃至合掌恭敬。[①]

《大般涅槃经》：善男子，是经能为初地菩萨，至十住菩萨而做璎珞、香花、涂香、末香、烧香、清净、种性具足之乘，过于一切六波罗蜜受妙乐处，如忉利天波利质多罗树。[②]

《维摩诘所说经》：尔时维摩诘问众香菩萨、香积如来以何说法。彼菩萨曰：我土如来，无文字说，但以众香令诸天人得入律行。菩萨各各坐香树下，闻斯妙香，即获一切德藏三昧，得是三昧者菩萨，所有功德皆悉具足。[③]

从佛经看，烧香不仅仅是佛教弟子礼佛、敬佛、修行的一项重要内容，也是诸佛菩萨借以修行悟道的途径。当一支香被点燃，青烟袅袅，散发着沁人心脾的馨香的时候，香便成了人和佛交流的媒介。

但是，就中国的传统论，在世俗的生活中，特别是在禅宗出现之前，佛教用香的核心内容很难得到普及。所谓“天下熙熙，皆为利来；天下攘攘，皆为利往”。[④] 多数人在物质欲望的驱动下，追求所谓的“高香”和“发财香”，神圣的焚香流于形式，甚至成为贿赂仙佛的手段。

而实际上，佛教对香的要求或者说认识是很严格的。《入阿毗达摩论》中就说道：“香有三种，一好香，二恶香，三平等香。谓能长养诸根大种名好香；若能损害诸根大种名恶香；若俱相违名平等香。”[⑤] 很显然，世俗社会的人礼佛敬佛的“高香”和“发财香”对于诸根大种是有害的，至少是无益的。当归于“恶香”一类。

---

① （南北朝）迦叶摩腾：《妙法莲华经》卷4，大正新修大藏经本。

② （南北朝）昙无谶：《大般涅槃经》卷38，大正新修大藏经本。

③ （南北朝）鸠摩罗什：《维摩诘所说经》卷下，大正新修大藏经本。

④ （汉）司马迁：《史记》卷129，中华书局1959年版，第3256页。

⑤ （唐）玄奘译：《入阿毗达摩论》卷上，大正新修大藏经本。

但是，我们必须认识到，在世俗的世界，追逐物质利益是正常的，产生这种流于形式的烧香也有着必然性。然而，在物质条件高度发达，生活节奏日益加快的今日，如果放任所谓“高香”的发展，势必在无形中促进功利主义、拜金主义等负面的思潮泛滥，对于社会长久的和谐发展是不利的。从另外一方面说，这种现象也可能导致人们不再认为佛教场所是神圣的，甚至是和世俗世界一样的功利为主，对于佛教本身的发展显然也是不利的。如何在世俗世界可以接受的范围内推广宗教的神圣的香的内涵，却是值得宗教界、世俗世界研究思考的一大论题。

也许，六祖惠能大师所提出的“自性五分法身香”能够为我们提供某种思路。

二

六祖惠能，生于唐太宗贞观十二年（638），俗姓卢，名惠能，祖籍河北范阳。其父原有官职，后被贬于新州为百姓。其母李氏，为新州本地人。惠能3岁丧父，家境贫寒。长大后靠砍柴供养其母。唐高宗龙朔元年（661），23岁的他一日卖柴于市，听一食客诵《金刚经》，心有所悟。后得知湖北黄梅东山寺弘忍大师宣教，遂志意出家。龙朔二年，惠能安置母毕，达湖北黄梅东山寺，拜见弘忍大师。师命其踏碓舂米，经8月有余。而后以出“菩提本无树”偈得弘忍衣钵，随后向南方而来，隐迹于山野村夫之中达15年之久。唐高宗乾封二年（667），其母去世，遂远游曹溪，结识村人刘志略，结义为兄弟，白天同为佣工，晚上听志略姑母尼无尽藏读《涅槃经》，便为无尽藏析《涅槃经》义，受其敬慕，召村人为之在原宝林寺故址重建寺院。在宝林寺住9个多月，又被恶人驱逐，远遁四会、怀集，隐居于猎人队中4年。唐高宗仪凤元年，于广州法性寺（今光孝寺）见印宗法师，开东山法门，树下说法。归曹溪，从者如林。唐中宗神龙元年（705）正月十五，武则天敕迎入宫，师推却。唐玄宗先天二年（713）七月，归新州，八月三日坐化于国恩寺。

六祖惠能提倡“顿悟”：直指人心，见性成佛。他发扬“众生皆有佛性”的传统，提倡成佛不是特权，人人平等、人人可修，不分尊卑。讲求当下心中刹那的觉悟，“一念若悟，众生是佛”[①]，使人一步到位，洞穿那些如梦幻泡影般的假象，甚至解脱了那些对“菩提树”、“明镜台”的执着，回归到本真，从而获得真正的解脱和自由。

六祖惠能主张“无念为宗，无相为体，无住为本”[②]，即以不生心念为宗旨，以看透表相为自性，以不执着为根本，这样我们就能知道原来信以为真的东西的不实在，从执迷不悟的烦恼里觉醒。

“诸佛妙理，非关文字”[③]，“文字”本身也是身外之物，如果执着过甚，则“文字”自身成为烦恼之源，是为“所知障”。没有文化同样可以明心见性。所以六祖惠能说法总是言简理当，不依文字。这也是六祖禅法的其中一个特质所在，可谓是“不立文字，教外别传”。

六祖惠能顿教禅基础是性净自悟，要旨有四。

一切众生皆有佛性。这与创始人释迦牟尼的观点“大地众生皆有如来智慧德相”一致，他认为人人皆可成佛，因为人人都具有佛性，即人人都有成佛的可能性。正如《华严经》中所说：“此诸众生云何具有如来智慧，愚痴迷惑，不知不见？我当教以圣道，令其永离妄想执着，自于身中得见如来广大智慧与佛无异。”[④] 惠能充分发扬了这一点，众生都是有佛性的，而只是迷悟的程度不同，而佛教的任务就是发扬众生的这种佛性，使之成佛。

惠能对这一理论的发扬，淡化了佛的神秘性，打破了凡夫和佛之间的界限——每个人都有佛性，学佛的重心开始倾向于向内搜求，这也是佛教禅宗和世界上其他宗教的区别所在。

无念为宗。六祖惠能在《坛经》中提出“世人性净”，人人都具有清净的佛性。但由于有妄念遮盖，故清净的佛性显现不出来，所以要下一番功夫把妄念散去，使清净的佛性得以显现。而要散去妄念，并非难事，只要“无念”即可，“无念法者，见一切法，不着一切法”。“无念”是不着一切法，不于外着境，并非如同木石一般地无任何感知。

正如《金刚经》中所说：“所有一切众生之类，若卵生、若胎生，若

---

① （唐）惠能：《坛经》，大正新修大藏经本。

② 同上。

③ 同上。

④ （唐）实叉难陀：《大方广佛华严经》卷51，大正新修大藏经本。

湿生、若化生，若有色、若无色，若有想、若无想，若非有想、非无想，我皆令入无余涅槃而灭度之。如是灭度无量无数无边众生，实无众生得灭度者。何以故？须菩提，若菩萨有我相、人相、众生相、寿者相，即非菩萨。”①

“如来灭后后五百岁，有持戒修福者，于此章句能生信心，以此为实，当知是人不于一佛、二佛、三四五佛而种善根，已于无量千万佛所种诸善根。闻是章句，乃至一念生净信者。须菩提，如来悉知悉见，是诸众生，得如是无量福德。何以故？是诸众生无复我相、人相、众生相、寿者相，无法相、亦无非法相，何以故？是诸众生，若心取相，则为着我、人、众生、寿者，若取法相，即着我、人、众生、寿者。何以故？若取非法相，即着我、人、众生、寿者。是故不应取法，不应取非法，以是义故，如来常说汝等比丘，知我说法，如筏喻者，法尚应舍，何况非法。”②

顿悟成佛。佛的境界需要经过长期修行才可达到，还是当下觉悟就可达到，即所谓渐悟还是顿悟，是禅宗南宗和北宗最根本的区别所在。惠能认为，“迷来经累劫，悟则刹那间”，只要一念与教义一致，就是佛。即所谓：“前念迷即凡夫，后念悟即佛；前念着境即烦恼，后念离境即菩提。”③

这种“顿悟成佛”的理论是基于一切众生都有佛性上的。因为众生皆有佛性，只不过这种佛性由于俗世的色相所迷惑，所以显现不出。而一旦我们发现了自己的佛性，并将其发挥出来，那就是觉悟了，便成佛了。

行住坐卧皆是坐禅。在惠能以前禅宗都把坐禅当成修行成佛的重要方法。而六祖惠能则不提倡，他认为坐禅不但不能使人成佛，反而会使人离佛更远。他还对禅定做出新的解说，“外离相即禅，内不乱即定”。外离相就是不执取外境，内不乱就是无妄念。不于外着境和“无妄念”都是“无念”，只要做到“无念”，就体现了禅定功夫。这是对禅学理论拓新的一个重大发展。

① （南北朝）鸠摩罗什：《金刚般若波罗蜜经》，大正新修大藏经本。
② 同上。
③ （唐）惠能：《坛经》，大正新修大藏经本。

行住坐卧皆是坐禅，摆脱了玄学清谈的风气，使佛教禅宗思想和现实生活紧密地联系在一起。一方面，使佛教徒走出人迹罕至的山林，渐渐地走进现实生活，更好地实现“普度众生”的大愿，另一方面，普通人也可以修禅，修禅不再是出家人或者是居士们所特有的生活方式。这样一来，禅宗或者说佛教的一些普世价值观念则可以得到一定程度的普及。

惠能的“顿悟”理论和“行住坐卧皆是禅”的理论是对以往的佛教理论的重大变革，这使得佛教和中国传统文化进一步融合，也为其“自性五分法身香”的提出提供了理论上的支持。

三

在佛教中以香供佛，是一种虔诚的供养，因为香是传递真诚的心情的一种媒介。在焚香过程中目睹一缕清香袅袅上升直达虚空的神圣境界，能够产生清净、虔诚、忘我的状态。这种状态只有在真实、坦诚的心境下才能产生。香除了被用来作为殊胜的供品之外，由于香的芬芳远闻，经典中也常以其来比喻修行者持戒之德。

如《戒德香经》：“佛告阿难，是香所布，不碍须弥山川天地，不碍四种地水火风，通达八极上下亦然。无穷之界咸歌其德。一身不杀生，世世长寿，其命无横；不盗窃者，世世富饶又不妄遗财宝，常存施为道根；不淫色者，人不犯妻，所在化生莲华之中；不妄言者，口气香好，言辄信之；不两舌者，家常和合无有别离；不恶口者，其舌常好言辞辩通；不绮语者，人闻其言，莫不咨受，宣用为珍；不嫉妒者，世世所生，众人所敬；不嗔恚者，世世端正，人见欢喜；除愚痴者，所生智慧，靡不咨请，舍于邪见，常住正道。”①

这种遵守戒律、涵养品德的行为，实际上是最上等的香，这种香充沛于天地之间，十界之中。正如儒家所讲的“我善养吾浩然之气”②、“天地有正气，杂然赋流形。下则为河岳，上则为日星”③。

---

① 《佛说戒德香经》，乾隆大藏经本。

② （宋）朱熹：《四书章句集注》，中华书局 1983 年版，第 231 页。

③ （宋）文天祥：《文山先生全集》卷之十四别集，四部丛刊本。

从这一点看，佛教中对香的认识最终归结于持戒和修德上。在此基础上，六祖根据他的“顿悟”理论和“行住坐卧皆是禅”的理论，提出了“自性五分法身香”。

“一戒香：即自心中无非、无恶、无嫉妒、无贪嗔、无劫害，名戒香；二定香：即睹诸善恶境相，自心不乱，名定香；三慧香：自心无碍，常以智慧观照自性，不造诸恶，虽修众善，心不执著，敬上念下，矜恤孤贫，名慧香；四解脱香：即自心无所攀缘，不思善，不思恶，自在无碍，名解脱香；五解脱知见香：自心既无所攀缘善恶，不可沉空守寂，即须广学多闻，识自本心，达诸佛理，和光接物，无我无人，直至菩提，真性不易，名解脱知见香。善知识，此香各自内熏，莫向外觅。”①

佛教里的“戒香”和一般的香是不一样的。戒有着“防非止恶”的功能，戒乃佛教的法制生活，如佛经里所说，“戒为无上菩提本，长养一切心苗性”。“五戒”乃佛教根本大戒。所谓的五戒即不杀生、不偷盗、不邪淫、不妄语、不饮酒。所有的“戒”皆“五戒”的细化。而六祖所说的“戒香”则不同，心中没有是非，没有善恶，没有嫉妒，没有贪爱、嗔恨、愚痴，就是守戒，就是“戒香”。“戒香”就是“心戒”，六祖主要强调的是“心”的“戒律”。“五戒”虽然分为五条，但其根本精神只有一个，就是心不侵犯。不杀生就是对他人生命的尊重，由于不侵犯他人生命故而才得到自由，所以凡是失去自由者皆有触犯五戒。受此戒者如世界守法，能得真正自由，因此，此出世之戒香胜比世间一切花香。

戒香最终极的目标不是让人们无情无欲，而是要让人们学会敬畏生命，让人们生出一种敬畏心。如果没有敬畏，大家为所欲为，势必导致欲望的泛滥，整个社会就会失去一种法度，而最终受到伤害的还是众生。

在《坛经·坐禅品》里面六祖惠能认为“定香”就是看破世间所有的种种善恶境界，不被这外在的境界影响你的心，不扰乱你自己，自心不动。所谓“外离相即禅，内不乱为定”②，我们有自己应有的原则、主张、

① （唐）惠能：《坛经》，大正新修大藏经本。

② 同上。

立场，不轻易被世间五欲尘劳左右。受了“定香”者有四不转：（1）不为物转，就是不为世间金钱财富所动摇；（2）不为境转，就是不会任由境界所转；（3）不为情转，不为男女美色、情感所惑；（4）不为势转，就是不惧怕威武，不受强势所迫。有定者便可进止；有定者便能随遇而安，这就是定香。而孟子所谓的“富贵不能淫，贫贱不能移，威武不能屈，此之谓大丈夫”[①]，也正是“定香”在世俗世界的一个最好的注脚。

“慧香”即智慧的香，六祖惠能提到，心没有障碍，不受障碍，不受阻碍；不造诸恶；虽有善行，但不记着于心；上敬，下愍；等念冤亲等，就是“慧香”。这里的“慧香”里也是含摄了第一义的智慧：自心无有挂碍。

慧香的提出，实际上是和“一切众生皆有佛性”的主张紧密联系的。一切众生皆有佛性，所以一切众生皆有智慧。只不过这种智慧都受到了一定程度的蒙蔽。这在儒家讲，就是朱子所说的“明德”。所谓“明德”，即“人之所得乎天，而虚灵不昧，以具众理而应万事者也”。但是，这种“明德”也是往往“但为气禀所拘，人欲所蔽，则有时而昏，然其本体之明则有未尝息者”。所以朱熹认为学者的任务是“当因其所发而遂明之，以复其初也”[②]。而前文也论及佛教的一项任务也与此相同，即发扬众生的佛性，使之觉悟。

所谓“解脱香”，就是心完全没有挂碍，没有阻碍，就是解脱了；连这个智慧也没有挂碍，就是真解脱了；心如果不痛苦，就是解脱了。所谓的解脱，即是觉悟。没有到悟境，没有领悟到“第一义”的时候，心是没有办法解脱的。世间人往往受名利、人情世故、眷属亲情、男女情爱、人我是非的束缚而不得解脱。佛就是要告诉我们从各种的束缚中觉醒开悟从而解脱出来，只有解脱，方能自在无碍。所谓天下本无事，庸人自扰之。束缚我们的不是他人他物，而是我们自己。古来有道是“解铃还须系铃人”，自己束缚仍需自我解脱。若能心无所缘、心无旁骛，便自得解脱。内心无所攀缘、不思善、不思恶、自在无碍，这便是六祖惠能在经中所提到的“解脱香”。

---

① （宋）朱熹：《四书章句集注》，中华书局1983年版，第266页。

② 同上书，第3页。

有了“解脱香”之后，须知心虽然没有攀缘善恶，但是也不能停留在空想与寂静之中。这就需要六祖惠能提到“解脱知见香”。只有广学博闻，才能进一步认识我们本来就具有的无生灭清净的心，以见诸佛的真理。和光接物，与佛一样，无我无人。自己原来清净的佛性，从来没有改变，这时便称为“解脱知见香”。

慧能大师提到“自性五分法身香”都是在讲第一义，都与第一义相关。所谓第一义即是佛性，分出来就是五种香。如果我们具备了戒香、定香、慧香、解脱香、解脱知见香，便可自然流露出禅悟的真心。

“自性五分法身香”更大程度上是在强调我们自己的内在灵性的发觉，而不是追逐外在的色相。若自身能明白，就是开悟，因为解脱不在他人身上求，自己如若悟到，当下便是解脱。

六祖惠能大师在这里着重强调的是自性的佛，并非我们理解的表象上的佛。佛与众生只是迷悟的差别而已，所以参禅悟道，就是要认识自己的佛性。

此五香其实相对应的是佛陀所提到的五盖：贪、嗔、痴、傲慢、疑。此五盖是我们有情众生内在的根本烦恼所在，是众生轮回六道受苦的病因。佛经中提到贪婪能让人堕落到恶鬼道，沉沦欲海受极大苦；嗔恨能让人无休止地毁灭一切善法；愚痴能使得受极大苦而不知悔改；傲慢能使得无法修学善法，以至于停滞不前；而疑惑更是不信因果法则，不能听受导师教诲而致沉溺苦海。而释迦牟尼佛提出此五分法身香作为修行来对治此五盖，实则是从内在着手通过五分香的修习逐步摒除众生内在潜在性的问题，从而唤醒内在清净的佛性。从外在的戒的行持守护从而不让贪念增长，那么因贪而发起的嗔恨假以时日便可平复，此时内在的定力便逐步变深。当有了内在的定力清净的智慧便会产生。有了清净的智慧之后，行走于世间不被善恶境界所转，能顺应其轨则行驶入我的是非高低统统都放下，这便才真正解脱了。当真正解脱之后所生起的认识便是解脱知见了，修行到了这里内心已经对这个世间不再有任何疑惑了，生起的只有清净的佛心、平等心、慈悲心。

这里六祖所讲的自性五分法身香实则是将释迦牟尼佛的五分法身香作为导引，重点是强调自性！内在的一个改变过程。六祖惠能不断强调的“菩提只向心觅，何劳向外求玄”其实与释迦牟尼佛的“大地众生皆有如来智慧德相”是一致的。

四

从现实的各种香，到六祖提出来的“自性五分法身香”，“香”由实质的香料、香气，渐渐抽离成抽象的“心香”，由向外追求芬芳的气味，到向内追求内心的安定、祥和、智慧，完成了佛教的中国化进程，同时也促进了佛教和世俗世界之间距离的缩短，为推广佛教禅宗的“慈悲”、“恬淡”等普世价值观念提供了一条可行的道路。

而要推广佛教的这种普世价值观念的一个前提就是塑造理想的人格。曾国藩说过：“风俗之厚薄奚自乎？自乎一二人之心之所向而已。民之生，庸弱者戢戢皆是也，有一二贤且智者，则众人君之而受命底焉；尤智者，所君尤众焉。此一二人者之心向义，则众人与之赴义；一二人者之心向利，则众人与之赴利。众人所趋，势之所归，虽有大力，莫之敢逆，故曰：‘挠万物者，莫疾乎风。’风俗之于人心也，始乎微而终乎不可御者也。”①

曾国藩所称的“一二人”，实际上就是具有理想人格的人。对于如何塑造理想的人格，各家学说都有自己的主张。儒家讲究“格物、致知、诚意、正心”、“我善养吾浩然之气”、“富贵不能淫，贫贱不能移，威武不能屈”，道家讲究“人法地，地法天，天法道，道法自然”、“无为”、“介乎材与不材之间”等。而佛教则让人参透无常，实现觉悟。

在《六祖坛经》中，六祖并没有明确而系统地指出，什么是理想的人格。但是六祖强调的“人人皆有佛性”、“人成即佛成”已为理想人格提出了标准和指引，佛教中的诸佛菩萨就是理想人格、福德圆满的完美形象的体现。那么人怎样才能实现这种理想人格状态，圆满完成自己的佛道呢？《六祖坛经·忏悔品》中提出的“五分法身”是建构理想人格的主要途径和善巧方法。

虽说“人无完人，孰能无过”，但是人天生就有追求完美的自性，并

---

① （清）曾国藩著，王澧华校点：《曾国藩诗文集》，上海古籍出版社2005年版，第196页。

且佛教认为人的自性本自具足。人需要忏悔，是因为人为了减轻罪恶感，同时人们不满足于自己的缺点，肯积极努力地学习和改变，奋斗不息。因此由“戒香、定香、慧香、解脱香、解脱知见香”，这“五分法身香”而得到的忏悔功德，可以使人们守“五戒”、修“十善”，懂得自我珍重，自尊自爱，体现了人的有意识、主观需要和自主能力，这也是理想人格的重要体现。例如有些人，染上了抽烟、喝酒、嫖赌、吸毒、奢侈等不良恶习，在通过忏悔否定自己的不足的基础上，下大决心不再抽烟、喝酒、嫖赌、吸毒、浪费，能够严持戒律，改变了这些不良恶习，用智慧内观返照，清除心灵的弊障，涤除奢欲与杂念，把自己的内心打扫干净，这样就接近于佛道了。忏悔的作用就是在否定自己的同时又不断肯定自己，从而获得新生，它是我们达到自我净化、自我提升、自我完善的内在动力和主要途径 。

从六祖的忏悔思想中看出，人如果能够根据“戒定慧”来过修行生活，就能够从纷扰的社会生活和对功利的追求中解脱出来，使人重新获得已经失去的“解脱”和“解脱知见”，即自由自在，心无攀缘，真正地认识自己本来的真心，通达诸佛所证的真理，因此过上一种自在无碍、安乐祥和的生活。如此，人格也可以达到理想的境界，也就是人成即佛成。

小　　结

六祖惠能是唐代著名的佛教改革者，南宗禅的创始人，中国佛教历史上屈指可数的伟大思想家之一。他实现了印度佛教中国化，贵族佛教平民化，玄学佛教生活化，义理佛教实用化。他对传统佛教进行了重大改革，不但使得禅宗各大流派尽归其宗，而且，他所创立的顿教禅法，几乎成了汉传佛教的代名词，所谓中国佛教，其特质在禅。

“自性五分法身香”虽分为五个，实际上只有一种，即六祖惠能告诉我们的但向自心中去寻觅，莫向外求。这一理论明快简易，从而吸引了更多的信徒，使禅宗思想的流传也更为久远，对中国中唐以后的佛教及宋明理学都产生了广泛而深远的影响。

六祖惠能将出世的戒定慧之香到入世的解脱与解脱知见香的完美结

合，真正达到了“佛法在世间，不离世间觉”的真实意义。“世出世间法皆是佛法”，将原本高不可攀的佛法真正融入了我们的伦理观，走入了我们的生活，真正实现了它的普世价值！

作者：释法祇，广东省佛协副秘书长，南华禅寺首座监院，曹溪佛学院院长助理，曹溪弘法团副团长。
释证道，广东省韶关市南华禅寺曹溪弘法团讲师。

闻香识香具

——历代香熏炉特点略论

黄海涛

近年以来，随着熏香等养生活动的兴起，香文化也日益得到人们的关注。香文化是历史悠久、文化绚丽的中华民族在长期的历史进程中，在政治、经济、军事、文化、宗教、外交、居家生活等各个方面，在不同的场合、运用不同的香料、采用不同的出香方式而进行的文化活动和生活举止。由此演绎出中国特有的香文化制度，即由文化现象升华为文化观念，并伴随中国人特有的政治观、宗教观、文化观、生活观，融汇于中国传统的哲学体系之中。

在近年的香文化热潮中，在对香料本身的研究之余，对历代香熏炉、香铲、香粉盒等香具的收藏、研究，也日益成为香文化中的热点问题。仅就香熏炉收藏而言，除了2010年以后逐渐升温的宋前香熏炉收藏外，明清香熏炉收藏特别是以仿品为主的大明宣德炉市场交易火爆，一直是人们关注的热点。但是，目前社会上对香熏炉的收藏，主要是从实用出发，藏品基本上是用于香席的手炉和用于礼佛的供炉。绝大多数有炉一族的香文化“爱好者”，专注于品评香料味道和养生的感悟，对器具用途种类不知所然，比如茶席上应用茶炉，书案上用文炉，琴桌上用琴炉等等，但书案、琴桌上摆放祭炉，居然成为“香文化”的常见景象。

笔者有感于此，结合笔者所见香熏炉实物，以功用分类为视角，从皇家礼器、宗教礼器、文人社交用具、民众居家用具等方面进行名物研究，并对香炉器物文化等展开论述。本文不揣陋见，以期求教方家。

第一，从功用方面而言，香熏炉分类有如下四种。

1. 皇家礼器

中国古代政权的核心思想基础是“替天行道”、“君权神授”，古人认为香熏炉亦神授。宋代高承撰《事物纪原》，专记事物原始之属。其中曰：**“黄帝内传有博山炉，盖王母遗帝者，盖其名起于此尔，汉晋以来盛用于此。”**（《事物纪原》卷八）

在先秦的传统礼学中，礼器的地位无疑极其重要。《礼记》云：“凡家造，祭器为先，牺赋为次，养器为后。”[①] 因此，作为祭祀用的香熏炉具，与鼎簋等祭祀礼器一样，其庄严和虔诚塑造的社会地位是不可逾越的。

从《尚书》、《周易》、《周礼》、《诗经》、《礼记》、《左传》等书，可知周代的祭祀分为祭天神、祀地祇、祭人鬼三部分，其中以天子郊祀祭天仪式为最高典礼。

《周礼》载：“以禋祀祀昊天上帝，以实柴祀日月星辰，以槱燎祀司中司命风师雨师。”[②] 说的意思是：一种是先献上祭品，再以香酒浇灌在土地上，进而请求天上神明莅临祭坛前的“禋祀”仪式；另一种是燔柴升烟，是用火烧牺牲作为献给天上神明的“实柴”仪式；还有一种是熏烤香料祈祷天上神明的“槱燎”仪式。

稍晚些时期，由伟大诗人屈原等人创作的中国南方传统文化的浪漫主义诗歌集《楚辞》中，也记载了大量南方行巫仪式进行过程中关于香草植物的使用。《楚辞》与《周礼》等记载国家祭典的文献相比较，更进一步将香气带入宗教仪式。从《楚辞》描述的仪式内容，我们进一步得知此时香料的使用方式不仅有燃烧形式，还有把香料直接佩戴在身上，或是放置在青铜器具里。

其实，东晋王嘉作《拾遗记》载：黄帝“诏使百辟群臣受德教者，先列珪玉于兰蒲席上，燃沉榆之香”。[③] 而宋代人也已经认为三皇时期即有香具的使用。宋代寇准的学生、博学多才的丁谓，在宋仁宗乾兴元年

① （明）胡广等：《四库全书，经部，礼类，礼记之属，礼记大全，卷二》。

② （东汉）郑玄注，（唐）贾公彦疏：《四库全书，经部，礼类，周礼之属，周礼注疏，卷十八》。

③ （东晋）王嘉：《四库全书，子部，小说家类，异闻之属，拾遗记，卷一》。

(1022) 至天圣三年 (1025) 被贬官海南岛时作《天香传》，其中说到“三皇”用香“缄以银器”，即谓三皇时有用银为香具之事。[①] 而且，丁谓还说：“香之为用，从上古矣。所以奉神明，可以达蠲洁。”说的是用香的历史可追溯到上古时期，用来供奉神明，亦可达到辟秽清洁的目的。

而宋代高承撰《事物纪原》曰：“博山炉……汉晋以来盛用于此。”[②]可想而知，当年汉武帝的“讲政治”和“统一思想”时常是在博山炉袅袅香烟中进行的。汉代人的世界观和方法论的骨干是“黄老之术”，在政治、宗教和学术上都贯穿这一主线。博山炉正是体现这一主线的庄严仪式的组成部分。

汉代皇权在祭祀活动中，主要使用博山炉，其主要功能是借以通达神灵的。这在成书于魏晋文人的《汉武故事》中，都有记载。

博山炉又叫博山香炉、博山香熏、博山熏炉等名，是中国汉、晋时期常见的焚香所用的器具，常见的为青铜器和陶瓷器。博山炉最早本是皇家使用的香器，后来才普遍在民间使用，多是采用青铜制造，少数则是陶瓷，有些甚至是鎏金或银。在博山炉中焚烧兰蕙香草或其他香料时，烟气会从炉盖的仙人、流云间飘出，整座炉就像神话中常年云气缭绕的仙山，表现出当时社会贵族之家浓厚的求仙思想。

宋代书法家、外交家徐兢的《宣和奉使高丽图经》中有这样的记载：“博山炉本汉器也。海中有山名博山，形如莲花，故香炉取象下有一盆，作山海波涛鱼龙出没之状，以备储汤熏衣之用，盖欲其湿气相着，烟不散耳。”[③]博山炉炉体呈青铜器中的豆形，上有盖，盖高而尖，镂空，呈山形，山形重叠。秦汉时盛传东海有仙山，故将炉盖雕镂成高而尖的山峦形，上有羽人、走兽、云气纹，象征海上的博山仙境，因此把这种熏炉称为“博山炉”，这与东晋道教学者、炼丹家、医学家葛洪在《西京杂记》中“作九层博山香炉，镂为奇禽怪兽，穷诸灵异皆自然运动”[④] 的记载互为印证。

此外，汉唐以来，还有“朝礼行香”。皇帝上朝理政，先命侍者焚香

---

① （明）周嘉胄：《四库全书，子部，谱录类，器物之属，香乘，卷二十八》。
② （宋）高承：《四库全书，子部，类书类，事物纪原，卷八》。
③ （宋）徐兢：《四库全书，史部，地理类，外纪之属，宣和奉使高丽图经，卷三十》。
④ （东晋）葛洪：《四库全书，子部，小说家类，杂事之属，西京杂记，卷一》。

开悟堂藏晋代青铜香熏炉

起烟，然后处理朝政。因“烟”是通达天地人三界的，故皇家的金口玉言是通过“烟”沟通天地人的。其他有关政府官员“朝礼行香”的记载也不少。东汉学者应劭撰《汉官仪》中还有“朝礼行香”仪轨的记载，如“尚书郎入直台中，给女侍史二人，皆选端正指使从直，女侍史执香炉烧熏，以从入台中给使护衣”①。汉代蔡质撰《汉官典职》曰：“尚书郎怀香握兰，趋走丹墀”②，意思是官员们上朝还要在怀中揣香，并要“含鸡舌香，伏其下奏事”③，这说明，口含鸡舌香已经成为一项宫廷礼仪制度，后来便衍变成了在朝为官、面君议政的一种象征。

宋朝吕大临撰《考古图》云：“汉朝故事，诸王出阁，则赐博山香炉。”④出阁，是皇子出就藩封，是一件重大的政治事件。皇子出就藩封，赐予博山香炉，足见赐博山香炉焚香，其象征性的含义及其与“礼政”之重要关系。

从魏晋南北朝时期的熏香活动来看，虽然已逐渐兴起的居家和个人奢华享受功能日益显赫，但是“朝礼行香”功能依旧。欧阳询奉唐高祖李渊之命主编的《艺文类聚》，有云：晋皇太子初拜“有铜博山香炉一枚”⑤。明代周嘉胄撰《香乘》亦云：“晋仪礼，大朝会即镇官阶以金镀九天麒麟大炉。”⑥

“贞观初”，“每仗下议政事起居”，“若仗在紫宸，内阁则夹香案分

① （宋）陈敬：《四库全书，子部，谱录类，器物之属，陈氏香谱，卷四》。

② （元）陶宗仪纂：《子部，杂家类，杂纂之属，说郛，卷九十八》。

③ （宋）李昉、李穆、徐铉等奉敕编纂：《四库全书，子部，类书类，太平御览，卷一百八十五》。

④ （宋）吕大临：《四库全书，子部，谱录类，器物之属，考古图，卷十》。

⑤ （唐）欧阳询等编纂：《四库全书，子部，类书类，艺文类聚，卷七十》。

⑥ （明）周嘉胄：《四库全书，子部，谱录类，器物之属，香乘，卷二十六》。

立”。[1] 宋代程大昌著《演繁露》云：“宣政殿朝日，殿上设黼扆、蹑席、熏垆、香案，而宰相两省官，对班于香案前。百官班于殿庭，人主既御黼坐，宰相两省官拜讫，乃始升殿。则是香案也者，正在殿上，而对班案前者，乃从殿下准望言之。”[2] 南宋王应麟编《玉海》载：“开成元年正月敕每入合日次对官，待宰相奏事退，令至香案前各奏事。”[3] 可见唐朝在处理国家政事时，也要在香云笼罩中进行。显然，焚香在神圣庄严的朝廷政治生活中有着重要的象征作用，即焚香标志着君王秉受神谕，意味着贯穿天人之际的通达智慧和尊贵。有唐诗为证：“千官荷长至，万国拜含元。隔仗炉光出，浮霜烟气翻。飘飘萦内殿，漠漠澹前轩。圣日开如捧，卿云近欲浑。轮囷洒宫阙，萧索散乾坤。愿假天风便，披香奉至尊。”[4] 又：“冕旒亲负扆，卉服尽朝天。旸谷移初日，金炉出御烟。芬馨流远近，散漫入貂蝉。霜仗凝逾白，朱栏映转鲜。如看浮阙在，稍觉逐风迁。为沐皇家庆，来瞻羽卫前。”[5]

此外，因礼法的约束，“私人行为”是不能僭越的。唐代大臣柳仲郢“以礼法自持”，私居“衣不熏香”。[6]

礼教香文化所用的香熏炉，一般称之为“殿堂炉”、“供炉”。其造型、体量和纹饰特点是仿夏商周青铜鼎，以圆形、三足为主要配置。南北朝起，三足以上的多足炉逐渐增多。宋元明清时四足、方形鼎炉也比较常见。殿堂炉一般是成对摆放在殿堂的重要位置。供炉则以单只摆放在供祭对象前为主要特征。香料形态是较小的块状、线柱状、盘线状或粉状，可以在封闭或开敞的香熏炉内燃烧。

可以说，礼教香文化所用的香熏炉，对香熏炉文化的影响是巨大的。尽管生活用香熏炉特别是熏衣炉在魏晋南北朝时期兴盛一时，但是，传到后世的主流香熏炉还是以礼教香文化所用的香熏炉为主。因汉武帝的倡导，政教合一，导致政教不分的博山炉大行其道，一直到唐代，都是香熏

---

① （宋）欧阳修等编纂：《四库全书，史部，正史类，新唐书，卷四十七》。

② （宋）程大昌：《四库全书，子部，杂家类，杂考之属，演繁露，卷十一》。

③ （南宋）王应麟编：《四库全书，子部，类书类，玉海，卷九十一》。

④ （唐）诗人崔立之：《南至日隔仗望含元殿香炉》诗：《四库全书，集部，总集类，岁时杂咏，卷三十九》。

⑤ （宋）计有功编：《四库全书，集部，诗文评类，唐诗纪事，卷四十三》。

⑥ （后晋）刘昫等：《四库全书，史部，正史类，旧唐书，卷一百六十五》。

开悟堂藏汉代青铜殿堂炉

炉文化的主流。宋朝赵希鹄在《洞天清录·古钟鼎彝器辨》中云："古以萧艾达神明而不焚香，故无香炉。今所谓香炉，皆以古人宗庙祭器为之。爵炉则古之爵，狻猊炉则古踽，足豆香毬则古之鬵，其等不一，或有新铸而象古为之者，惟博山炉乃汉太子宫所用者，香炉之制始于此。"① 范成大有《古鼎作香炉》诗："云雷萦带古文章，子子孙孙永奉常。辛苦勒铭成底事，如今流落管烧香。"②

皇权政治是香熏炉文化推广和传承的最有力的力量。如同汉武帝推广博山炉占据中国香熏炉文化前一千年一样，宋徽宗推广以夏、商、周三代青铜礼器为样本仿制的香熏炉，用于政治与文化，统领了中华香熏炉文化主流的后一千年。

这种转化也是渐进的和社会上流人群为主导的。魏晋南北朝时期的"魏晋风度"和敬佛礼道的盛行，就使得汉代仙山纹饰的博山炉，逐渐被佛家的莲花和道家的升烟纹饰所取代，以至于到了隋唐，博山炉的纹饰已不见了仙山，而多为花草和云烟了。

在宋代，官窑瓷器显示着风格鲜明的宫廷式样，香炉亦然。其形制更多是取自宋徽宗敕撰、王黼编纂的收录自商代至唐代青铜礼器的《宣和博古图》。③ 因此，宋代官窑瓷香熏炉，更多地反映了对礼教的尊敬。随

---

① （宋）赵希鹄：《四库全书，子部，杂家类，杂品之属，洞天清录》。

② （宋）范成大：《四库全书，集部，别集类，南宋建炎至德佑，石湖诗集，卷二十八》。

③ （宋）王黼编纂《宣和博古图》。

着南宋汉人皇权的衰落，虽然国家“礼崩乐坏”，但是宋代逐渐走入寻常百姓家的香文化，是以祭祀祖先和佛、道为主要内容的世俗化普及，更是反映了香文化的礼教主流取向。

虽然这种香文化礼教主流取向逐渐由“高层”向“基层”发展普及，但是万变不离其宗。到明朝宣德年间，宣宗皇帝曾亲自督办，差遣技艺高超的工匠，制造了一批盖世绝伦的铜制香炉，这就是成为后世传奇的“宣德炉”。明朝嘉靖官窑还有所谓的“五供”，五供是一炉、两烛台、两花瓶的成套供器。上述香熏炉除了主要供皇室之用外，还使用于祭祀及太庙、寺观等社会公众场合。

开悟堂藏宋代龙泉青瓷鬲式炉（盖为后配）

2. 宗教用器，即香熏炉用于礼佛、礼道、礼儒

博学多艺的北宋著名诗人、书画家颜博文在《颜氏香史序》中说：“焚香之法不见于三代。汉唐衣冠之儒，稍稍用之。然返魂飞气，出于道家。旃檀伽罗，盛于缁庐。”① 宋代王楙云：“汉武故事：昆邪王杀休屠王来降，得金人之神，置之甘泉宫。金人者，皆长丈余，其祭不用牛羊，惟烧香礼拜。金人即佛。武帝时已崇事之，不始于成帝也。”② 王楙博学多辩，时称“讲书君”。《野客丛书》共30卷，其著作虽引据既繁，亦不免小有疏舛。然其言出有据，可作一说供参考。

由上述典籍可知，香熏炉用于礼佛、礼道久矣，起码不晚于汉代。

比如礼佛之香，香、花、灯是礼佛必不可少的“三大件”，称为“花香供奉”、“香火因缘”。佛家著名的香熏炉有博山炉、行炉、鹊尾炉等。

---

① （明）周嘉胄：《四库全书，子部，谱录类，器物之属，香乘，卷二十八》。

② （宋）王楙：《四库全书，子部，杂家类，杂考之属，野客丛书，卷十》。

开悟堂藏宋代磁州窑“香花供养”瓷炉

随着汉代佛教进入中国，皇族皆以香礼佛。在汉代至西晋时期，佛教的发展主要是依附于道教，初期的信奉者普遍认为佛教和中国的黄老之学差不多。因此佛家敬香仪轨即佛家香熏炉，主流源于汉代博山炉。鲁迅认为“中国根柢全在道教”。我国魏晋南北朝以来石窟佛造像或单体佛造像碑上，这种博山炉已是普遍现象了。

此外，在佛教壁画及出土文物中还出现了一种新式香炉，即鹊尾或带柄香炉。唐代道世法师据各种经典编纂而成《法苑珠林》中，有记载说“迦叶佛付我香炉”，“其香炉前有十六头半是狮子半是白象，于二兽头上别起莲华台，以台为炉”。[①] 唐宋时期，鹊尾炉和行炉在动态的行香仪式中有比较多的使用。

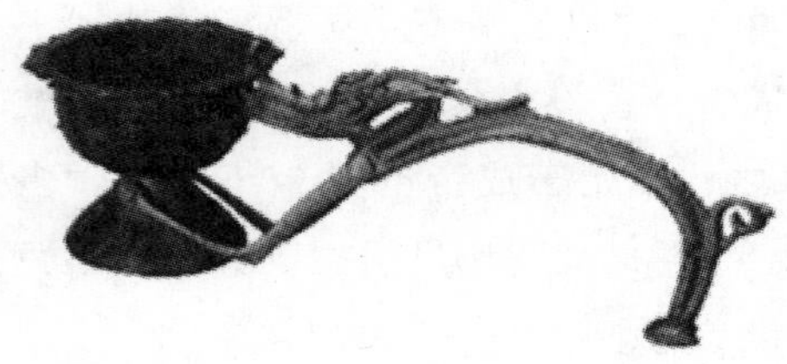

开悟堂藏宋代行炉

礼道之香，道教供奉神灵时，要求有香、花、灯、火、果五种供奉。明代周嘉胄《香乘》引宋代丁谓《天香传》云：“上圣焚百宝香，天真皇人焚千和香，黄帝以沉榆、蓂荚为香。”又曰：“沉水香坚，降真之夕，傍尊位而捧炉，香者烟高丈余，其色正红，得非天上诸天之香耶。”[②] 道家著名的香熏炉有三足炉、四足炉、五足炉等。

① （唐）道世：《四库全书，子部，释家类，法苑珠林，卷十八》。

② （明）周嘉胄：《四库全书，子部，谱录类，器物之属，香乘，卷二十八》。

3. 文人社交用具，用于茶席、琴桌、文房等

香在中国历代社会中，担当了极为重要的社交角色。特别是中国古代的士人在社交文化活动中，茶席有茶香，琴桌有琴香，书房有文香，如此等等。仅从汉代以来各种合香香方的丰富多彩，就可以窥知香文化的琳琅满目。可以说从汉代起，香文化活动在绚丽多姿的同时，已经是专香专用了。

魏晋南北朝以后，士人阶层渐趋独立，脱离一味的治政伦理，越发关注自身的灵性修行，香的性灵之本便被挖掘出来。南朝著名文学家谢惠连在《雪赋》中写道："燎熏炉兮炳明烛，酌桂酒兮扬清曲。"[①] 可见，围炉熏香是古代士大夫充满情致的生活场面。宋代文人首创并身体力行的置炉、品炉于"幽室焚香"、"享有灵性生活"，成为一种文化时尚。

宋代黄庭坚在其诗《谢王炳之惠石香鼎》中有云："熏炉宜小寝，鼎制琢晴岚。香润云生础，烟明虹贯岩。法从空处起，人向鼻头参。一炷听秋雨，何时许对谈。"[②] 可见诗人通过熏炉这一对象，感受法理与焚香的内在共性，这也是为何熏香到宋代发展成为一门艺术，达官贵人和文人墨客常相聚闻香，它已成为参禅、悟道、求理的必修功课。宋代理学代表人物朱熹对香也甚为嘉许，他在《香界》一诗中抒发了对"焚香通灵"的认同："幽兴年来莫与同，滋兰聊欲泛光风。真成佛国香云界，不数淮山桂树丛。花气无边熏欲醉，灵芬一点静还通。何须楚客纫秋佩，坐卧经行住此中。"[③]古代"学界"对香的这种高度的肯定态度，既确定了香的文化品位，保证了它作为"雅文化"与"精英文化"的品质，同时也把香纳入了日常生活的范畴，而没有使它局限在祭祀、宗教之中，这对香文化的普及与发展都是至关重要的。

一般认为，流行于宋代士人的"隔火焚香"，是宋人注重内心感受的一种香文化。但是南朝傅縡《博山香炉赋》会让人产生另一种联想："器象南山，香传西国。丁缓巧铸，兼资匠刻。麝火埋朱，兰烟毁黑。结构危

---

① （唐）李善：《四库全书，集部，总集类，文选注，卷十三》。

② （宋）任渊：《四库全书，集部，别集类，北宋建隆至靖康，山谷内集诗注，卷八》。

③ （宋）朱熹：《四库全书，集部，别集类，南宋建炎至德祐，晦庵集，卷三》。

峰，横罗杂树。寒夜含暖，清霄吐雾。制作巧妙，独称珍俶。景澄明而袅篆气，氤氲长若春随风。本胜千酿酒，散馥还如一硕人。”①“麝火埋朱”，从字面理解，显然与后来称为“隔火焚香”的相一致。如果此说成立，那么“隔火焚香”的历史应该提前了400多年。

开悟堂藏北周僧家用青铜香具一套，其中的焚香勺，显然是隔火焚香用具

如今，宋代士人高雅的四艺生活——点茶、焚香、挂画、插花，往往被国人称为日本的“茶道、香道、花道”。今人在对历史的无知中放弃了祖先的文化首创权和话语权，因文化的无知而失去了文化的自觉与自信。在这里，我们有必要强调，香文化的主创意义、主权意义和主导意义十分重要。中国传统香文化，同其他文化一样，也承载着中华民族的哲学观，是对世界香文化的特殊贡献。我们要从世界文化史的高度认识香文化，这也是中华民族的政治要求，我们不能再做丢失中华民族传统文化的傻事了。

从香熏炉形制看，随着宋代士人在政坛舞台上真正崛起，引领时尚的官宦士大夫家，比较流行的是仿夏商周青铜礼器的香熏炉。实际上，从汉代到唐代，仿生香熏炉已经很流行了。比如鸭形、狮形的香熏炉，在宋代

① （明）周嘉胄：《四库全书，子部，谱录类，器物之属，香乘，卷二十八》。

被称为“香鸭”和“金猊”。宋代著名词人周端臣《青铜香鸭诗》云：“谁把工夫巧铸成，铜青依约绿毛轻。自归骚客文房后，无复王孙金弹惊。沙嘴莫追芦苇暖，灰心聊吐蕙兰清。回头却笑江湖伴，多少遭烹为不鸣。”[①]另外高脚“花杯式”香熏炉，也是宋代士人的挚爱。甚至贵为皇帝的宋徽宗，其“听琴图”上画的就是这种形制的香熏炉。

而明代香熏炉则如明末大收藏家项元汴在《宣炉博论》中所云：“吴下宣炉，其款制首尚乳炉、鱼耳、蚰耳，以此三种，皆宣庙文房之所御用也。款式典雅，朴素无文，置之几案，何妙如之。”[②]

在元明清时期，还始流行香炉、香盒、香瓶、烛台等搭配在一起的组合香具。明代学者高濂在《遵生八笺》中列举了“焚香七要”，是为香炉、香盒、炉灰、香炭墼、隔火砂片、灵灰、匙箸。[③]

开悟堂藏清代铜“金猊”

汉代贵族骄泰奢侈的社会风气，青铜博山炉是顶峰；唐代贵族豪放张扬的社会风气，金银铜炉是顶峰；宋代士人清心寡欲的社会风气，单色釉的瓷炉是顶峰。

4. 民众居家用具，用于驱蚊虫、避瘟疫、熏衣被等

据东汉末年的经学大师郑玄和唐代经学家贾公彦注疏的儒学经典《周礼注疏》记载，周王朝中设立有“翦氏”、“蝈氏”等专职人员，负责王宫内外的环境卫生工作，“翦氏掌除蠹物……以莽草熏之”、“蝈氏掌

① （宋）陈起辑：《四库全书，集部，总集类，江湖后集，卷三》。

② （明）项元汴：《四库全书，子部，谱录类，器物之属，宣德鼎彝谱——宣炉博论，宣炉博论》。

③ （明）高濂：《四库全书，子部，杂家类，杂品之属，遵生八笺，卷十五》。

去鼃黾，焚牡蘜，以灰洒之则死，……以其烟被之，则凡水虫无声”。[①] 翦氏、蝈氏用的就是熏香（烟）除虫法。

实际上养生香文化从春秋战国时就已经很流行了。《离骚》中涉及芳香疗法与芳香养生的诗句就有几十句之多。我国现存最早的诗歌总集《诗经》，是一本关于古中华各地风俗民情、物产植物的书籍，书中记载了各地的香草植物，以及它们被使用的情形。当时人们对香料的使用方法已非常丰富，不仅有焚烧艾蒿、佩戴兰桂，还有煮汤（兰、蕙）、熬膏（兰膏），并以香料（如郁金）入酒等记述。

到了汉代，皇家后宫奢华的养生，对香的需求量是很大的。应劭《汉官仪》说：“皇后称椒房，取其实，蔓延盈升，以椒涂室，取温暖，祛恶气也。”[②] 甚至宫廷中的路上也要撒香，“以椒布路，取其芳香”。才高八斗的三国时期曹魏著名诗人曹植曾在《洛神赋》中赞叹：“践椒涂之郁烈，步蘅薄而流芳。”[③]

东汉著名方术之士郭宪撰《洞冥记》，讲了这样一个故事：西汉时期著名匈奴族政治家、匈奴休屠王太子金日磾要入朝侍奉汉武帝，“金日磾入侍，欲衣服香洁，变胡虏气，自合一香，武帝果悦之”。[④]

汉桓帝时诗人秦嘉任黄门郎时，就曾给妻子徐淑寄赠了明镜、宝钗、好香、素琴，并在《重报妻书》信中称“芳香可以馥身”。[⑤]

汉末三国时曹操告诉家人“房屋不洁，听得烧枫胶及蕙草”。[⑥]

唐代皇家和贵族用香更是挥霍，甚至皇帝“宫中每欲行幸，即先以龙脑郁金藉其地”[⑦]，直到宣宗时，才取消了这种常规。

汉宫中还有专门为帝后香熏烘烤衣被的曝衣楼。宋代潘自牧撰《记纂渊海》引《汉史》云：“太液池西有汉武帝曝衣楼，七月七夕宫女出后

---

① （东汉）郑玄注，（唐）贾公彦疏：《四库全书，经部，礼类，周礼之属，周礼注疏，卷三十六》。

② （唐）欧阳询主编：《四库全书，子部，类书类，艺文类聚，卷十五》。

③ （三国·魏）曹植：《四库全书，集部，别集类，汉至五代，曹子建集，卷三》。

④ （南宋）孝宗时人编：《四库全书，子部，类书类，锦绣万花谷，后集卷三十五》。

⑤ （唐）欧阳询主编：《四库全书，子部，类书类，艺文类聚，卷三十二》。

⑥ （宋）李昉、李穆、徐铉等奉敕编纂：《四库全书，子部，类书类，太平御览，卷九百八十二》。

⑦ （唐）苏鹗：《四库全书，子部，小说家类，异闻之属，杜阳杂编，卷下》。

衣曝之”。[1] 有古宫词赞道：“西风太液月如钩，不住添香摺翠裘。烧尽两行红蜡烛，一宵人在曝衣楼。”[2] 在河北满城中山靖王刘胜墓中，发掘的“铜熏炉”和“提笼”就是用来熏衣的器具，长沙马王堆一号墓出土的文物中，就有为了熏香衣被特制的熏笼。

魏晋南北朝时期，熏衣之风更盛。《东宫旧事》曰：“太子纳妃，有漆画手巾熏笼二，又大被熏笼三，衣熏笼三。”[3] 北齐文学家、教育家颜子推《颜氏家训》云：“梁朝全盛之时，贵游子弟多无学术”、“无不熏衣剃面，傅粉施朱”。[4] 世传“晋人好熏衣”，言之不谬。

在唐代，熏笼大为盛行，覆盖于火炉上供熏香、烘物或取暖。许多唐代诗词，都提到这种用来熏香的熏笼。如“熏笼玉枕无颜色，卧听南宫清漏长”，[5] “红颜未老恩先断，斜倚熏笼坐到明”[6]。就考古而言，在西安法门寺也出土了大量的金银制品的熏笼。雕金镂银，精雕细镂，非常精致，都是皇家用品。

开悟堂藏晋代褐釉瓷熏衣炉

除了博山炉，汉代还出现了众多其他形式的熏香器，多为铜制，炉身设计较浅，下方有承盘，炉身造型奇特、生动，多为仿生形，主要造型有凤形、雁形。如河南焦作嘉禾屯汉代窖藏及山东临沂洗砚池晋墓出土的两件凤鸟形熏炉。雁形熏炉主要集中在山西、山东、河南一带，造型基本相似。花篮形陶瓷香熏，主要流行在三国两晋南北朝时期的浙江、江苏、湖南、湖北及安徽一带。

---

① （宋）潘自牧：《四库全书，子部，类书类，记纂渊海，卷二》。

② （清）张鉴：《香艳丛书，三集，卷四，冬青馆古宫词一》。

③ （唐）欧阳询主编：《四库全书，子部，类书类，艺文类聚，卷七十》。

④ （北齐）颜之推：《四库全书，子部，杂家类，杂学之属，颜氏家训，卷上》。

⑤ （明）高棅编：《四库全书，集部，总集类，唐诗品汇，卷四十七》。

⑥ （唐）白居易：《四库全书，集部，别集类，汉至五代，白氏长庆集，卷十八》。

晋代葛洪著《西京杂记》载："又作卧褥香炉，一名被中香炉。本出房风，其法后绝，至缓始更为之，为机环转运四周，而炉体常平，可置之被褥，故以为名。"① 唐朝诗人元稹曾作《香毬》诗赞曰："顺俗唯团转，居中莫动摇。爱君心不恻，犹讶火长烧。"②

此类熏球在宋代依然使用。宋代文豪陆游《老学庵笔记》中说："京师承平时，宗室戚里岁时入禁中，妇女上犊车，皆用二小鬟持香球在旁，而袖中又自持两小香球，车驰过，香烟如云，数里不绝，尘土皆香。"③可见香球是供人随身携带的，应该说从汉代的卧褥香炉到宋代作为袖熏的香球，其使用的范围和方法出现了较大的拓展。

开悟堂藏明代铜香囊

宋代黄裳《谢惠香饼二首》其一云："清分馥馥南州饼，静对绵绵北海云。欲晓博山来入被，祥云尤惬梦回闻。"④ 这里的"博山"，乃泛指香炉，既可"入被"，则也应是唐式香毬之属。

此外，还有一种香具叫香囊。如湖南长沙马王堆1号汉墓中就出土有四件香囊，同墓出土的竹简上称之为"熏囊"。约成于东汉献帝建安年间的乐府诗集《孔雀东南飞》，其中已正式出现香囊之称谓了："红罗复斗帐，四角垂香囊。"⑤ 曾任丞相曹操主簿，以善写诗、赋、文章知名于世的繁钦的《定情诗》中也有香囊，"何以致叩叩，香囊系肘后。"⑥

陆龟蒙《邺宫词》记载了唐代香囊依然熏香的故事："魏武平生不好香，枫胶蕙炷洁宫房。可知遗令非前事，却有余熏在绣囊。"⑦

---

① （晋）葛洪：《四库全书，子部，小说家类，杂事之属，西京杂记，卷一》。
② （唐）元稹：《四库全书，集部，别集类，汉至五代，元氏长庆集，卷十五》。
③ （宋）陆游：《四库全书，子部，杂家类，杂说之属，老学庵笔记，卷一》。
④ （宋）黄裳：《四库全书，集部，别集类，北宋建隆至靖康，演山集，卷十一》。
⑤ （唐）欧阳询主编：《四库全书，子部，类书类，艺文类聚，卷三十二》。
⑥ （唐）欧阳询主编：《四库全书，子部，类书类，艺文类聚，卷七十》。
⑦ （宋）吴聿：《四库全书，集部，诗文评类，观林诗话》。

唐代开始，仿生花草、动物纹饰的香熏炉逐渐成为纹饰风格的主流，在艺术风格上明显脱离了汉晋南北朝时期的神秘主义题材。显然，这是建立在居家香文化逐渐风行的前提下的。这种哲学思想与先秦时的“天人合一”以及老子的“道法自然”等哲学思想相同，他们都提倡器物的制作要效法自然，要“观物取象”。

宋代香熏炉的艺术风格是“含蓄”、“冷峻”、“淡雅”主导思想下形成的“尚简”。这与社会主流文化的倡导不无关系，比如宋真宗曾下诏：“今后属文之士，有辞涉浮华，玷于名教者，必加朝典，庶复古风。”①

第二，香熏炉器物文化。

1. 从香料的分类及出香特点看香熏炉

唐代高僧善无畏译《苏悉地羯罗供养法》三卷，叙述有关佛、莲华、金刚三部之供养法则。有“供养花品”、“涂香药品”、“分别烧香品”诸般。宋代丁谓《天香传》曰：“西方圣人曰，大小世界，上下内外，种种诸香。又曰千万种和香，若香、若丸、若末、若坐，以至华香、果香、树香、天和合之香。”② 概括起来，这种种诸香，可分为这样几大类：

其一是树脂类香，如沉香、檀香等。其味道以香甜为主。出香特点是既可自然熏放香气又可用火熏烧。

其二是膏脂类香，如龙涎香、麝香等。其味道以香腻为主。出香特点是既可自然熏放香气又可用火熏烧。

其三是花草类香，如蕙兰、蒿草等。其味道有香甜和辛辣。出香特点是既可自然熏放香气又可用火熏烧。

其四是瓜果类香，如佛手瓜、柏树子、胡椒等。其味道有香甜和辛辣。出香特点是既可自然熏放香气又可用火熏烧。

其五是合（水）类香，如香粉、香露等。其味道有香甜和辛辣。出香特点是既可自然熏放香气又可用火熏烧。

南朝梁昭明太子《铜博山香炉赋》咏道：“爨松柏之火，焚兰麝之

① 夏燕婧：《中国艺术设计史》，沈阳美术出版社2004年版，第186页。

② （宋）陈敬：《四库全书，子部，谱录类，器物之属，陈氏香谱，卷四》。

芳”,[1] 就是对出香方式的描绘。

这些不同的香料，其出香的方式有很大差异，因此所用的香熏炉是有所不同的。西汉初期出现的博山炉，与燃香原料和人们的生活方式有关。先秦人们使用茅香，即将熏香草或蕙草放置在豆式香炉中直接点燃，香气弱而烟火气很大。武帝时南海地区的龙涎香、沉香、檀香进入中土，并将香料制成香球或香饼，直接点燃，或者下置炭火，用炭火的高温将这些树脂类的香料徐徐燃起，香味浓厚，烟火气又不大，因此出现了形态各异、巧夺天工的博山炉。

2. 从香熏炉具的使用者及分类特点来看香熏炉文化

我们从香文化的历史发展轨迹来看，历朝历代、芸芸众生，皆因不同的熏香意图，选用不同的香料，用不同的香熏炉具，来达到不同的熏香目的。比如殿堂用殿堂炉，祭奠天地鬼神用供炉，卧室用熏衣、熏被炉，书案用文炉，琴桌用琴炉，修炼有行炉、压经炉，如此等等，各不相同。这些不同用途的炉具，其材质、式样、大小、色彩、纹饰等等，又有着诸多不同，有的甚至是差别很大。比如，祭奠天地鬼神用的供炉，蓝色瓷供炉，一般是家庙或居家供奉已仙逝之人的；红色的瓷供炉是供奉仙佛、先师的，这两种供炉不能交叉混用。再比如，供炉不能用作琴炉。同样，熏衣炉也不能用作供炉。如此等等。

总之，中国的香文化，不单单是闻闻沉香的味道，而在于在不同的情境，用不同的香具，让不同的香料散发出不同的香气。它既是感性的嗅觉、视觉活动，也是理性的心理感知活动。中国的香文化，已经“形而上”地融入了哲学和“形而下”地深入人们的日常生活中了。

3. 从材料工艺史角度看香熏炉文化

中国的器物造型及纹饰，与材料发展史是密切相关的。从材料工艺史角度看，战汉时期是青铜器主流时代，因此汉代香熏炉以青铜香熏炉为高端香熏炉的主要代表，以皇家、贵族使用居多。同时，战汉时期是我国陶器时代末期，大量陶制香熏炉依然流行于战汉时期。魏晋南北朝，中国进

---

① （南朝）梁萧统：《四库全书，集部，别集类，汉至五代，昭明太子集，卷一》。

入了瓷器时代，特别是南方，各个窑口纷纷兴起，随着熏香活动由王宫贵族流向土豪士族，社会对香熏炉的需求量大增，这个时期大量瓷质香熏炉令人耳目一新。隋唐时期，社会由大动荡进入大一统，李唐王朝的开明统治使得国力大增。熏香活动进一步普及，前代各种材质的香熏炉在唐代都得到了继承和发展，并有创新。特别是唐代材料工艺进入金银器时代，大量的金银质香熏炉开始在皇宫贵族中使用，乃至赠送或赐予僧家使用。宋代是中国瓷器发展史上的高峰，随着香文化向世俗社会的传播和普及，宋代的瓷质香熏炉以其质量高、数量多而在香具史上占有一席之地。元明清时代，香文化已经完全走进寻常百姓家了，香熏炉也随着在熏香活动“大普及”的同时，而进入了“大普通”阶段。当然，大明宣德炉和大清皇家炉不乏精品，但是总的评价这两代的香熏炉，从造型、纹饰到表现出的气韵，已逐渐失去了前代简约、浑厚的大格局，进入繁缛、精细的小格局中了。

这些时代风格，与香熏炉使用者的主流社会力量不无关系。因香料是奢侈品（驱虫疫的草木类除外），宋代以前参与熏香活动的，社会地位最低的也是土豪。宋代以后，熏香活动逐渐普及至寻常百姓之家。因而，宋代以后世俗之气的香熏炉数量增多，就不足为奇了。不过，明清香熏炉在制作工艺方面还是有可圈可点之处的。不容否认的是，除了明清皇家贵族传下了许多选材精良、制作精细的精品香熏炉外，明清两代还是香熏炉的集大成时期。一方面是屡仿前代并屡有创新，除瓷质和铜质外，大量宝玉石类材料也用于制炉；另一方面是竹木牙角等畏火材料也敢于用来制作香熏炉了。

当代香熏炉制作分为两大类：一类是传统香熏炉，以瓷质和铜质仿明清香熏炉为主，大量的仿宣德炉就属于此类；另一类是创新香熏炉，从古代香熏炉造型、纹饰中提取艺术元素，制作出了样式新颖的香熏炉，以瓷质的为主。

因当今香文化主要是在时尚类成功人士中开始推广，主要接触的是从日本和台湾地区“回流”的香文化，对宋代以前传统香文化的深入了解不多。而且目前的香文化往往搞成了对香料的自然属性和商品属性的开发，忽视了其文化属性，因而，对宋代以前的香熏炉等香具的研究、收藏还是个极其薄弱的环节，以至于日常用香熏炉、影视作品中的香熏炉甚至个别专业香文化活动中用的香熏炉，都是谬误百出。不过，民间“炉友”会还是不乏爱炉、藏炉、鉴炉高手的，只可惜的是，他们的视野往往局限在宣德炉这个范畴。

现代的香熏炉和古代的香熏炉，有一个本质的区别：古代是人们按照香文化仪轨制炉、用炉；现代人们主要是为了闻闻沉香的味道而制炉、用炉。古代香熏炉的价值是表现在礼教、宗教、养心等精神层面上，现代香熏炉的价值往往表现在实现沉香出香的工具上。古代的香熏炉，立足于香文化的精神内涵要求上；现代的香熏炉，立足于买卖沉香的商业炒作上。很显然，现代香熏炉性质和功能被异化了。看看那些所谓以传播“香文化”为己任的藏家家里摆放的那些称之为宣德炉的东西，就知道香熏炉乃至香文化发展的扭曲状况了。

归纳一下，香熏炉的审美和价值的落脚点，即真正有价值的香熏炉是，既能认同于古人，又能认同于今人，还能认同于后人的香熏炉。文化大发展中逐渐回归传统的藏家们，面对不伦不类的四不像，是会做出选择的。

传统文化不是凭空蹦出来的，它是历代贤哲知识和智慧的结晶。人们之所以喜欢古代香熏炉，是因为其古雅。所谓的古雅，是有其深刻内涵的。古代香熏炉的制炉原则是古代人们长期美学观点、哲学观念的表现和对它们的继承。也就是说，古代香熏炉之美是经过传统形成的，古代香熏炉的制作要求和审美都是有传统继承依据的。相信在不久的将来，人们对香熏炉的理性认识逐步提高，香熏炉的“真、善、美”成为人们认知的主流，那么香熏炉文化的良性发展就会更加坚实可靠。

作者：黄海涛，中国文物学会会员，中国文房四宝协会会员，中华砚文化发展联合会副会长，郑州市东方翰典文化博物馆馆长。

香料药材的经验鉴别

关　群

香料药材的真伪和质量优劣，与合香、用香乃至人体身体健康关系重大。香料药材品种繁多、产地广泛，历代本草记载存在差别。同时，地方用语、使用习惯有所不同，类同品、代用品、民间用药不断涌现；同科属药材外形相似；同名异物、同物异名等混乱现象普遍存在；不法商人，以次充好，以假乱真，制假、售假，加之管理环节上的疏漏，使得香料药材质量难以保证。因此，香料药材的鉴别对于香品的生产、应用、研究至关重要。

香料药材鉴别的目的，是要鉴别香材的真伪和品质优劣，以保证香材的确实功效。包括确定真伪，判断质量等级规格，判断产地，判断采收节令正误，判断炮制方法与火候程度，判别是否有虫蛀鼠咬、霉烂变质、走油变色等质量残损，判别是否造假、掺假等质量伪劣现象。

广大香道爱好者都知道，在香道领域，香品熏烧中的感觉很重要，这个“香性性味”，是与香道文化消费时人与香品熏烧中“心身合一”、“人香互动”的气味、烟色、烟形高度相关，由此而与香熏效果乃至精神高度相关的保健、欣赏的疗效效果高度相关。传统与现代选香、制香的最大区别，是传统主求“香气养性”[①]，现代主求“时尚的香气”，两类文化的差异非常显著。因此是与广大消费者消费的目的、效果息息相关的。

传统选香、制香，不仅要芳香养鼻，更要养神养生，开窍开慧，这是传统香材选择以及传统制香工艺的一个核心原则。正是由于秉承了这一理念，才使传统香品不仅成为芳香之物，更成为开慧养生之良药。

---

① 李家实主编：《中药鉴定学》，上海科学技术出版社 1996 年版。

传统与现代选香、制香的最大区别，是传统主求“香气养性”[①]，现代主求“时尚的香气”，两类文化的差异非常显著。

古人说“聚天地纯阳之气而生者为香”。香品本身，不但指香料（如麝香是名贵的香品），也指以香料制成的物品（类似茶品、食品），更是指香气的品质。所以，传统上对香料的鉴别选取，也是不仅从外观，从动、植、矿物来源基源，更是从香料药材内含的“香性”来鉴别选取，亦如中药的鉴别选择依据“药性”，中华传统膳食烹饪食材选择注重“食性”一样。

香气从口鼻入，通于肺腑气血，对身心两方面都有很直接的影响。好香既要芳香宜人，还须不危害健康，且能调养身心，这应是鉴别香品的基本原则。所以说，其芳香是形式的，即“文”的方面；其养生是内在的，即“质”的方面。以养生养心为基础，达到芳香宜人，才是传统上讲的“文质相成”，真正达到美轮美奂。

一　香料药材选择的基本方法与内容

香料药材的鉴别，与一般中药材的鉴别方法基本一样，方法很多，通常可分为来源鉴别（如原植物或原动物、原矿物鉴别鉴定）、性状鉴别、显微鉴别（组织、粉末）以及物理及化学、生物学的分析测定鉴别等方法。[②]

随着科学技术的进步，特别是20世纪开始信息技术、设备的普及应用，借助先进仪器设备的检测鉴定方法大量涌现，层出不穷，从经典的理化鉴定到复杂的薄层扫描、色谱技术、分子标记、DNA分析等微量、痕量检查方法，琳琅满目。

几千年来，中华民族对香料药材品种、质量的真伪优劣的鉴别，通常从原料、配方、工艺方面，从香气特征方面，从香品的外观进行。以眼看、口尝、手摸、鼻嗅、水试、火试（ 烧）等方法进行观察比较，凭经验观察它外表及破碎断面的形状、大小、颜色、质地、气味，以及水火试中的变

---

① 冯改利等：《“火试”在中药材鉴定中的应用》，《陕西中医》2006年第27卷第5期，第608页。

② 同上。

化，从而快速、有效地识别，最后得出结论，这是在长期工作实践中不断丰富充实起来的，通过整理总结，形成了传统的香料药材经验鉴别。

香料药材鉴别的内容，不仅要鉴别药材的形体，还要鉴别药材的药性。尽管有许多新的鉴别手段，到目前为止，传统的眼看、手摸、鼻闻、口尝、水试、火试为基础的经验鉴别法，不但是作为一种简便、快捷、切实可行的真伪快速检验方法，更因其在把握本类产品的核心特质——药性性味方面，较其他方法都远为全面、准确，而当代先进的仪器鉴别手段虽然在分析微量、痕量的化学成分方面效果日益突出，但对于熏香、品香等香道消费中至关重要的“药性性味”，却是不能完整、整体把握与测量，故传统经验鉴别目前仍然是各种鉴别方法中最主要也是最常用的鉴别手段，在实践中得到广泛的应用。

二 常用的传统经验鉴别方法[①]

（一）眼看[②]

用肉眼直观香料药材的特征，包括看形状、大小、粗细、长短、厚薄、表面与破碎折断面的色泽、纹理、质地等方面特征而鉴别之。[③]

包括以下三种方式[④]：

直接观察法：直接通过肉眼观察。如细辛叶心形、佛手手形、款冬花形似火炬、胖大海纺锤形、千年健似一把针、川芎的根茎呈不整齐的结节状团块等。木香则“其形如枯骨者良”，安息香正品均有内嵌多数黄白色致密不规则形结块的特征。这些特征都是鉴别道地药材真伪优劣的重要特征。

对光观察法：某些药材的特征不易直接观察，可手持样品朝着光源方向，利用光线的透射，观察这些特征。如鉴别薄荷，不易直接观察，对光则可以看到。

---

① 李彦荣：《浅谈中药材鉴别的几种方法》，《中国现代药物应用》2009年第3卷第5期，第175—176页。

② 赵家军：《常用中药鉴别的经验》，《浙江中医药大学学报》2008年第32卷第1期，第100、102页。

③ 李彦荣：《浅谈中药材鉴别的几种方法》，《中国现代药物应用》2009年第3卷第5期，第175—176页。

④ 同上。

放大观察法：对一些特征细微而不易直接观察的药材，可借助放大镜观察，或对药材样品进行预处理后观察药材表现或断面特征，常用于观察种子药材的纹理，或某些药材的细小茸毛等。

1. 形状①

每一种药材都有一定的外形特征，是由它的生物或物质特性决定的。

形状鉴别可用于大类鉴别，不同种类的药材由于用药部位的不同，其外形特征会有所差异。如根类药材多为圆柱形、圆锥形或纺锤形。而根茎类药材都有较多的茎痕，皮类药材则多为卷筒状、板片状；矿物类药材多具有光泽和透明度等。

也可根据某些药材的专属性很强的形状特点，直接鉴别到具体种类。

如菖蒲，正品具有“石菖粗节似蜈蚣，扁曲分枝色灰棕，叶痕三角纤维足，气香油点环鲜明”的特点。

2. 大小②

取一定数量的药材样品，用衡器或刻度尺进行称重和量度其大小，包括药材的长短、宽窄、粗细、厚薄、轻重。应观察较多的样品。如测量的大小与规定有差异时，可允许有少量稍低于规定的数值。③ 有时很小的种子类药材，如紫苏子、松花粉、菟丝子等，应在放大镜下测量。

分为两种测量方式④：

称重法⑤：取一定数量的样品，用衡器称重后，算出单位的比例或个数，如测量沉香药材的比重，以确定其含芳香油脂的多少等。

度量法⑥：取一定数量的样品，用刻度尺度量样品的长短、粗细、宽窄、厚薄等尺寸。如研究香材沉香、降香、檀香等药材的等级，可测量其长宽高和直径等。

---

① 赵家军：《常用中药鉴别的经验》，《浙江中医药大学学报》2008 年第 32 卷第 1 期，第 100、102 页。

② 同上。

③ 李彦荣：《浅谈中药材鉴别的几种方法》，《中国现代药物应用》2009 年第 3 卷第 5 期，第 175—176 页。

④ 同上。

⑤ 同上。

⑥ 同上。

3. 颜色

颜色是鉴别药材的重要因素，可通过药材颜色，鉴别品质优劣，如乌梅色黑。

可以通过对药材外表颜色的观察，分辨出药材的品种、产地和质量的好坏。[①] 如红豆蔻外表面红棕色，白豆蔻表面黄白色至淡黄棕色。

药材加工后颜色也会发生变化，一般来说，炒制的药材表面颜色加深，呈黄色；炒焦的内部颜色加深，表面变成焦褐色。炒炭法炒制的药材内部为焦褐色，表面则为红棕色。

药材颜色的不同或变化，不仅与它的品种和本身的质量有关，不适当的加工和储藏方法也会直接影响药材的色泽。如檀香，生药材经过茶水炮制后，则会色加深、燥性消退。

4. 表面

一些药材有着它们自己特定的表面特征[②]，或光滑或粗糙，或长有鳞叶、皮孔、茸毛和皱纹、突起等。皆可作为鉴别真伪的特征指标。

5. 断面

某些药材的鉴别需要观察其断面的特征[③]，可借用外力或工具使样品断面暴露后进行观察药材折断时的现象。香料药材的断面结构和内含物决定了药材断面的性质、颜色、纹理的特点。断面要看易折断或不易折断，有无粉尘散落，折断时的断面特征是否平坦或纤维性、颗粒性、裂片状、粉性等，很多药材的断面都有明显的特征，而这些特征就是药材内部构造的直接体现，是鉴别药材的重要依据。

对可疑药材被染，只要切开观察就能发现外表皮与切断面颜色不一样。

操作方式有以下三种：

---

① 赵家军：《常用中药鉴别的经验》，《浙江中医药大学学报》2008 年第 32 卷第 1 期，第 100、102 页。

② 同上。

③ 同上。

（1）折断法[①]：用于将药材样品折断，观察折断时有无粉末飞扬，折断的难易；以及折断面的特征，如平坦或凹凸不平，纤维性或颗粒性，有无裂隙、结晶物、胶丝等。如茅苍术易折断，断面放置能“起霜”。

（2）切断法[②]：用刀具将样品切开（通常是横切），观察切面的色泽、纹理，有无裂隙、油点、分泌物、孔眼等特征。

如鉴别苍术、白术、木香的断面有“珍珠点”等，是由油室形成；沉香剖面，纵横剖片，可见淡棕色组织中密布棕黑色的纵斑纹或斑状点，俗称“芝麻点”。

（3）破砸法[③]：某些质硬不易折断或切开的药材，可用工具将其砸碎，观察破碎面的特征。

如肉豆蔻，断面显现棕黄色相间的大理石药纹，类似槟榔断面花纹，习称“槟榔纹”，宽端可见干燥皱缩的胚，富油性。

6. 质地[④]

指药材的软硬、坚韧、疏松、致密以及黏性或粉性等特征。如厚朴油润；郁金质地坚硬，断面半透明或有光泽，谓之“角质”。

（二）手感

用手感受药材的软硬、轻重，疏松或致密坚实，光滑或黏涩，细致或粗糙，质地老嫩、新陈，以此鉴别药材的真伪好坏。不同药材的质感是不一样的，即使是同一种药材，由于加工炮制的方法不同，也会有较大的差异。手感鉴别一般采用如下几种方式。

1. 手捏或手捻法[⑤]

是用手捻试某些药材的软硬、坚韧、疏松、黏性和粉性等特征。根据软硬程度不同，可判别质量的优劣，分为糯和软、糙和硬。

---

① 李彦荣：《浅谈中药材鉴别的几种方法》，《中国现代药物应用》2009年第3卷第5期，第175—176页。

② 同上。

③ 同上。

④ 同上。

⑤ 同上。

糯性的药材以手触之表面似硬，用力捏之觉有软意，如杭白芷等。

软是柔软或绵软的意思，表示药材质轻而松，如当归软而柔，含油而润泽，谓之“油润”等。

糙是软中带硬的意思，某些药材表面看来似柔软，而用手捏之有触手的感觉，如好的伽南香粉碎后用手捻成团块柔软不散，入水能沉。粉碎后手捻不成团者次之。

硬是坚硬的意思，击之有声，捏之不变，如苏木、檀香之类药材。

又如毛壳麝香，用特制槽针从囊孔插入，转动槽针，撮取麝香仁，立即检视，槽内的麝香仁应逐渐膨胀高出槽面，此现象习称“冒槽”。

2. 手衡法①

手托药材样品，通过上下运动以感觉其轻重。如沉香，质优者坚实沉重。贵重药材，如手感特别沉重，还要注意其中是否插有异物、灌沙子。

3. 手摸法②

手摸药材样品表面，感觉其光滑粗糙程度。

4. 手抓法③

用手抓握药材样品，通过感觉其软润程度来判别药材干湿。如红花、菊花、番红花等，手抓握可判别其干湿度。

有时药材手抓发软，还可能意味着含水量大，要注意发霉变质的可能性。

（三）口尝④

“神农尝百草之滋味，水泉之甘苦”，这反映了古人很早就用口尝来辨

---

① 李彦荣：《浅谈中药材鉴别的几种方法》，《中国现代药物应用》2009年第3卷第5期，第175—176页。

② 赵家军：《常用中药鉴别的经验》，《浙江中医药大学学报》2008年第32卷第1期，第100、102页。

③ 李彦荣：《浅谈中药材鉴别的几种方法》，《中国现代药物应用》2009年第3卷第5期，第175—176页。

④ 赵家军：《常用中药鉴别的经验》，《浙江中医药大学学报》2008年第32卷第1期，第100、102页。胡锁扣：《中药材的真伪鉴别》，《河南医药信息》1994年第2卷第7期，第53—54页。单镇：《中药材真伪的经验鉴别》，《山西中医》1988年第4卷第2期，第44—45页。

认药材食材。在中药材口尝鉴别的实践中，多按药材品种的真伪和质量的优劣来分类判断。

口尝包括以下两种方法[①]。

舌感法：用舌头接触药材样品，体验味道与舌头接触时舌的感觉。

咀嚼法（齿咬）：将药材样品放入口中，用牙齿咀嚼，体验咀嚼时的感觉和药味。如鉴别木香，以“微苦黏牙者为良”。

口尝首先是尝气味[②]。

（1）大多数药材都有一定的味，通过口可鉴别真伪。口尝时应取某药材中少量有代表性的药材样品，放在口里咀嚼片刻，使舌头的各部分都接触到药液，这样才能较准确地品尝味道。如荆芥辛而微苦，当归与独活两药外形相似，但当归甜而微苦，独活味苦而麻辣。

（2）药材的气味与所含的成分有关，在香料药材口尝鉴别的实践中，可按药材的品种和质量分类进行判断。有些药材有特殊的香气或臭气，这是由于药材中含有挥发性物质的缘故。如香薷、紫苏、薄荷、砂仁等。

（3）此外，还有些药材可通过口尝来辨别和衡量质量的优劣。如肉桂以味甜辣为好，乌梅以味酸为好。

（4）在分辨香料药材味道时，尝过一种药材后要立即漱口。以保持口腔清新，方能在后来的品尝中不至于受到以前品种味道的干扰。

（5）如某一药材的味道有变化，就要考虑到药材的产地、储藏等有关质量的优劣问题。如沉香正品有特异的香气，味苦，次品则味淡，伪品无特异香气，味淡，有些有樟脑、松油等特殊的香气。

（6）对毒性大的中药、具有强烈的刺激性和毒性药材，不宜采用口尝法，即便口尝也要特别注意，取样不能太多，口尝后要吐出来，然后用温开水漱口（或以甘草、生姜、绿豆各取一味煮水服以解毒），再用水和肥皂洗手，以免中毒。

口尝不仅是尝气味，还包括尝药材入口与口腔、舌头接触时的感觉[③]。

---

① 李彦荣：《浅谈中药材鉴别的几种方法》，《中国现代药物应用》2009 年第 3 卷第 5 期，第 175—176 页。

② 胡锁扣：《中药材的真伪鉴别》，《河南医药信息》1994 年第 2 卷第 7 期，第 53—54 页。单镇：《中药材真伪的经验鉴别》，《山西中医》1988 年第 4 卷第 2 期，第 44—45 页。

③ 胡锁扣：《中药材的真伪鉴别》，《河南医药信息》1994 年第 2 卷第 7 期，第 53—54 页。

味感分甘、辛、酸、苦、咸五味和麻、涩、淡、凉、滑、腻六感。如荜拨辣嘴而呛鼻。薄荷辛而带凉。

麝香入口，具有甘、辛、酸、咸、苦五种味道，而辛辣感重，尝时应先苦而后甜，然后出现辛、咸、酸味，入口有刺舌感直达舌根，习称“钻舌”；并具有峻烈、持久、清凉浓郁的特异香气，直达舌根，嚼之溶化而无渣滓者为真麝香。

（四）鼻嗅①

鼻嗅是闻药材的特有气味。香料药材多具有特殊气味，鼻闻对于鉴别一些有浓郁气味的药材是很有效的方法。

鼻闻方式有以下几种：

直接鼻嗅法②：直接嗅闻药材散发的气味。如白藓皮、薤白等鼻嗅可判别药材的优劣。

揉搓鼻嗅法③：某些花药类和全草类药材由于散发的气味微弱，不易直接嗅到，可先将样品揉搓至破碎或皲裂后，再进行闻嗅。如苏子用手搓擦有紫苏香气等。再如留兰香叶揉搓后有特殊悦人香气，似鱼香气，味辛，无凉感；而薄荷叶揉搓后则有浓郁的芳香气，味辛、凉感浓，依此可以将二者区别开来。

折断鼻嗅法④：某些根茎类药材，由于散发的气味微弱，可将样品折断，嗅闻其折断发出的气味。

热水浸鼻嗅法⑤：用热水浸泡药材样品，然后嗅闻浸泡液的水蒸气，可嗅出药材的原有气味，如麝香，气独特、香窜而持久。檀香，气香宜人。沉香，质地坚硬、富油性，香气浓烈而持久。独活，香而浊。白术，香而甘。苍术，香而燥。当归，香而清。冰片，香而带凉。五加皮，香浓

---

① 赵家军：《常用中药鉴别的经验》，《浙江中医药大学学报》2008 年第 32 卷第 1 期，第 100、102 页。李春霞：《浅谈中药的传统经验鉴别》，《医学理论与实践》2013 年第 26 卷第 10 期，第 1380—1381 页。

② 李彦荣：《浅谈中药材鉴别的几种方法》，《中国现代药物应用》2009 年第 3 卷第 5 期，第 175—176 页。

③ 同上。

④ 同上。

⑤ 同上。

郁。没药，香而微臭。

鼻闻药材的气味与所含的成分有关，如薄荷、佩兰、泽兰容易混淆，但薄荷有特殊强烈的清凉香气；佩兰气芳香，而泽兰无气味。紫苏子与菟丝子二者都是大小相近的圆球形，但紫苏子咬之易碎，有苏子特异香气，味微辛；菟丝子只能咬扁，气微，味淡。

有些药材放得越久，香味越好，如老木香之香味幽雅，新木香之香味芳烈。

若气味改变则药材可能存在问题。有的药材储存日久，气味散失，则证明所含的挥发性成分已失，不能药用。

（五）耳听

通过耳听药材样品运动时发出的声音，来判别药材质量的优劣。包括以下三种方式。

敲击听法[①]：用物体与样品，或使样品之间相互撞击，听其发出的声音。如檀香与降香，除色泽、香气不同外，听敲击声可比较其差异。

摇听法[②]：将药材样品来回摇动，听发出的声音，可判别质量。

折听法[③]：折断药材样品，听其折断时的声音可判别干湿程度。如“饮片”的潮湿度，如白术等受潮湿，可将香材用手捏之，如声音清脆，是正常的干燥度，如声音重浊，即为受潮。

（六）水试[④]

水试法是在光线充足的日光和日光灯下，通过观察某些香料药材入水后在水中的比重及特殊变化，如颜色改变、产生泡沫、黏性、滑腻、膨胀、旋转溶解及其他现象等，作为特征鉴别香料药材的方法。它作为鉴定香料药材的一种方法最先收载于《新修本草》，此后历代本草将水试这种

---

① 李彦荣：《浅谈中药材鉴别的几种方法》，《中国现代药物应用》2009 年第 3 卷第 5 期，第 175—176 页。

② 同上。

③ 同上。

④ 李春霞：《浅谈中药的传统经验鉴别》，《医学理论与实践》2013 年第 26 卷第 10 期，第 1380—1381 页。郑德忠：《水试十法在中药材鉴别中的应用》，《中国民族民间医药》2011 年第 10 期，第 19 页。

方法沿用至今。是我国千百年来的宝贵经验，也是香料药材真伪优劣鉴别的重要方法。具有简单易行、快速确证的特点。

1. 水浸观察法①

对一些皱缩、质脆易碎的花、叶类药材，可将样品置于盛有清水或热水的容器中，浸软后取出展开，再用放大镜观察其性状特征。如金钱草（马蹄香）、细辛等的叶子形状及叶子上下两面的茸毛情况。金钱草正品叶用水浸后对光透视可见黑色或褐色条纹；以点腺过路黄或聚花过路黄冒充的伪品叶用水浸后对光透视则可见褐色圆点或无特征。

香加皮水浸液，在紫外光下显紫色荧光，加稀盐酸荧光不变，加氢氧化钠溶液，产生黄绿色荧光，而五加皮无此反应。

麝香用水泡之，能溶解于水面而现微黄色，如系当门子（麝香的颗粒）泡入沸水中，真品则依然坚结，伪品则完全化开。

《本草纲目》称："（沉香）木之心节置水则沉，故名沉水，亦曰水沉，半沉者为栈香，不沉者为黄熟香。"但今天的造假技术日益先进，有用其他油脂浸过的木材也能沉入水中，故判断沉香的质量和真伪时要综合外观性状、燃烧及沉水情况等多种方法来得出结论，必要时还应配合显微鉴别、理化鉴别和薄层层析鉴别来确定沉香品种的真伪优劣。

2. 滴水观察法②

将水滴于药材表面，观察其变化情况。如肉桂水浸后手感粗涩。

3. 加热观察法③

将药材样品置于热水中或置于常温水中加热，观察样品的变化情况。如姜黄用热水浸泡，呈鲜艳的橙黄色透明液体，加碱液体变桃红色。

---

① 郑德忠：《水试十法在中药材鉴别中的应用》，《中国民族民间医药》2011年第10期，第19页。

② 同上。

③ 李彦荣：《浅谈中药材鉴别的几种方法》，《中国现代药物应用》2009年第3卷第5期，第175—176页。郑德忠：《水试十法在中药材鉴别中的应用》，《中国民族民间医药》2011年第10期，第19页。

4. 颜色观察法[①]

将药材样品置于盛有清水的容器中，加以搅拌，观察清水的颜色变化。如西红花（又名番红花、藏红花）[②]，放入清水中后，因含番红花苷溶于水，入水后可见一缕金线下沉，并渐扩散染，清水变成金黄色，不显红色，无沉淀，水面不应有油状物漂浮；柱头膨胀呈喇叭状，有短缝，在短时间内，用针拨之不破碎为正品；而用红色染料着色并加橄榄油的金针菜、纸浆卷做成的伪品，水溶液呈红色，并有油滴漂浮于水面。

而红花（草红花）水浸液呈金黄色，但花的红色不褪，这是由于红花中含黄色的红花苷，易溶于水，而红色的醌式红花苷较难溶于水中而仍留在花中的缘故。

再如苏木与降香都是豆科植物的不同心材，易混淆，而苏木碎片投入盛有热水的容器中，所含的苏木色素能溶于水，则水染成鲜艳桃红色透明液，时间越长颜色越深，水溶液加碱变红，加酸变黄，而降香无此变化。

栀子入温水中应呈鲜黄，不应呈红色，不应沉淀，水面不应有油状物。白芷加水振摇后点于滤纸上，置紫外灯光下观察，显蓝色荧光。

5. 鼻嗅气味法[③]

可将药材样品置于热水中浸泡，嗅闻浸泡液的水蒸气气味。对某些树脂类香料药材与水共研，会有特殊的香气和臭气。有些矿物具有特殊的气味，尤其是矿物受锤击、加热或湿润时较为明显。

6. 沉浮观察法[④]

因药材质地、比重各异，且有对水的亲疏性，利用其在水中的差异性，将药材置于盛有清水的容器中，观其浮沉现象则可知药材质量的优劣。

如海金沙（孢子）撒在水中则浮于水面，加热始逐渐下沉；采用棕红

① 同上。

② 赖德有：《水、火试鉴别中药材验例》，《内蒙古中医药》1995 年第 1 期，第 31—32 页。

③ 郑德忠：《水试十法在中药材鉴别中的应用》，《中国民族民间医药》2011 年第 10 期，第 19 页。

④ 同上。

色矿物细粉冒充的伪品入水后红色粉末迅速沉于水底。沉香、降香等，质量好的可沉于水底而不上浮。公丁香入水下沉者为佳，而质劣或已去油的丁香则不然，上浮者居多。

7. 膨胀现象法[①]

将药材样品置于盛有清水的容器中，浸泡适当时间，观察样品的膨胀情况。如胖大海热水浸泡后膨胀成海绵样絮状团，体积增大8倍至数十倍。

麝香取粉末少许置掌中，加水润湿，手搓之能成团，再用手指轻揉即散，不应沾手、染手、顶甲或结块。

8. 旋转溶解现象法[②]

将药材样品置于盛有清水的容器中，观察其溶解时的现象和状况。如麝香[③]，取样品少许，撒入已烧开的净水中，香仁立即旋转翻腾如飞，伴有香凉气扑鼻而来，1—2分钟之内全部沉入水底，水溶液浅黄色无沉淀。伪品放入水中极微量旋转现象，多数不溶解，有沉淀或漂浮水面并伴有胆汁的腥臭气味，溶液颜色无变化。

9. 泡沫试验法[④]

某些药材加水浸泡后，震荡浸泡液，可出现皂苷反应，产生大量持久性泡沫，并在10分钟内不消失。如合欢皮（金合欢）等含有皂苷、蛋白质等，加水浸液震摇可产生持久性泡沫。

10. 乳化现象法[⑤]

某些树脂类药材与水共研可形成颜色固定的乳浊液。如乳香加水共

① 郑德忠：《水试十法在中药材鉴别中的应用》，《中国民族民间医药》2011年第10期，第19页。

② 同上。

③ 赖德有：《水、火试鉴别中药材验例》，《内蒙古中医药》1995年第1期，第31—32页。郑德忠：《水试十法在中药材鉴别中的应用》，《中国民族民间医药》2011年第10期，第19页。

④ 郑德忠：《水试十法在中药材鉴别中的应用》，《中国民族民间医药》2011年第10期，第19页。

⑤ 同上。

研，呈白色或黄白色乳浊液。没药加水共研，呈黄棕色至棕褐色乳浊液。

（七）火试

所谓火试，是指不同的药材用火烧燃或间接加热时，会产生不同的火试现象，由于药材所含的有效成分不同，药材组织结构的差异，能产生特殊的气味、颜色、烟雾、膨胀、熔融、闪光和响声、燃烧程度等现象。[①]

1. 火试方法

（1）直火燃烧法[②]

将药材样品放在火焰中直接燃烧，观察燃烧过程中的现象和状况。如樟脑，将样品直接撒于火焰，易燃、烧后不见渣者为质佳优品。[③] 乳香遇热变软，燃之冒黑烟，并遗留黑色残渣。

（2）隔火烘焙法[④]

将药材样品放在介质（如铁皮纸等）上，置火上隔火烘焙，观察烘焙过程的变化和状况。如火试鉴别麝香，以麝香少许，置于金属片或坩埚上，猛火加热，初则迸裂，有爆鸣声，随即熔化膨胀冒泡，油点似珠有"跳走"现象，无火焰或火星出现，香气浓裂四溢，似烧毛发但无毛发及肉的焦臭味，烧后几乎全部灰化，留下白色灰烬者、无残渣者为真品。[⑤]若掺杂有动物性组织（如血、肌肉、肝等），火烧起油泡、香气弱而有毛、肉焦臭气，如为血块则迸裂，灰烬呈紫红色或黑色；烧时冒烟或出现火焰、火星而有油点，灰烬呈黑褐色的系有植物性物质或油脂掺杂；若有矿物性掺杂，火烧无油色，灰烬呈褚红色且量多。

---

① 刘安龙：《火试法鉴别部分常用中药》，《吉林中医药》2007 年第 27 卷第 7 期，第 54 页。李春霞：《浅谈中药的传统经验鉴别》，《医学理论与实践》2013 年第 26 卷第 10 期，第 1380—1381 页。

② 李彦荣：《浅谈中药材鉴别的几种方法》，《中国现代药物应用》2009 年第 3 卷第 5 期，第 175—176 页。

③ 冯改利等：《"火试" 在中药材鉴定中的应用》，《陕西中医》2006 年第 27 卷第 5 期，第 608 页。

④ 李彦荣：《浅谈中药材鉴别的几种方法》，《中国现代药物应用》2009 年第 3 卷第 5 期，第 175—176 页。

⑤ 冯改利等：《"火试" 在中药材鉴定中的应用》，《陕西中医》2006 年第 27 卷第 5 期，第 608 页。刘安龙：《火试法鉴别部分常用中药》，《吉林中医药》2007 年第 27 卷第 7 期，第 54 页。

2. 火试现象举例

（1）颜色现象[①]：某些药材，燃烧时或有不同的火焰、光、烟颜色。如正品安息香粉末少许于载玻片上，加热熔融呈棕色，香气更浓；伪品熔化呈灰白或淡棕色并杂有黑色细条，松香气。

（2）烟雾现象[②]：如某些树脂类香料药材燃烧时有浓烟。沉香正品，燃烧时有浓烟及强烈而持久香气，并有黑色油状物渗出；伪品燃烧产生白色烟且淡，无香气，没有黑色油状物渗出（如枯木刀刻仿冒者）。[③]

降香本身微有香气，用火烧之则香气浓烈，有黑烟及油冒出，燃完后残留白色灰烬。

梅片（天然冰片、右旋龙脑）、艾片（左旋龙脑）、人工冰片（合成龙脑）用火点燃，都有带光的火焰，[④] 梅片无烟或微有黑烟，机制冰片则产生黑烟，而艾片则产生浓黑烟。

（3）声响现象[⑤]：某些香料药材，由于其特殊性，一经燃烧能产生声响。如樟脑火烧，如有火花爆出并有乒乓响声，则意味含有水分，燃后有灰渣者则纯度差。[⑥]

（4）升华现象[⑦]：某些药材，加热火燃烧时，会有不同的升华现象。如安息香升华物为棱柱状细小结晶（苯甲酸）。冰片、樟脑经火烧后，其升华物为棒状或多角形结晶。薄荷升华物为无色簇状针晶（薄荷脑）。

（5）气味现象[⑧]：一些药材，火烧或加热，会产生不同的气味。如枫香脂燃烧有松香气。乳香燃之微有香气，但不应有松香气。安息香燃烧有苯甲

---

① 彭平畹：《运用特殊现象鉴别中药材》，《长春中医学院学报》1994 年第 10 卷第 45 期，第 53—54 页。

② 同上。

③ 冯改利等：《“火试” 在中药材鉴定中的应用》，《陕西中医》2006 年第 27 卷第 5 期，第 608 页。

④ 同上。

⑤ 彭平畹：《运用特殊现象鉴别中药材》，《长春中医学院学报》1994 年第 10 卷第 45 期，第 53—54 页。

⑥ 冯改利等：《“火试” 在中药材鉴定中的应用》，《陕西中医》2006 年第 27 卷第 5 期，第 608 页。

⑦ 彭平畹：《运用特殊现象鉴别中药材》，《长春中医学院学报》1994 年第 10 卷第 45 期，第 53—54 页。

⑧ 同上。

酸样香气。沉香、樟脑、檀香、降香等火试时各有不同特色的浓烈的香气。

（八）金属探测法①

用磁铁（磁石）或金属探测器靠近或接触样品，测定药材是否掺有金属物质。如用磁铁接触麝香仁等，检查是否掺有铁粉和铁砂，用金属探测器接触檀香、沉香药材，检查是否有金属物埋藏于内。

（九）对比鉴别

在鉴别香料药材时，如能有已经明确鉴别的真品香料药材，以之为对照，或者有些香料药材彼此相似，采用二物对比，可以提高鉴别的准确度。

如琥珀与松香的对比鉴别②：

琥珀为松科松属植物的树脂（亦有枫属植物的树脂）。呈不规则的块状，色红黄、光亮，质酥，手捻易碎，布包擦之无沙粒声，且能吸灯草，不沾手，燃烧无火焰，易熔，冒黑烟，熄灭时冒白烟，有微松脂香气。

松香为松科松属植物树干中得到的油树脂，经蒸馏除去挥发油（松节油）后留存的固体树脂。呈不规则的块状，表面淡黄色至黄色，且透明，略似琥珀，带黄粉霜，触之沾手，质脆易碎，断面显贝壳样光泽，烧之发棕色烟，带松节油气。

又如紫苏子与菟丝子的对比鉴别③：

紫苏子为唇形科植物紫苏的成熟干燥果实。为小圆球形，表面淡棕色至灰棕色，有深色凸起的网状花纹及圆形小点。基部有果柄痕，质硬脆，牙咬之易碎，内仁为微小黄白色，显油性，手搓擦之有香气。

菟丝子为旋花科植物菟丝子的干燥成熟种子。为类圆形，表面灰棕色至灰黄色，微有凹陷不平。质坚实，牙咬之不易碎，沸水浸泡有黏性，破开后，内仁黄白色，有油性，无臭无味。

---

① 李彦荣：《浅谈中药材鉴别的几种方法》，《中国现代药物应用》2009 年第 3 卷第 5 期，第 175—176 页。

② 肖定辉：《中药材传统鉴别经验的介绍》，《中国中药杂志》1981 年第 6 期，第 10—11 页。

③ 同上。

（十）整体鉴别

此外，药材的产地、生活习性、生态环境，亦有助于鉴别。如西红花、阳春砂、关苍术，皆叙其产地所出。

但要能正确地鉴别药材的真伪优劣，还需要提高素养、积累经验、转变认识，从知人的视角来辨香。自古香行业就有“听香”的说法，认为“香”是活的，熏烧时会“找人”，香料药材的辨识也是一样，要深入下去，去体会香料的性格、品质，才能真正做到个性化地鉴别每份香的原料。

总之，香料药材经验鉴别是非常实用的好方法，只有经过多年经验的不断积累，具备较为丰富的香料药材理论知识，才能通过眼睛看，用手摸，鼻子闻，用口尝，水、火试等方法，抓住药材的形状、大小、色泽、表面、断面、气、味和质地等主要方面，综合参照显微鉴定、化学鉴定，结合查阅药典、中药图谱、地方药品标准、植物分类检索及香料药材真伪鉴别书籍等资料，才能正确鉴别中药的真伪及品质的优劣。

附表 **常用香料药材列表**

序号	名称	来源	用药部位	功效	备注
1	艾叶	菊科植物艾	叶	温经止血，散寒止痛，外用祛湿止痒	
2	安息香	安息香科植物白花树	干燥树脂	开窍醒神，行气活血，止痛	
3	菝葜	百合科植物菝葜	干燥根茎	利湿去浊，祛风除痹，解毒散瘀	
4	胡椒	胡椒科植物胡椒	干燥近成熟的果实或成熟果实	温中散寒，下气，消痰	
5	豆蔻	姜科植物白豆蔻或爪哇白豆蔻	干燥成熟果实	化湿行气，温中止呕，开胃消食	
6	白豆蔻	姜科植物白豆蔻	果实	行气，暖胃，消食，宽中	
7	白兰花	木兰科植物白兰花	根、叶、花	芳香化湿，利尿，止咳化痰	
8	白鲜皮	芸香科植物白鲜	干燥根皮	清热燥湿，祛风解毒	
9	白芷	伞形科植物白芷或杭白芷	干燥根	解表散寒，祛风止痛，宣通鼻窍，燥湿止带，消肿排脓	
10	百合	百合科植物卷丹、百合或细叶百合	干燥肉质鳞叶	养阴润肺，清心安神	

续表

序号	名称	来源	用药部位	功效	备注
11	柏子仁	柏科植物侧柏	干燥成熟种仁	养心安神，润肠通便，止汗	
12	柏树叶	柏科植物柏木	枝叶	凉血止血，敛疮生肌	
13	柏树果	柏科植物柏木	果实	祛风，安神，凉血，止血	
14	柏树油	柏科植物柏木	树干渗出的树脂	祛风，解毒，生肌，除湿	
15	薄荷	唇形科植物薄荷属薄荷	干燥地上部分	疏散风热，清利头目，利咽，透疹，疏肝行气	
16	荜茇	胡椒科植物荜茇	干燥近成熟或成熟果穗	温中散寒，下气止痛	
17	冰片	龙脑香科植物龙脑香的树脂或樟脑、松节油	树脂和挥发油加工品提取获得的结晶	开窍醒神，清热止痛	
18	苍术	菊科植物茅苍术或北苍术	干燥根茎	燥湿健脾，祛风散寒，明目	
19	藏菖蒲	天南星科植物藏菖蒲	干燥根茎	温胃，消炎止痛	
20	草果	姜科豆蔻属植物草果	干燥成熟果实	燥湿温中，截疟除痰	
21	草豆蔻	姜科植物草豆蔻	干燥近成熟种子	燥湿行气，温中止呕	
22	侧柏叶	柏科植物侧柏	干燥枝梢与叶	凉血止血，化痰止咳，生发乌发	
23	柴胡	伞形科植物柴胡或狭叶柴胡	干燥根	疏散退热，疏肝解郁，升举阳气	
24	石菖蒲	天南星科植物石菖蒲	干燥根茎	开窍豁痰，醒神益智，化湿开胃	
25	沉香	瑞香科植物白木香	含有树脂的木材	行气止痛，温中止呕，纳气平喘	
26	陈皮	芸香科植物橘及其栽培变种	干燥成熟果皮	理气健脾，燥湿化痰	
27	橙叶	芸香科植物甜橙	干燥叶片	散瘀止痛	
28	川芎	伞形科川芎	干燥根茎	活血行气，祛风止痛	
29	八角茴香	木兰科植物八角茴香	干燥成熟果实	温阳散寒，理气止痛	
30	大蒜	百合科植物大蒜	鳞茎	解毒消肿，杀虫，止痢	
31	当归	伞形科植物当归	干燥根	补血活血，调经止痛，润肠通便	
32	地椒	唇形科植物百里香	全草	温中散寒，祛风止痛	
33	丁香	桃金娘科植物丁香	干燥花蕾	温中降逆，补肾助阳	
34	独活	伞形科植物重齿毛当归	干燥根	祛风除湿，通痹止痛	
35	杜衡	马兜铃科植物杜衡	根茎及根或全草	散风逐寒，消痰行水，活血，平喘，定痛	

续表

序号	名称	来源	用药部位	功效	备注
36	杜若	鸭跖草科杜若	根、根茎或全草	理气止痛，疏风消肿	
37	杜松	柏科植物杜松	干燥枝叶及球果	祛风，镇痛，除湿，利尿	
38	莪术	姜科植物蓬莪术、广西莪术或温郁金	干燥根茎	行气破血，消积止痛	
39	西红花	鸢尾科植物番红花	干燥柱头	活血化瘀，凉血解毒，解郁安神	
40	佛手	芸香科柑橘属植物佛手	干燥果实	疏肝理气，和胃止痛，燥湿化痰	
41	覆盆子	蔷薇科植物华东覆盆子	果实	益肾固精缩尿，养肝明目	
42	伽南香	瑞香科植物沉香或白木香	近根部的含树脂量较多的木材	理气，止痛，通窍	
43	甘草	为豆科植物甘草、胀果甘草或光果甘草	根、根茎	补脾益气，清热解毒，祛痰止咳，缓急止痛，缓和药性，调和诸药	
44	甘松	败酱科植物甘松	干燥根及根茎	理气止痛，开郁醒脾；外用祛湿消肿	
45	高良姜	姜科植物高良姜	干燥根茎	温胃止呕，散寒止痛	
46	藁本	伞形科植物藁本或辽藁本	干燥根茎及根	祛风，散寒，除湿，止痛	
47	桂花	木樨科植物桂花	花	散寒破结，化痰止咳	
48	海风藤	胡椒科植物风藤	干燥藤茎	祛风湿，通经络，止痹痛	
49	海狸香	啮齿目海狸鼠科海狸鼠	从海狸的液囊里提取的分泌物	镇痉	
50	旱芹	伞形科植物旱芹	全草	平肝清热，祛风利湿	
51	红豆蔻	姜科植物大高良姜	干燥成熟果实	燥湿散寒，醒脾消食	
52	葫芦巴	豆科植物葫芦巴	干燥成熟种子	温肾助阳，祛寒止痛	
53	花椒	芸香科植物青椒或花椒	干燥成熟果皮	温中止痛，杀虫止痒	
54	黄花蒿	菊科植物黄花蒿	全草	清热解疟，祛风止痒	
55	黄熟香	瑞香科乔木植物沉香或白木香	在黄土地中长时间醇化出来的沉香	风水毒肿，去恶气	
56	黄樟	樟科植物黄樟	根、树皮或叶	祛风散寒，温中止痛，行气活血	
57	鹅脚板	伞形科植物异叶茴芹	根及全草入药	祛风活血，消肿，解毒	
58	广藿香	唇形科植物广藿香	干燥地上部分	芳香化浊，和中止呕，发表解暑	
59	鸡骨香	大戟科植物鸡骨香	干燥根	理气止痛，祛风除湿，舒筋活络	

续表

序号	名称	来源	用药部位	功效	备注
60	甲香	蝾螺科动物蝾螺或其近缘动物	掩厣	治脘腹痛，痢疾，淋病，痔瘘，疥癣	
61	降真香	豆科植物降香檀	根部心材	理气，止血，行瘀，定痛	
62	姜黄	姜科植物姜黄	干燥根茎	破血行气，通经止痛	
63	金合欢	豆科植物金合欢	花	消痈排脓，收敛止血	
64	金盏菊	菊科植物金盏菊	花	凉血止血	
65	荆芥	唇形科植物荆芥	干燥地上部分	解表散风，透疹，消疮	
66	九里香	芸香科植物九里香和千里香	干燥叶和带叶嫩枝	行气止痛，活血散瘀	
67	菊花	菊科植物菊	干燥头状花序	散风清热，平肝明目，清热解毒	
68	菊苣	菊科植物菊苣或毛菊苣	干燥地上部分或根	清肝利胆，健胃消食，利尿消肿	
69	爵床	爵床科植物爵床	全草	清热解毒，利湿消滞，活血止痛	
70	辣椒	茄科植物辣椒及其栽培变种	干燥成熟果实	温中散寒，开胃消食	
71	兰香草	马鞭草科植物兰香草	全草或带根全草	祛风除湿，止咳散瘀	
72	灵猫香	灵猫科动物大灵猫	香腺囊中的分泌物	辟秽，行气，止痛	
73	零陵香	报春花科植物灵香草	干燥带根全草	祛风寒，辟秽浊	
74	留兰香	唇形科植物留兰香	全草	疏风，理气，止痛	
75	龙涎香	抹香鲸科动物抹香鲸的肠内	干燥分泌物	行气活血，散结止痛，利水通淋	
76	蒌叶	胡椒科胡椒属植物蒌叶	全株或茎、叶	祛风散寒，行气化痰，消肿止痒	
77	罗汉果	葫芦科多年生藤本植物罗汉果	干燥成熟果实	清热润肺，利咽开音，滑肠通便	
78	罗勒	唇形科植物罗勒	干燥全草	疏风行气，化湿消食，活血，解毒	
79	罗望子	豆科植物罗望子	果实	清热解暑，消食化积	
80	冷水丹	马兜铃科马蹄香	根及茎	温中散寒，理气镇痛	
81	马郁兰	唇形科植物甜马郁兰	花、叶	强身、利尿、镇定痉挛	
82	蔓荆子	马鞭草科植物单叶蔓荆或蔓荆	干燥成熟果实	疏散风热，清利头目	
83	毛蕊花	玄参科植物毛蕊花	全草	清热解毒，止血散瘀	
84	茅香	禾本科茅香属植物茅香	根状茎	凉血，止血，清热利尿	

续表

序号	名称	来源	用药部位	功效	备注
85	没药	橄榄科植物地丁树或哈地丁树	干燥树脂	散瘀定痛，消肿生肌	
86	玫瑰花	蔷薇科植物玫瑰	干燥花蕾	行气解郁，和血，止痛	
87	玫瑰茄	锦葵科植物玫瑰茄	共萼	敛肺止咳，降血压，解酒	
88	迷迭香	唇形科植物迷迭香	全草	健胃，发汗	
89	蘼芜	伞形科植物川芎	苗叶	祛脑中风寒	
90	茉莉花	木樨科植物茉莉	花	理气和中，开郁辟秽	
91	母丁香	桃金娘科植物丁香	干燥近成熟果实	温中降逆，补肾助阳	
92	牡丹皮	毛茛科植物牡丹	根皮	清热凉血，活血化瘀	
93	木香	菊科植物木香	干燥根	行气止痛，健脾消食	
94	柠檬	芸香科木本植物黎檬、洋黎檬	果实	生津，止渴，祛暑，安胎	
95	柠檬桉叶	桃金娘科植物柠檬桉	干燥叶片	消肿散毒	
96	扭鞘香茅	禾本科植物扭鞘香茅	全草	疏散风热，行气和胃	
97	排草香	报春花科植物细梗香草	全草	益气补虚，祛风活血	
98	佩兰	菊科植物佩兰	干燥地上部分	芳香化湿，醒脾开胃，发表解暑	
99	千年健	天南星科植物千年健	干燥根茎	祛风湿，壮筋骨	
100	蔷薇花	蔷薇科植物多花蔷薇	花	清暑，和胃，活血止血，解毒	
101	肉桂	樟科植物肉桂	干燥树皮	补火助阳，引火归元，散寒止痛，温通经脉	
102	肉豆蔻	肉豆蔻科植物肉豆蔻	干燥种仁	温中行气，涩肠止泻	
103	乳香	橄榄科植物乳香树及同属植物	树皮渗出的树脂	活血定痛，消肿生肌	
104	山柰	姜科植物山柰	干燥根茎	行气温中，消食，止痛	
105	砂仁	姜科植物阳春砂、绿壳砂或海南砂	干燥成熟果实	化湿开胃，温脾止泻，理气安胎	
106	山苍子叶	樟科植物山鸡椒	叶	理气散结，解毒消肿，止血	
107	白芍	毛茛科植物芍药	干燥根	养血调经，敛阴止汗，柔肝止痛，平抑肝阳	
108	赤芍	毛茛科植物芍药或川赤芍	干燥根	清热凉血，散瘀止痛	
109	麝香	鹿科动物林麝、马麝或原麝	成熟雄体香囊中的干燥分泌物	开窍醒神，活血通经，消肿止痛	

续表

序号	名称	来源	用药部位	功效	备注
110	莳萝子	伞形科植物莳萝	果实	温脾肾，开胃，散寒，行气，解鱼肉毒	
111	鼠尾草	唇形科植物鼠尾草	全草	清热利湿，活血调经，解毒消肿	
112	水苏	唇形科植物水苏	全草	疏风理气，止血消炎	
113	松香	松科马尾松的树干	蒸馏去挥发油	祛风，燥湿，排脓，拔毒，生肌，止痛	
114	松油	松科植物马尾松、油松或其同属植物	树材中的松脂	祛风，杀虫	
115	紫苏梗	唇形科植物紫苏	干燥茎	理气宽中，止痛，安胎	
116	苏合香	金缕梅科植物苏合香树	树干渗出的香树脂经加工精制而成	开窍，辟秽，止痛	
117	素馨花	木樨科植物素馨花	干燥花蕾	舒肝解郁，行气止痛	
118	檀香	檀香科植物檀香	树干的干燥心材	行气温中，开胃止痛	
119	杜鹃花	杜鹃花科植物杜鹃花	花或果实	和血，调经，祛风湿	
120	晚香玉	石蒜科植物晚香玉	花	清热解毒	
121	乌药	樟科植物乌药	干燥块根	行气止痛，温肾散寒	
122	芜荑	榆科植物大果榆	果实加工品	杀虫消积	
123	五加皮	五加科植物细柱五加	干燥根皮	祛风除湿，补益肝肾，强筋壮骨，利水消肿	
124	细辛	马兜铃科植物北细辛、汉城细辛或华细辛	干燥根和根茎	祛风散寒，祛风止痛，通窍，温肺化饮	
125	香附	莎草科植物莎草	根茎	疏肝解郁，理气宽中，调经止痛	
126	香茅	禾本科香茅属植物香茅	全草	疏风解表，祛瘀通络	
127	蒲黄	香蒲科植物水烛香蒲、东方香蒲或同属植物	干燥花粉	止血，化瘀，通淋	
128	香叶	牻牛儿苗科植物香叶天竺葵	全草	祛风除湿，行气止痛，杀虫	
129	月桂叶	樟科植物月桂	叶	健胃理气	
130	香橼	芸香科植物枸橼或香橼	干燥成熟果实	疏肝理气，宽中，化痰	
131	小窃衣	伞形科植物窃衣和小窃衣	果实或全草	杀虫止泻，收湿止痒	
132	缬草	败酱科植物缬草	根及茎	安神，理气，止痛	
133	辛夷	木兰科植物望春花、玉兰或武当玉兰	干燥花蕾	散风寒，通鼻窍	
134	薰衣草	唇形科薰衣草属植物薰衣草	全草	清热解毒，散风止痒	

续表

序号	名称	来源	用药部位	功效	备注
135	洋葱	百合科植物洋葱	鳞茎	主治创伤，溃疡，阴道滴虫病，便秘	
136	洋甘菊	菊科植物母菊、罗马洋甘菊、德国洋甘菊	全草	明目，退肝火，止痛，镇静，通经等	
137	夜香树	茄科植物夜香树	花	行气止痛	
138	益智	姜科植物益智	干燥成熟果实	暖肾固精缩尿，温脾止泻摄唾	
139	茵陈蒿	菊科植物滨蒿或茵陈蒿	幼嫩茎叶	清利湿热，利胆退黄	
140	米仔兰	楝科植物米仔兰	花朵或枝叶	枝叶（米仔兰）：活血散瘀，消肿止痛；花（米仔兰花）：行气解郁	
141	郁金	姜科植物温郁金、姜黄、广西莪术或蓬莪术	干燥块根	活血止痛，行气解郁，清心凉血，利胆退黄	
142	芫荽	伞形科植物芫荽	全草与成熟的果实	发表透疹，健胃。全草：麻疹不透，感冒无汗；果：消化不良，食欲不振	
143	月季花	蔷薇科植物月季	花	活血调经，疏肝解郁	
144	芸香	芸香科植物芸香	全草	清热解毒，散瘀止痛	
145	芸香草	禾本科植物芸香草	全草	解表，利湿，止咳平喘	
146	泽兰	唇形科植物毛叶地瓜儿苗	干燥地上部分	活血调经，祛瘀消痈，利水消肿	
147	樟脑	樟科植物乔木樟	根、干、枝、叶经蒸馏精制而成的颗粒状结晶	通窍，杀虫，止痛，辟秽	
148	栀子	茜草科植物栀子	干燥成熟果实	泻火除烦，清热利湿，凉血解毒；外用消肿止痛	
149	枳壳	芸香科植物酸橙及其栽培变种	干燥未成熟果实	理气宽中，行滞消胀	
150	枳实	芸香科植物酸橙及其栽培变种或甜橙	干燥幼果	破气消积，化痰散痞	
151	竹叶椒	芸香科植物竹叶椒	根、树皮、叶、果实及种子	散寒，止痛，祛蛔	
152	孜然	伞形花科孜然芹	干燥成熟果实	散寒止痛，理气调中	
153	紫苏叶	唇形科植物紫苏	干燥叶（或带嫩枝）	解表散寒，行气和胃	
154	榆白皮	榆科植物榆树	树皮或根皮的韧皮部	利水，通淋，消肿	

注：据记载在和香中常用的基底辅料为：榆树的树皮、根皮，牛的粪便。

作者：关群，高级经济师，北京同仁堂（集团）有限责任公司总经理助理。

琢瓷作鼎碧于水　削银为叶轻如纸

——南宋龙泉青瓷鬲式炉鉴赏与研究

雷国强　李　震

一　引言：《烧香》诗与南宋香文化

琢瓷作鼎碧于水，削银为叶轻如纸；
不文不武火力匀，闭阁下帘风不起。
诗人自炷龙涎香，但令有香不见烟；
素馨忽闻茉莉折，低处龙麝和沉檀。
平生饱识山林味，不奈此香殊妩媚；
呼儿急取烹木樨，却作书生真富贵。

这是南宋著名诗人杨万里的一首《烧香》诗。杨万里，字廷秀，号诚斋，江西吉水人，与陆游、范成大等齐名，为南宋四大家之一。这首《烧香》诗，是诗人杨万里借平日焚香消闲之举以明向往山林之心志，表明自己品鉴香艺的“鼻观”之作。

焚香作为先民祭祀天地、神灵、先祖的一种仪式，以及佩戴香囊、插戴香草、沐浴香汤等美化洁身的一种日常生活方式，其源流可追溯至远古。中国香文化发展一直以祭祀用香和生活用香这两条并行线索为轨迹随着时代生活发展而发展。“鼻观”这一词汇就是古代文人在品鉴香品过程中逐渐形成的一个富有中国人文特色的特殊文化概念。“鼻观”最初源自佛教修行参禅的法门，后被喜好焚香品鉴香艺的文人雅士用来表达人生态度和生活情怀的一个热门话题。如宋代诗人苏轼在《和黄鲁直烧香》诗中就言：“不是闻思所直，且令鼻观先参。”黄庭坚在《题海首座壁》诗中亦云："香寒明鼻观，日永称头陀。"南宋理学家朱熹亦云："鼻观残香里，心期昨梦中。"关于宋代文人的鼻观概念这里不做讨论，主要是为了便于我们下文鉴赏研究讨论南宋龙泉窑精品经典香具之代表作——青瓷鬲式炉，借分析点评宋代诗人杨万里《烧香》诗对南宋香艺文化制度做一介绍和铺垫。

《烧香》诗是一首为表明诗人杨万里对富贵、名利态度，借鉴香表明"鼻观"标准而做的一首诗歌。在这首诗里，诗人极其详细真实地描述了自炷香品的过程，这里不仅有对香具的选择、取香方法的介绍，还有对品香环境的要求与营造等等重要的细节描述与介绍。

"琢瓷作鼎碧于水"指的就是诗人所选择与喜好的香具——香炉，是碧绿如水的梅子青龙泉青瓷鼎式炉，一种以商周时期青铜礼器为模本，由南宋龙泉窑烧制的青瓷鬲式香炉。（见图 1）"削银为叶轻如纸"，所描绘与介绍的就是宋人以薄银片或云母片作为隔火炷香的一种熏香方法。

图 1　南宋·龙泉窑鬲式炉，杭州江干排灌站出土，杭州历史博物馆藏，采自杭州历史博物馆编《翠色·琢玉·梅青》，中国美术学院出版社 2007 年版。

"不文不武火力匀，闭阁下帘风不起"则是诗人炷香时对起炉炷香的火候与火力以及品鉴香品时的"闭阁下帘"的无风环境的要求。"诗人自炷龙涎香，但令有香不见烟"，这是诗人对采用隔火炷香的神奇效果的描写。"素馨忽闻茉莉折，低处龙麝和沉檀"，这是诗人所罗列的流行于南宋时期来自于海外异域的"素馨、茉莉、龙涎、麝香、沉香、檀香"等价值万金代表富贵的名香名品。"平生饱识山林味，不奈此香殊妩媚"，所介绍的是诗人为了品鉴领略来自异域海外的名香"龙涎"的感想与反应，对于崇尚自然，饱识山林之味的诗人而言，"龙涎"之名贵香品太妩媚冲鼻，自然有违他鉴香品香的"鼻观"标准。"呼儿急取烹木樨，却作书生真富贵"，面对妩媚的富贵名香"龙涎"诗人作了否定，因而急呼儿子速取家常自制的普通"烹木樨"，一种普通香品——桂花香。最后点题提出自己的人生理想，做一个悠游山林无心功名的读书之人才是人生的"真富贵"之大境界。"烹木樨"是一种什么样的香呢？据有关书籍介绍，"木樨"香是当时流行于贫民阶层、普通读书人当中的一款来自山林、产自本土的自制桂花香。其法是在金秋之际，桂花绽放而未盛开，其香气正处于最浓烈之时，将其摘下，与经过去蜡、榨汁、晒干、破碎之后的冬青树籽混合后，再放入一密闭的瓷罐中下锅蒸煮而成。炷香时，用香匙挖取少许放置于银叶之上烤炙，其香气自然散淡，而富有自然的田园山林的气息。

二 商周时期青铜鬲与南宋龙泉青瓷鬲式炉

被南宋著名诗人杨万里《烧香》诗中称作"琢瓷作鼎碧于水"的鼎就是南宋时期由龙泉窑烧制的青瓷香炉之一——鬲式炉。如图 2 所示就是一只由四川省遂宁市博物馆珍藏的南宋时期龙泉青瓷青釉鬲式炉。此炉高 16.3 厘米，口径 19.8 厘米。圆口，直颈，平唇微外斜，扁圆腹，乳形三足。腹与足背饰三角形凸背脊，肩部饰凸弦纹一周。胎灰白，施粉青色厚釉，釉面开冰裂纹，足无釉处呈朱红色。该炉制作工整，造型优美，器形之大，釉色之美，属同类产品之冠（朱伯谦语）。[①]

---

① 朱伯谦编著：《龙泉青瓷》，台北：艺术家出版社 1998 年版。

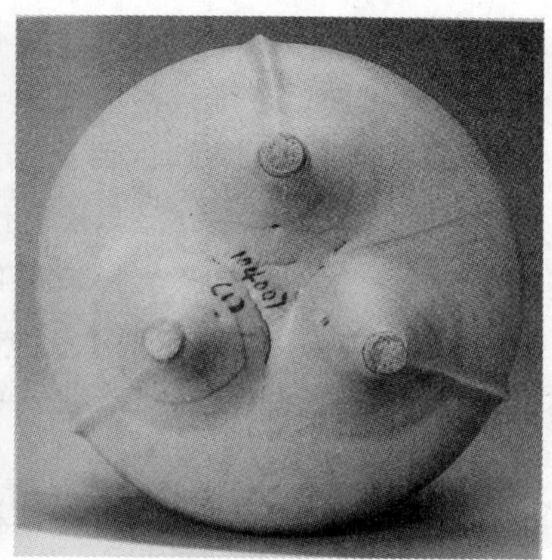

图 2　南宋·龙泉窑鬲式炉，1991 年遂宁市南强镇金鱼村窖藏出土，藏遂宁市博物馆，采自朱伯谦编著《龙泉青瓷》，台北：艺术家出版社 1998 年版。

《中国古陶瓷图典》鬲式炉条说：鬲式炉，炉式之一，流行于宋至明。以龙泉窑、景德镇窑烧制为多。鬲式炉仿照商周时期青铜礼器而作，南宋时期龙泉窑所烧制的基本样式为敞口，束颈，圆腹，三足微外撇。[①]（见图 3）

图 3　南宋·龙泉窑鬲式炉标本，龙泉李生和青瓷传习所藏。

① 冯先铭主编：《中国古陶瓷图典》，北京文物出版社 1998 年版，第 173 页。

鬲是商周时期著名青铜器，鬲与鼎其基本用途相同。凡是遇到祭祀天地、礼敬鬼神、招待宾客和烹制珍异佳馔时，必须使用鼎器鬲，上古时期作为炊具，最初为陶质，商代之后出现青铜质。其基本造型是敞口，袋足，圆腹，青铜鬲主要流行于商代与春秋时期。由南宋时期龙泉窑烧制的青瓷鬲式炉的标准样式出自宋王黼撰《宣和博古图》。

《宣和博古图》，亦称《宣和博古图录》，简称《博古图》，是中国现存最早的一部集古器物图录大成的专书，也是我国古代一部重要的金石学著作。我国青铜器最早出现于3000多年前的商代，系以青铜为原料，经冶铸而成的生活、生产用具及兵器。青铜器的铸造，结合了雕刻、镶嵌等传统工艺，最终形成了神奇而富有东方特色的古老青铜艺术。早在古代，青铜器便是珍贵之物，自汉始，人们就已将青铜古器视作珍宝，到了中国文化发展的顶峰时期的两宋，已出现专门收藏研究著述青铜古器物的专门学问——金石学。由此，中国出现了第一个收藏、鉴赏、研究青铜器的高峰。中国现存最早研究金石文字的专著——欧阳修所编撰的《集古录跋尾》，中国现存最早的研究古器物图录专著——吕大临编撰的《考古图》，皆产生于这一时期。由宋徽宗敕令撰修并题名《宣和博古图》——中国现存最早的集古器物之大成的专著，也是诞生在这种文化背景之下。该书共30卷，著录了当时宋廷皇室在宣和殿等御府所藏自商代至唐代的青铜器共20类839件，集中展示了宋代所藏青铜器的精华。

《宣和博古图》的影响与作用，不仅表现在宋代对宫廷所藏古器之大成的官修图录总结，使大量的传至上古三代名器之图形、铭文托赖《宣和博古图》得以传世，为今人留下了十分珍贵难得的研究资料，而且更为重要的是其作为我国第一部由官方考证编写的集古代器物之大成的专书，对中国后世的考古学、工艺制作传承与发展等领域产生了极为深远的影响。

宋代非常重视国家朝廷的祭祀礼仪，并将此视为巩固国家政权，维护和宣示中央权威的一项国策来推动与执行。宋代又是理学发展与鼎盛的时期，在生活上倡导节约，在美学上推崇简约素雅的审美观念。宋代的陶瓷发展也已进入中国陶瓷发展史的鼎盛时期，并出现了代表当时制瓷艺术最高成就的汝、哥、官、钧、定五大名窑。这五大名窑承担着提供朝廷、皇家以及贵族士大夫生活日用的陶瓷器皿任务，其中最重要的一项任务就是根据宋代各级官府执行祭祀礼仪所需的祭祀用瓷的生产。由朝廷主导，官方执行的祭祀活动——如春、夏、秋、冬四时之祭均有严格的标准和仪轨。其中由汝、官、哥、钧、定各窑生产烧制的祭器供皿，均不是窑工臆想随便制作的产品，而是严格按《宣和博古图》等“朝廷制样需索”统一规定标准款式设计来模仿烧制上古三代之古青铜器，以示庄严和庄重。

如由南宋时期龙泉窑烧制的青瓷鬲式炉就是严格按《宣和博古图》第19卷（上）鬲、鍑篇所编录的周帛女鬲、周师鬲、周仲夫鬲、周京姜鬲、周饕餮鬲等样式标准来烧制的。

以周京姜鬲为例将其形制大小及铭文分析如下。

图4，周京姜鬲，高三寸四分，深二寸二分，口径三寸四分；容量为九合；重为一斤九两；有三器足；铸有十一字铭文：京姜庚仲作尊鬲其永宝用。[①]

周京姜鬲

图4　周·京姜鬲，采自《宣和博古图》，宋王黼撰，江俊伟译注，重庆出版集团2009年版。

① （宋）王黼撰：《宣和博古图》，江俊伟译注，重庆出版集团2009年版，第352页。

京姜为何人？《诗经·大雅·思齐》中说：“思齐大任，齐王之母。思媚周姜，京室之妇。大姒微音，则百斯男。”由此可见“京姜”就是周太王的妃子——太姜。周武王建立周朝之后，追尊历代先祖先考，尊古公为大王，尊季历为王季。用京来称呼国都，所以称为京姜。

何以以鬲作为代表朝廷国家祭祀礼仪制度的样式？其间有着深厚的历史文化积淀和家国情怀。《字说》中将“鼎”、“鬲”归为一类。鼎，取其鼎盛之义；鬲，意指负责日常食物的烹饪。《尔雅》认为，器足中空的鼎器，就称为鬲。《汉书·郊祀志》中说：“鬲器有三中空的器足，用以象征三德。”三德，即《尚书》所谓：正直、刚克、柔克；《史记》载：知、仁、勇；《周礼》载：至德、敏德、寿德。（见图5）

图5　西周·仲耕父鬲，采自刘利民编《青铜古器》上，海南文宣阁出版社2003年版。

综上所述，南宋时期龙泉青瓷经典代表作——鬲式炉，是一款根据朝廷官样《宣和博古图》等所规定的商周青铜器鬲的款式标准烧制，提供给朝廷官府及贵族士大夫使用的有着深厚文化积淀的名炉重器。

三　南宋时期用香制度与龙泉青瓷鬲式炉

从目前各大博物馆收藏及公开出版物所出版标注的数据以及笔者在龙泉考察调查所采录的标本资料而言，南宋龙泉青瓷鬲式炉，不管其具体烧造的窑口是金村大窑、溪口窑还是小梅窑、瓦窑垟窑，其基本造型统一而一致，均为敞口、折沿、束颈、扁鼓腹、三锥形足，但是大小差异很大，口径最小者不足10厘米，最大者达33厘米。图6为南宋龙泉瓦窑垟窑铁胎鬲式炉。为了便于分析与讨论，笔者将所采录的具体数据列表如下。

图6　南宋龙泉瓦窑垟窑铁胎鬲式炉，龙泉李生和青瓷文化传习所藏。

南宋龙泉窑青瓷鬲式炉大小口径统计表　　单位：厘米

序号	高	口径	品相	收藏单位	资料来源
1	6.5	7.5	残	惜瓷草堂	实件测量采录
2	7	9	残	惜瓷草堂	实件测量采录
3	7.3	9.4	全	私人收藏	浙江博物馆编《括苍所产良足爱·浙江民间收藏走进博物馆之二》
4	6.5	9	全	浙江省德清市博物馆	朱伯谦编著《龙泉青瓷》

续表

序号	高	口径	品相	收藏单位	资料来源
5	8.5	10	残	龙泉李生和青瓷文化传习所	实件测量采录
6	8	11.6	全	安徽省博物馆	耿东升主编《中国瓷器·定级图典》
7	7.2	9.7	全	私人	叶英挺编《梅子初青》
8	7.5	10	全	私人	叶英挺编《梅子初青》
9	11.3	14.4	全	上海博物馆	耿东升主编《中国瓷器·定级图典》
10	11	13.2	口沿残伤	安徽省博物馆	耿东升主编《中国瓷器·定级图典》
11	11.5	13.5	残	龙泉李生和青瓷文化传习所	实件测量采录
12	10	15	残	龙泉李生和青瓷文化传习所	实件测量采录
13	10.5	14.5	残	龙泉李生和青瓷文化传习所	实件测量采录
14	9	13	残	龙泉李生和青瓷文化传习所	实件测量采录
15	15	18	残	龙泉李生和青瓷文化传习所	实件测量采录
16	11.8	13	残	龙泉集宝堂	实件测量采录
17	11	13.8	残	龙泉集宝堂	实件测量采录
18	11.6	13.9	全	私人	叶英挺编《梅子初青》
19	12.5	13.2	全	私人	叶英挺编《梅子初青》
20	8.7	12.5	全	私人	叶英挺编《梅子初青》
21	11.5	13.5	全	私人	叶英挺编《梅子初青》
22	11.6	13.6	全	私人	叶英挺编《梅子初青》
23	13.7	16.2	全	浙江省杭州市博物馆	朱伯谦编著《龙泉青瓷》
24	16.3	19.8	全	四川省遂宁市博物馆	朱伯谦编著《龙泉青瓷》
25	17.5	21	残	龙泉集宝堂	实件测量采录
26	高缺	20.5	全	私人	程庸编著《晋唐宋元瓷器真赝对比鉴定》
27	26	33	残	私人	龙泉青瓷研究会提供

从上表具体数据统计分析可知：南宋时期龙泉窑所烧造的鬲式炉口径在10厘米以下的占所统计总数的19%，口径在10—15厘米之间的占59%，口径在16—33厘米之间的占22%。这一组数据告诉我们这样一个事实，即南宋时期龙泉青瓷鬲式炉的生产制作可划分为小、中、大三个型号规格。

为什么会产生这样一种型号规格生产标准呢？这三种规格的鬲式炉是

如何使用的呢？反映了什么样的用香制度及社会生活文化背景呢？

关于艺术作品及其风格特征与社会生活的关系，法国著名的艺术鉴赏与批评家丹纳在其美学名著《艺术哲学》中这样说："要了解一件艺术品，一个艺术家，一群艺术家，必须正确地设想他们所属的时代精神和风格概况。"[①] 因此，要解释和回答这些问题，必须首先了解南宋时期的用香制度和相关的社会文化背景。

宋代奉行崇文抑武的治国方略，科技领先，文化繁荣，经济空前发达，是中国文化发展史上一个承上启下的重要时期。就香文化发展而言，宋代的香文化也进入了一个鼎盛发展阶段。这一时期的香文化已遍及社会各个阶层和生活的方方面面，上至宫廷，下至百姓，香可谓成为日常生活的"酱、醋、油、盐、茶、酒"之外的第七件大事。就宋代文人生活而言，"焚香"是读书、赏画、插花之外的日常必修功课之一。考察宋代文人用香制度，可谓写诗、填词、作画、赏花、宴客、会友均要焚香，焚香已成为宋代文人日常生活的重要部分。

从香具的生产与使用而言，宋代也是一个承前启后的重要阶段。为了适应宋代用香制度的变化，宋代开始制作大量造型简约，风格素雅，具有宋代理学文化特征的瓷质香炉。宋代非常重视香的品质的研发与提高，所以其合香的炮制以及配方的水平已达到了一个空前的高度。就其香品的种类而言，宋代除了隋唐以来的香炷、香丸、香粉之外，还流行"印香"，甚至开始出现"线香"的雏形。

南宋时期龙泉青瓷鬲式炉的生产与制作正是迎合了南宋这一用香制度的变化才出现了上面所提及的小、中、大三种型号规模格局。结合南宋时期的用香制度的特点，综合时代社会生活的实际，笔者就南宋时期龙泉青瓷炉具经典代表鬲式炉小、中、大三类炉的使用功能提出这样一种观点：口径在10厘米以下可一手把握的鬲炉，是为提供南宋时期文人流行的品香之用的"品香炉"；口径在双手一捧10—15厘米之间的鬲炉应为提供当时广为流行的焚烧"印香"所用的香炉，即"篆香炉"；口径超过15厘米的超大型鬲炉则是为方便礼佛、敬祖所用的祭祀炉——"承香炉"。

---

① 丹纳：《艺术哲学》，傅雷译，广西师范大学出版社2000年版。

1. 南宋龙泉青瓷鬲式炉之“品香炉”

唐宋之文人品香对焚炷香品的方式、环境、程序均有特殊的要求。宋人陈敬编撰《新纂香谱》录《香史》云：“焚香必于深房曲室，矮桌置炉，与人膝平，火上设银叶或云母，制如盘形，以之衬香，香不及火，自然舒慢无烟燥气。”① 本文开题引言所及宋人杨廷秀之《烧香》诗就详细介绍了宋时文人采用这种隔火“熏香”的过程及细节，在此不再展开介绍。

见图7，这是一只有明确出土地点和墓葬纪年的南宋龙泉青瓷鬲式炉。该炉出土于浙江省杭州德清市城关镇，墓主为南宋咸淳四年（1268）的吴奥，现藏德清市博物馆。此炉，平沿微外卷，颈较高，扁圆腹，肩部有一圈凸棱，三袋足较靠近，腹部与足面有三角形凸棱，袋足内面有钻一孔。胎灰白，施深青色釉。足底无釉，呈灰色。鬲炉肩、腹部的三角凸棱，通称“出筋”，是美化瓷器的一种独特的装饰。②

图7　南宋·龙泉窑鬲式炉，德清市城关镇南宋咸淳四年吴奥墓出土，采自朱伯谦编著《龙泉青瓷》，台北：艺术家出版社1998年版。

这是一只典型的可以见证南宋时期士大夫贵族品香时所用的品香炉。当为墓主吴奥生前常用于品香的心爱之物，去世后家人将其随葬入土陪伴主人。其造型设计符合南宋时期品香制度与方便使用的特点：束颈较高，

① （宋）陈敬编撰，严小青编著：《新纂香谱》，中华书局2012年版，第162页。

② 朱伯谦编著：《龙泉青瓷》，台北：艺术家出版社1998年版，第154页。

口径不大，便于品香时一手把握；其扁腹亦便于蓄灰取火；其束口以便聚拢香气便于吸闻。

2. 南宋龙泉青瓷鬲式炉之“篆香炉”

篆香又称“印香”、“百刻香”，以镂空的山梨或楠樟木制成的模具将香粉压制成连笔的图案或文字，即成篆香。篆香炉是古时人们以焚香计时的计时器，也是美化环境清新空气的清新器，更是夏秋之季的驱蚊器，在民间流传很广，使用历史悠久。关于篆香，宋人洪刍在其《香谱》中载：“（香篆）镂木以为之，以范香尘。为篆文，然于饮席或佛像前，往往有至二三尺径者。”宋人陈敬编撰《新纂香谱》辑录有专章介绍“印香”百刻篆图及多种适合“印香”使用的香，如定州云库印香、和州公库印香、资善堂印香等等。（见图 8）

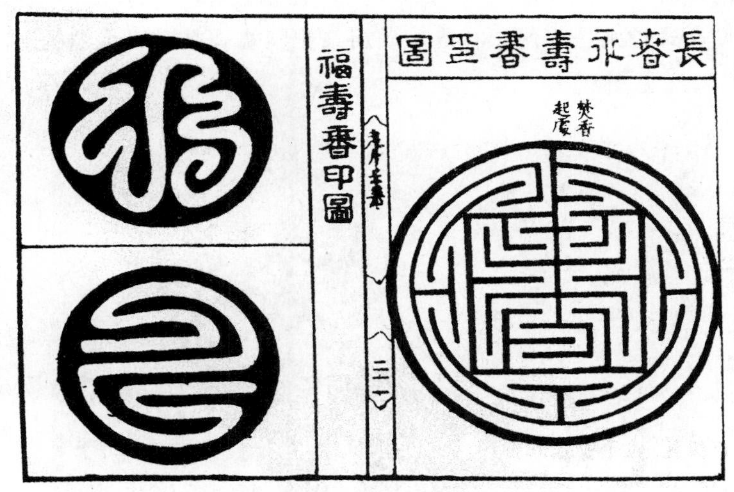

图 8　明·高谦撰《遵生八笺》所录篆香印图。

“篆香”在宋代文人中亦十分流行，宋代文豪苏轼曾专门合制了一种“印香”香粉，并准备了制作印香的模具——檀木雕刻的观音像，送给苏辙作为寿礼，并赠诗《子由生日，以檀香观音像及新合印香银篆盘为寿》。

宋代市井生活中亦可随处见到“印香”的影子。宋代大画家张择端所绘《清明上河图》中，有多处描绘了与香有关的场景，其中尚可见其为一香铺门前立牌上题有“刘家上色沉檀拣香”字样。

《东京梦华录》亦载：(在北宋汴梁)“士农工商，诸行百户”，行业着装各有规矩，香铺里的“香人”则是“顶帽披背”。[①]《东京梦华录》还专门记载日供打香印者：“日供打香印者，则管定铺席人家牌额，时节印施佛像等。”还有人“供香饼子、炭团”[②]。

“印香”需专用的印香模、称香印或香印模，亦需专用的印香炉。适合于印香的香炉之器，其造型有专门的要求，即印香炉需炉口开阔平展，炉腹较浅以便铺灰压印香粉。由此可见，南宋时期龙泉窑烧制的广口(口径在10—15厘米)之间的鬲式炉无疑是为了当时人们使用印香而专门烧制的“印香炉”之一种。

3. 南宋龙泉青瓷鬲式炉之“承香炉”

在南宋时期，龙泉窑所烧制的一类口径超过15厘米，最大者近一市尺的巨型鬲式炉则是为便于礼佛、敬祖祭祀焚烧香品时以承纳香灰所用的“承香炉”。(见图9)

图9 南宋·龙泉青瓷鬲式炉之“承香炉”，1991年遂宁市南强镇金鱼村窖藏出土，遂宁市博物馆藏，采自朱伯谦《龙泉青瓷》，台北：艺术家出版社1998年版。

---

① 《东京梦华录》卷五“民俗”。

② 《东京梦华录》卷三“诸色杂买”。

在南宋时期龙泉窑烧制的巨型广口鬲式炉，无疑是为了适应这一时期香品使用的变化而烧制的一种“承香炉”的新款式。由四川遂宁市博物馆收藏，1991 年出土于该市南强镇金鱼村窖藏的这只高达 16.3 厘米，口径 19.8 厘米的巨型鬲式炉，应该就是这样一只典型的祭祀时用以承纳焚烧香品及香灰的“承香炉”。与该炉一起出土的一只龙泉青瓷琮式瓶就是南宋时期祭祀时所用的祭祀天地的礼器，亦可算是表明这只巨型广口鬲式炉使用性质的一件有力的旁证实物。如北宋初期，苏洵即有诗《香》写到线香的制作：“捣麝筛檀入范模，润分薇露合鸡苏。一丝吐出青烟细，半炷烧成玉箸粗。道士每占经次第，佳人惟验绣工夫。轩窗几席随宜用，不待高擎鹊尾炉。”由此可见，宋初之线香是经由范模压制而成，并由道士作为敬神占经而用。但是“线香”一词作为香品正式使用，并得以普遍流行使用的时间还是较迟的。关于线香的使用和产生的时间较为复杂，这里笔者暂不展开讨论，只此略提，以备参考。

四　南宋龙泉青瓷鬲式炉工艺特征

南宋自建都临安以来，杭州成为南宋的政治、经济、文化中心。根据文献记载和相关古窑址挖掘考古的地层文化资料表明，龙泉窑的产品面貌出现一个质的飞跃，变化上升时期主要在南宋中期距今 1200 年左右的“淳熙”年间。经过多年来的古陶瓷研究专家学者的探索，对这些变化产生的社会历史文化原因有了明确的认识，表明与同时期的南宋官窑有密切的关联。根据对龙泉窑南宋时期产品的施釉和烧造工艺的特征研究与分析，龙泉窑是在南宋中晚期的垫烧工艺阶段与南宋官窑相一致，说明这一时期龙泉窑烧造技艺的杰出成就的厚釉产品，是在充分吸收同时期南宋官窑生产技术基础之上出现的创新产品。南宋龙泉窑生产的厚釉产品，其产品的式样与工艺特点，与南宋官窑的产品有许多相似之处。关于官窑与南宋中晚期龙泉窑的关系，任世龙等在《龙泉窑瓷鉴定与鉴赏》一书中指出，官窑与民窑在不同的历史条件下表现出不同的关系。在我国古代，自北宋创设官窑以来，北宋“官窑”和“民窑”，首先器物的式样上有严格的规定，产品面貌是截然不同的。而南宋时期的“官窑”和“民窑”却呈现出相互促进、相互融合的趋势。特别是一些仿古的祭祀用器，龙泉窑的产品完全可以与南宋官窑相媲美。[①] 南宋时期龙泉窑烧制的青瓷鬲式炉正是这一时期南宋龙泉官窑杰出经典代表之作。（见图 10）

图 10　南宋・龙泉窑鬲式炉，1958 年镇江地区出土，藏镇江市博物馆，采自《镇江出土陶瓷器》，文物出版社 2010 年版。

南宋时期生产的龙泉青瓷鬲式炉，就其胎质类别而言，有白胎厚釉鬲式炉与黑胎厚釉鬲式炉两大类。

1. 南宋龙泉窑白胎鬲式炉工艺特征

（1）南宋时期龙泉窑白胎鬲式炉釉面失透，乳浊性质感强，温润如玉。

从工程材料分析学研究角度，对南宋时期龙泉窑厚釉产品釉面元素进行了测定：相对于北宋龙泉窑之产品而言，南宋时期龙泉窑釉面成分结构

① 任世龙、汤苏婴：《龙泉窑瓷鉴定与鉴赏》，江西美术出版社 2004 年版，第 47 页。

产生了很大的变化，其显著的特点是硅的含量有所降低，而铝和金属钛的含量有所提高，因此产生了釉面失透而呈乳浊的温润如玉的特质。在釉面熔剂材料部分氧化钙的含量减少，而氧化钾的含量大幅提升，由于改变了釉面熔剂，这种含钾较高的釉料在高温下不易流动，烧成后釉面光泽柔和。同时，这一时期龙泉窑在上釉工艺上吸收了南宋官窑的素烧工艺，采用多次上釉的方法，使釉面厚度增加，乳浊感增强，因此达到了釉面温润如玉的装饰效果。纵观龙泉窑白胎青瓷鬲式炉的釉面呈现特点有以下变化：早期以粉青为主，晚期逐渐趋于青绿的梅子青，玻化程度较粉青高。这一现象也充分说明了龙泉窑厚釉产品，在烧制过程中对还原气氛和火候的把握有过一个逐渐到成熟的过程。（见图 11）

图 11　南宋·龙泉青瓷鬲式炉，残修复件，龙泉李生和青瓷文化传习所藏。

（2）南宋时期龙泉青瓷鬲式炉的成型与装烧工艺。

从大量的龙泉青瓷鬲式炉的残件标本分析可知：南宋时期龙泉青瓷鬲式炉的成型工艺分两个过程进行。炉身均由手工拉环而成，炉足则由模范压制而成，炉身成型修整之后，再用泥浆粘贴三乳足。故凡南宋时期龙泉青瓷鬲式炉之老件，其底三乳足均可见此粘贴工艺之痕迹特征。也正因为有此特殊工艺，故而南宋龙泉青瓷的鬲式炉之三乳足均有一定程度的外撇，其乳足外侧一面有微微向上翘的特征。（见图 12）同时，为了保证使相对较厚实中空的三个锥形乳足烧透而不炸裂，在乳足正面，外足里侧钻刺小孔以利出气。南宋早期鬲式炉乳足出气孔一般穿刺在炉内底正面，而晚期则在乳足外侧。图 13 为由模范压制而成的中空鬲式炉两乳足标本。图 14 为南宋时期龙泉青瓷鬲式炉残件剖面，可见证炉足与炉身的成型之工艺关系。图 15 为南宋早期粉青釉鬲式炉之标本，炉底正面穿刺孔洞，以保证炉足烧透而不炸裂。

图 12　南宋·龙泉窑鬲式炉之三乳足，龙泉李生和青瓷文化传习所藏。

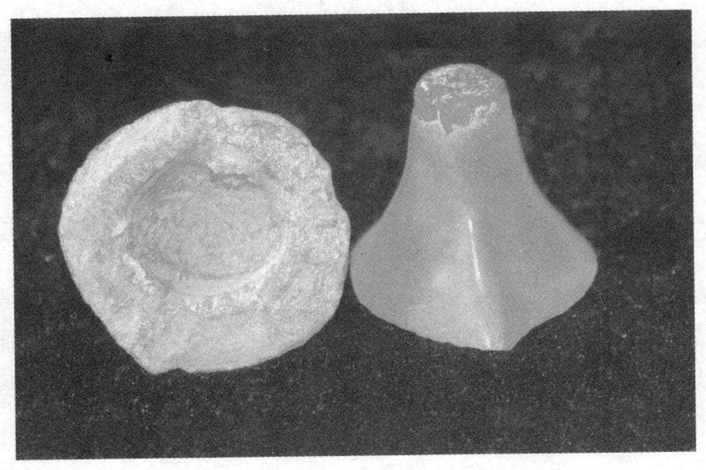

图 13　南宋时期由模范压制而成的中空鬲式炉两乳足标本，惜瓷草堂藏。

图 14　南宋时期龙泉青瓷鬲式炉残件剖面，惜瓷草堂藏。

图 15　南宋早期粉青釉鬲式炉，炉底正面穿刺孔洞，惜瓷草堂藏。

龙泉窑鬲式炉之腹面与三锥形乳足正面均有三根三角形泥条装饰，俗称出筋。从标本残件之剖面结构分析，此三出筋三角形泥条之成型工艺，不是刮削而成，而是采用粘贴工艺制作而成。

龙泉窑青瓷鬲式炉之装烧工艺，与同期其他产品一样采用匣钵垫饼装烧工艺烧制而成。为了保证产品质量，同时也使产品与垫饼在高温的窑内收缩率保持一致，垫饼亦采用同质瓷土烧制而成。图 16 为南宋龙泉窑窑具由优质瓷土烧制而成的垫饼。由于采用垫饼垫烧法，使用时垫饼垫放在龙泉窑鬲式炉三乳足足底，所以三乳足足底之釉必须刮去露胎，由于二次氧化的作用，其三乳足足底与青釉结合处均露出朱红色火石红。

图 16　南宋龙泉窑窑具垫饼，惜瓷草堂藏。

2. 南宋龙泉窑黑胎鬲式炉工艺特征

南宋时期，龙泉窑出现了一类黑胎厚釉的创新产品。如图 17 所示，即为南宋龙泉窑黑胎鬲式炉。① 此炉敞口折沿，束颈鼓腹，出筋从颈部延至三足。内底的形制为平底内凹。形制与白胎青瓷鬲式炉相同，但规格以小器多见。

图 17　南宋龙泉窑黑胎鬲式炉，采自任世龙、汤苏婴《龙泉窑瓷鉴定鉴赏》，江西美术出版社 2004 年版。

① 任世龙、汤苏婴：《龙泉窑瓷鉴定与鉴赏》，江西美术出版社 2004 年版，第 139 页。

黑胎类龙泉窑产品，俗称“夹心饼干”，意指胎薄釉厚的典型特征。在南宋时期龙泉窑产品中，黑胎产品数量上占极小的一部分。目前学术界已基本达成共识，南宋龙泉窑黑胎厚釉青瓷即为史籍所称的名列汝、哥、官、钧、定之老二的宋代哥窑。目前发现，这类哥窑的典型代表性窑址是位于大窑附近的瓦窑垟。瓦窑垟窑址，因发现于民国时期，所以屡经盗掘，破坏很严重，其堆积文化层破坏殆尽。从目前调查的资料分析，龙泉窑黑胎厚釉青瓷烧造时间不会太长久。这类产品的制作工艺，最突出的特点就是胎壁细薄，因此，器物以小型器皿为多见。器型类别，除有鬲式炉等炉具外，亦见有生活用具、陈设用瓷等。黑胎类产品的胎釉，制作工艺非常细致，胎壁很薄，几近蛋壳，其釉已超过胎的厚度，釉质透明，玻化程度高。釉色青灰，釉面开片。胎体采用含铁量高的紫金土烧制，所以胎质呈深褐色，发灰，呈紫黑色。质地坚硬，俗称“铁骨”。

五　南宋龙泉青瓷鬲式炉的传承发展与辨伪

创烧于南宋而一直生产烧造至元代，制作历史达两个半世纪有余的龙泉青瓷鬲式炉，显然已成为代表和见证宋元时期龙泉窑青瓷制作最高工艺水平的经典代表款式之一。考察明代，乃至处于衰落式微时期的清代以及复兴时期的民国直至当代的龙泉青瓷生产与制作历史，作为龙泉青瓷传统经典代表款式之一的青瓷鬲式炉仍然产生着强烈和巨大的文化影响。这种文化影响反映在其经典传统器型的传承与制作工艺水平方面，主要体现在以下两点：其一，这种平唇折沿，束颈鼓腹，三乳足的标准鬲式香炉器型已成为明清时期龙泉青瓷香炉生产与制作的主要传统炉式之一；其二，宋元时期由龙泉窑烧造的青瓷鬲式炉，自其诞生以来，一直成为文人雅士的珍爱至宝，所以，成为后世争相仿烧的主要青瓷炉式之一。

古代陶瓷器某一器型定型之后，其形制变化在传承与发展过程中并不是一成不变，而是随着其相应的使用功能的变化而变化，其外部的装饰以及相应的纹饰的变化亦是如此。这种变化反映了该器型款式发展与传承的时代性、民族性、功能性与地域性等等相关社会文化背景因素的变化。

产生于南宋的龙泉青瓷鬲式炉的经典标准形制随着明清用香制度的发展亦相应出现了一些变化。这种变化主要反映在束颈鼓腹三乳足大型的广口折沿青瓷香炉的增多以及装饰内容所体现的时代审美情趣的变化。明清时期线香、签香使用普及和流行，为适应这种变化，龙泉窑烧制了大量的广口折沿的巨型鬲式炉，就目前所能见的传世品，有的口径最大者已达 30—40 厘米。在装饰风格上也改变了南宋至元以造型和釉色取胜的简约素雅的唯美风格，而是随着时代审美情趣的变化而增加了绳耳和炉面斜画方格线内刻云朵纹的装饰纹样。就其使用功能而言，明清时期青瓷鬲式炉粗分有以下两种：明初由龙泉洪武官窑所产的绳耳袋足鬲式炉，一般口径均在 8—15 厘米，当为适用于宫廷与贵族士大夫隔热炷香所用的品香炉，可归入文房雅器一类。而广口巨型的鬲式炉，当属为满足家族祠堂祭祀和寺庙、道观供香所用的承香炉。就其制作工艺和存世量而言，前者雅而数量少，后者俗而传世多。

明清时期龙泉窑生产的这两类龙泉青瓷鬲式炉，北京故宫博物院和台北故宫博物院及国内一些地方性博物馆均有收藏。明初绳耳暗刻云朵纹青瓷鬲式炉，台北故宫博物院珍藏有十余具，可见此类炉具当为明初皇家宫廷所用之器。[①]（见图 18、19、20）

图 18　明龙泉窑刻花绳耳鬲式炉，藏台北故宫博物院。

① 参见蔡玫芬主编《碧绿——明代龙泉窑青瓷》，台北故宫博物院 2009 年版。

图 19　明龙泉窑刻花绳耳鬲式炉，藏惜瓷草堂。

图 20　明龙泉窑斜画方格云纹广口鬲式炉，藏惜瓷草堂。

清代龙泉窑青瓷生产已趋式微，产品质量粗俗。浙江博物馆收藏一只刻有“康熙丙子秋月吉旦竹口许门吴氏淳娘供奉仙岩三宝佛前香炉一宝祈保自身迪吉寿命延长”铭文的印花三足广口鬲式大炉。该炉造型硕大，形制为平唇沿、束颈、弧腹外底为饼状，腹下部置三柱足，胎体厚重，除内外底不施釉，通体施青釉，釉色透明，开细碎纹片，外壁刻有缠枝花纹，制作规整。[①]（见图 21、22）。

图 21　清龙泉窑青瓷刻花铭文三足广口鬲式炉，藏浙江省博物馆。

图 22　清龙泉窑青瓷三足广口鬲式炉，藏惜瓷草堂。

① 任世龙、汤苏婴：《龙泉窑瓷鉴定与鉴赏》，江西美术出版社 2004 年版，第 89 页。

清末民初，龙泉青瓷已成为收藏界极为关注的重要藏品之一，能收藏和拥有一件南宋龙泉青瓷成了衡量一个收藏家的档次级别和财富高度的世界性的标识之物。因此，当时龙泉就已成为日本、德国、美国等收藏大家到东方觅宝的首选目的地之一，所以国内大批古董商云集浙西南龙泉小镇，亦由此引发了龙泉挖掘古窑址和盗掘古墓之风。与此同时，龙泉当地研制仿古青瓷之风大盛，至民国初，龙泉前清秀才廖献忠仿古制品几可乱真。宝溪乡陈佐汉、张高礼、张高乐、李君义、龚庆芳，八都吴兰亭，木岱口徐子聪等均为当时龙泉仿古瓷制作民间高手。龙泉县长徐渊若在其所著《哥窑与弟窑》中这样评价当时龙泉仿古瓷："……有时颇可混珠，若用药去新光，更于底部或边缘略碎米许，则好古者亦易上钩。"宋元时期所生产制作的鬲式炉就是这一时期龙泉民间仿古高手重点仿制的器物之一种。图 23 为龙泉民国时期宝溪仿古瓷高手李君义所仿制的青瓷鬲式炉。藏龙泉李生和青瓷研习所。

图 23　龙泉民国时期宝溪仿古瓷高手李君义所仿制的青瓷鬲式炉。藏龙泉李生和青瓷研习所。

1956年，龙泉瓷厂恢复生产。浙江博物馆收藏有一批这一时期所仿制的产品，有双鱼洗、鬲炉、牡丹纹大瓶等器物。1959年成立了浙江省龙泉青瓷恢复委员会，由科研、生产、文物考古等部门组成，在对龙泉窑大规模考古发掘的同时，龙泉瓷厂的研制工作取得很大成功。

宋元时期生产制作的龙泉青瓷鬲式炉，今天已成为代表龙泉青瓷鼎盛时期青瓷制作艺术水平的一种高度和代表性的典型经典性器物。因此，其亦成为当代工艺大师仿制与开发的传统青瓷之重要产品。图24为龙泉青瓷世家李氏第五代传人李震先生仿制的龙泉南宋官窑青釉鬲式炉。李震先生自年少时，即受父辈影响开始习制青瓷，自20世纪80年代始专心收集整理龙泉南宋时期龙泉古瓷标本。李震大师从古窑址标本瓷片研习入手，再到古瓷生产胎料、釉料分析研究开发，历经20余年，今其产品从造型、釉色到制作工艺均已达到甚至超过龙泉南宋官窑的工艺水平。

图24　龙泉青瓷世家李氏第五代传人李震先生仿制的龙泉南宋官窑青釉鬲式炉。

宋元时期龙泉青瓷鬲式炉，当今拍卖市场的成交价格已过千万元。随着方兴未艾的文物收藏市场的兴起，受经济利益的驱动，为获高额的利润，龙泉青瓷鬲式炉是文物作假重点器型之一。国外以日本仿造水平最高，国内以龙泉及福建地区为主。龙泉青瓷鬲式炉的造假作伪，不仅从造型、釉色、纹饰上力求逼真，而且还用特殊作旧技术进行处理，几乎可以乱真，具有很大的杀伤力。特别是高端拍卖市场上作为回流文物面目出现的宋元时期龙泉青瓷鬲式炉，其中有很大一部分就是民国时期仿制和日本仿烧的作品。

龙泉青瓷鬲式炉的辨伪，主要从型、胎、釉、装饰、装烧工艺等方面入手。

（1）型。龙泉青瓷鬲式炉从仿制工艺水平而言，可分粗仿与精仿两种。粗仿成型工艺用模制灌浆成型，造型上呆板缺乏神韵；精仿采用传统手工拉坯，但折沿，束颈，肩部转折线条生硬。其次，仿品为求模仿制作到位，足端修饰过于小心、仔细，而缺乏自然流畅气韵。在形制上，最具特征的是其三足安置工艺。宋元时期龙泉青瓷鬲式炉真品，在制作工艺上炉身采用手工拉坯成型，而三锥形乳足则采用模范压制而成，再用泥浆粘接在炉底，由于炉底呈球面曲线，故三足烧制成型之后，其足底外侧一般均见有微微外翘的典型特征。

（2）胎。观察每个时期龙泉古瓷，其胎质均有细微不同。产生这一特征变化的主要原因是由于不同时代所选用的制坯原料的地层分布结构不同，而导致的原料成分不同所致。其次，原料的制作工艺不同，古代一般均采用人工或水碓粉碎瓷石，而现代则采用机械钢球粉碎加工，所以古瓷胎质相对于现代龙泉青瓷的胎质在质地粗疏和细腻上是有明显差别的。

（3）釉。当今仿古作伪者为求仿品釉质上与宋元鬲式炉一致，亦采用在瓷土中有选择地加入植物草木灰来配制釉水。尽管其釉质的质感已能仿到九分，但由于制作年代不同，再加经由七八百年来由时间和历史所锻造的内敛神韵和古瓷所特有的包浆古气是仿伪者仿制不了的。

（4）装饰。宋元时期龙泉青瓷鬲式炉装饰主要体现在其炉腹与三乳足正面的出筋之上。真品制作工艺采用泥条粘贴，所以线条收放有度，自然流畅，工艺特征明显；而仿品，只具形似，规矩有余，而缺乏自然灵动的感觉。

（5）装烧。装烧工艺在龙泉青瓷各个时期不相同，北宋一般均延续浙江青瓷传统装烧泥饼垫烧工艺，而南宋以来龙泉窑吸收了南宋官窑的装烧工艺，采用垫饼垫烧。在垫饼上垫烧，由于燃烧过程中的窑温变化，其底部釉伸缩张力不一致，所以容易造成变形。再有，宋元时期龙泉青瓷鬲式炉均由龙窑烧制，因此温度火候极难控制，所以龙泉古瓷大都可见有生烧现象，而现代仿品均采用气炉烧制，温度控制较好，瓷化程度高。

总之，鉴定龙泉青瓷鬲式炉应该抓住其时代工艺典型特征，从其型、胎、釉以及烧造工艺上入手综合分析，再从宋元鬲式炉所特有的精、气、神、韵之上去把握，才能辨明真伪。

六　南宋龙泉青瓷鬲式炉艺术品质及其文化影响

当代著名的艺术史研究者，英国牛津大学圣凯瑟学院荣誉退休院士迈克尔·苏立文在其研究与介绍中国艺术史的名著《中国艺术史》中这样评价南宋青瓷艺术及龙泉青瓷鬲式炉：

> 我们今天推崇备至的宋代艺术是由社会和知识精英阶层生产和制造，也是为他们服务的。这些知识分子都有很高的修养，为他们所制造的陶瓷也反映了他们的品位。某些唐代陶瓷可能更强壮，清代陶瓷可能制作更精良，但宋代陶瓷则具形式上的古典纯洁感，釉色上展示了早期陶瓷的活力和晚期陶瓷的精良之间的完美平衡……郊坛下窑址出土的瓷器的胎体为黑色，釉层很厚，常常是层层累叠，不透明，呈玻璃状，开不规则纹片，颜色从淡淡的青绿到蓝、深灰，一应俱全，瓷器上流露出一种具有纯净之美的宫廷典雅风格，毫无疑问，它正是南宋宫廷用品，我们不应该将杭州官窑和浙江南部龙泉出产的青瓷精品截然区分开来。杭州官窑除轻薄瓷器外，也生产黑色瓷器，而龙泉窑也发现少量黑色胎体瓷器以及轻巧的灰色胎体瓷器，看起来，龙泉窑中的精品也应该供官用，因此，也可以称为“官窑”，当大致无误……龙泉窑中每种瓷器都堪称精品。有的完全是瓷器形态，但有的应当是模仿古代的铜器形态，其中最值得注意的是焚香用的三足或四

足香炉，这是中国宫廷艺术中开始出现的复古主义潮流的代表，对中国艺术兴趣的品位培养具有日渐强大的影响。①（见图25）

图 25

台北故宫博物院藏，南宋至元龙泉窑鬲式炉。采自蔡玫芬主编《碧绿——明代龙泉窑青瓷》，台北故宫博物院 2009 年版。

① ［英］迈克尔·苏立文：《中国艺术史》，徐坚译，上海人民出版社 2014 年版，第 211—218 页。

当我们的古陶瓷研究者还拘泥于古代文献中是否有宋代龙泉青瓷的“官窑”名分的记载，而这位一生致力于介绍研究中国艺术的外国学者却凭借对中国古典艺术品位和各个时代的艺术特质的准确把握，十分准确地向我们提出了他对南宋龙泉窑青瓷的艺术品质的见解和定位。的确如此，如果说南宋龙泉窑是中国古代艺术的一顶皇冠，那么作为“中国宫廷艺术中开始出现的复古主义潮流的代表”的南宋龙泉青瓷鬲式炉就是这顶皇冠上最为璀璨的明珠。南宋龙泉青瓷鬲式炉是中国瓷器巅峰之作，具有最高审美价值的经典代表。

作者：雷国强，《东方收藏》文化瓷苑专栏主笔。
李　震，世界非物质文化遗产·龙泉青瓷传统烧造技艺传承人、龙泉青瓷李氏家族第五代传人。

论景德镇陶瓷香炉的审美特征与文化内涵

周文辉

引　言

焚香在中国传统生活中发挥着重要作用，作为焚香用具的陶瓷香炉得到了广泛而长期的使用，历来为人们所珍爱，在历朝历代的发展中，融注了人们的审美情趣和精神慰藉。随着近年来传统文化不断得到重视和都市人返璞归真的生活追求，陶瓷香炉得到复兴发展并日趋繁荣。

一　陶瓷香炉演变发展概述

焚香是古代文人雅士的一大喜好，宋代人将其与点茶、挂画、插花并列为“四艺”，是文人士大夫陶冶生活的重要内容之一。焚香又与孝道紧密相连，成为后人向先人寄托哀思和祈求先人祝福的心灵慰藉，这样，它的意义就不仅仅是雅好，显得庄重而非同寻常。另外，焚香又是佛门法事以及各种祭祀中不可或缺的重要活动，还具有驱除秽浊之气的重要作用。因此，无论是家居生活还是各种礼仪活动，焚香在中国人的心目中具有非常重要的地位，并衍生出香文化，也因此，焚香的器具就成为中国人生活中的重要物件之一。

香炉是焚香最主要的用具之一，其所使用的材质多种多样，除陶瓷香炉以外，还包括铜、金银、竹木器、珐琅、玉等，其中陶瓷是运用最为普遍的材质。关于陶瓷香炉最早的起源，目前来讲，还没有定论，一般认为，博山炉可能是陶瓷香炉最早的源头。博山香炉流行于汉晋时期，它的材质分为陶质和金属质地两大类。早期的陶瓷香炉被称为熏炉，除了陶质博山炉以外，在魏晋南北朝时期还出现了青瓷、白瓷制作的瓷器香炉，这些早期的陶瓷香炉为宋代陶瓷香炉的大发展奠定了坚实的基础。

宋代是瓷的时代，是陶瓷香炉发展的鼎盛时期。之所以出现这种盛况与陶瓷工艺发展到空前繁荣阶段有密切关系。宋代的制瓷业是公认的中国陶瓷业发展的巅峰，而在宋代各大陶瓷窑口中，几乎都有制作精良的陶瓷香炉传世。这些精工巧制的陶瓷香炉既为文人把玩，又具实用功能，成为当时的一种流行时尚文化之一。宋代景德镇窑陶瓷香炉的身影，其造型各异，尤其是以仿先秦器物的陶瓷香炉为多。

元代是陶瓷香炉的过渡时期，与宋代相比，元代陶瓷香炉倾向于浑厚和饱满，充满了游牧民族特色，少了点精致而多了点质朴之气。元代陶瓷香炉并不多见，而发展到明代时又进入一个发展的高峰期。

明代的陶瓷香炉与宋代亦有显著区别，其主要区别在于青花陶瓷香炉成为主流制品，也标志着陶瓷香炉的审美从以釉色之美为主转向了以彩绘之美为主。不过，明代最著名的香炉“宣德炉”并非陶瓷制品，而是铜香炉，但在它的带动下也推动了陶瓷香炉的繁荣。

清代统治者入主中原以后，在很大程度上传承了前明的做法，陶瓷香炉依然发展繁荣，其已由青花装饰为主而进入彩绘装饰全面发展的时代，而在制作工艺上则趋向于繁复华丽，鬼斧神工，尤其是清代康熙、雍正、乾隆三朝官窑所制作的陶瓷香炉，富丽堂皇，精美绝伦。如图 1 为清雍正绿地粉彩描金镂空花卉纹香炉，彩绘装饰奢华细密，造型稳重而大气，极富宫廷之韵味。

进入当代以后，特别是改革开放以后，陶瓷香炉制作仍然繁盛，在很大程度上继承了传统陶瓷香炉的文化和审美精髓。而在传承的同时，结合现代人的审美观念，不拘一格，寻求突破，传统与现代、东方与西方相结合，创造出了许多新的样式与装饰手法，使陶瓷香炉的发展步入一个崭新的时期。

二　景德镇陶瓷香炉审美特征分析

在漫长的发展历史中，陶瓷香炉形成了其独有的审美特征，与中华民族传统美学思想、社会生活息息相关，既是实用器，更是我国陶瓷艺术中的瑰宝之一，而景德镇陶瓷香炉是其中最杰出的代表之一，从宋代影青瓷香炉开始，经元代过渡，在明清时期发展至巅峰。景德镇陶瓷香炉的审美特征主要可以从造型和装饰两方面进行分析。

图1　清雍正绿地粉彩描金镂空花卉纹香炉

其一，从造型上看，景德镇陶瓷香炉非常注重古朴、庄重，因而仿古造型是景德镇陶瓷香炉中最普遍采用的类型之一，几乎历朝历代的景德镇陶瓷香炉造型都具有传承前代的特征。宋代景德镇影青瓷香炉就大量地以先秦时期的青铜器皿为模仿对象，而这主要是为了祭祀礼仪的需要，因为先秦时期的青铜炉器大部分已经丧失，而为了传承古制，只能采取仿造的方式，这样就出现了大量仿古陶瓷香炉，如图2为清乾隆青花缠枝莲仿青铜器三足香炉，图3为清雍正青花三阳开泰香炉。而明清时期的景德镇陶瓷香炉不仅仿制先秦时期的古铜器形制，也对传世的宋代陶瓷香炉进行直接的仿制，特别是清代雍正、乾隆时期唐英督造的陶瓷香炉，遍仿宋代五大名窑陶瓷香炉，堪称集天下陶瓷香炉之大成。当代景德镇陶瓷虽然已经步入现代阶段，但仍然大量地对古代经典陶瓷香炉形制进行仿制，这种仿制行为一方面是出于传承民族精髓的需要，另一方面则是为了满足现代人返璞归真、崇尚古朴自然的审美追求和文化生活需求。

除仿古类型以外，仿生类型也是景德镇陶瓷香炉中非常富有特色的类型。宋代景德镇影青瓷香炉中即有仿生类型出现，其造型有的模仿莲花的花瓣形态。而仿生陶瓷香炉在清代更为普遍，模仿各种动植物形象，在当代亦颇为普遍，许多现代陶瓷香炉制作成各种鸟兽和花卉的造型，有的是客观存在的，而有的是虚拟和想象的，美观而具有创新性。

另外，还有许多景德镇陶瓷香炉采取的是一种非常简洁的造型，这种尚简的造型源自于宋代影青瓷香炉，是受当时文人审美观的影响而形成的。直至当代，造型简约的陶瓷香炉仍然是主流制品，既显现出一脉相传的审美理念，也与西方极简主义艺术思想的影响相关联。

图2　清乾隆青花缠枝莲仿青铜器三足香炉

图3　清雍正青花三阳开泰香炉

其二，从装饰上看，景德镇陶瓷香炉对釉色美的追求是其中的一个重要方面，这在宋代即已如此。宋代景德镇影青瓷香炉以青白相间、莹润如玉的釉色取胜，以充满玉质感为审美追求目标。雕刻手法也是景德镇陶瓷香炉重要的装饰方式，这其中包括各种雕塑手法，如浮雕、镂雕、捏雕以及圆雕等，特别是镂雕，不仅是为了美观，还具有发散香雾的重要实用功能，刻画手法运用也相当普遍，宋代景德镇影青瓷香炉即以“半刀泥”刻画装饰而闻名。彩绘装饰是宋代以后景德镇陶瓷香炉装饰的主流，彩绘装饰并不见于宋代景德镇陶瓷香炉中，但到了明清时期则大放异彩，以青花、粉彩装饰为代表，将景德镇陶瓷香炉引入彩绘世界。

三　景德镇陶瓷香炉文化内涵分析

景德镇陶瓷香炉的使用人群是非常广泛的，因而其所包含的文化内涵亦非常丰富而多元。从古代景德镇陶瓷香炉的文化内涵来看，其主要适应于文人、贵族需求以及宗教、祭祀活动，所体现出的也主要是文人文化、宫廷贵族文化以及宗教文化这几个方面。

从文人文化来看，景德镇陶瓷香炉是文人案头的重要物件，其中许多融注了大量的文人审美趣味。文人化的景德镇陶瓷香炉其主要表现出来的是崇尚自然的文化理念，是传统儒家和道家哲学与美学思想的集中体现。特别是宋代景德镇影青瓷香炉，其文人化倾向非常明显，其对釉色美的追求即表现了对天然的不加雕饰的材质美的推崇，仿生类型也同样表现出了对自然的尊重。文人化的另一特点是理性，悟道求理是古代文人生活的重要内容，于是朴素简洁而耐人寻味的景德镇陶瓷香炉类型即能够得到文人群体的喜爱，包括宋代影青瓷香炉以及各类以文人画为装饰的景德镇陶瓷彩绘香炉。淡雅也是文人化的特点之一，以体现文人淡泊名利的人生追求，朴素而不加华彩的宋代影青瓷香炉、文人气息浓郁的青花瓷香炉等，即体现出这种淡雅气息，充满了浓郁的书卷气。

从宫廷贵族文化来看，景德镇陶瓷香炉是宫廷贵族礼仪中的重要用具之一。特别是在明清时期，在景德镇设立了专门烧造宫廷用瓷的御窑厂，从而大量地烧造符合皇家文化品位的陶瓷香炉，这种烧制活动早在明代早期永乐、宣德皇帝时期即已相当兴盛，并盛行于其后明清各代。宫廷贵族文化主要体现在崇尚奢华繁缛，因此，我们看到在明清景德镇陶瓷香炉中，有许多具有非常华丽而繁复的彩饰，再加上大量的雕塑与刻画，其工艺技法显得非常烦琐，特别是唐英担任督陶官时所烧造的景德镇陶瓷香炉，工艺繁复，鬼斧神工。不过这类官窑陶瓷香炉与文人文化的雅文化特征相比，显现出明显的俗文化特征。当然，尽管这类景德镇陶瓷香炉因过于精致细腻而显现出世俗特点，但因精工巧制而并不失高贵典雅、庄重肃穆的仪表与格调。

从宗教文化来看，景德镇陶瓷香炉主要的是受到了道家与佛家文化的影响。从道教文化来看，最具有代表性的时期是明代嘉靖时期，因嘉靖帝非常推崇道教，故此时期的陶瓷香炉充满了一种仙风道骨的色彩。从佛教文化来看，香炉与一对供瓶、一对烛台并称为“佛前五供”，可见香炉之重要性，景德镇陶瓷香炉大量运用于佛家祭祀活动之中，如2009年中国保利秋拍精品展中曾经拍卖一件唐英款的青花香炉，堪称孤品。

当代景德镇陶瓷香炉继承了大量的古典文化特质，无论是文人、宫廷还是宗教文化在当代陶瓷香炉中均得到很好的传承。同时，当代陶瓷香炉呈现出多元化的文化特色，现代文化在当代景德镇陶瓷香炉中亦得到了充分的体现。陶瓷香炉的设计创作在20世纪80年代以后，接受了大量的现代文化因素，包括五花八门的文化艺术设计理念，也由此将大量的现代文化元素融入了陶瓷香炉当中。如当代景德镇大雅陶瓷出品的陶瓷香炉，在很好地继承景德镇历代陶瓷香炉的优秀传统的基础上，创新性地对传统元素进行解构与重组，从而形成了既不失传统文化气韵，又具有现代文化风采的新型陶瓷香炉。

景德镇陶瓷香炉中的现代文化元素丰富多样。其一，简约而实用。这与中国古典文人文化或宗教文化有相通之处，不过其在式样上具有更为现代的特点，许多为极简主义风格。其二，个性化和趣味性。古典陶瓷香炉具有庄重严肃的特点，这是出于封建礼仪的需要，而当代陶瓷香炉则完全不受此限制，可以非常个性化，呈现出创作者个人的文化素养和追求，许多现代陶瓷香炉具有轻松而富有趣味性的特点，自由而具有娱乐感，成为时尚流行文化的一部分。如图4为两件当代陶瓷香炉，无论是造型还是色彩都有当代元素，并富有趣味性。

图4 当代陶瓷香炉

四 结语

作为一种实用性的用具，景德镇陶瓷香炉的意义绝不仅仅在于焚香，而是承载着丰富的审美元素和文化内涵。而在当下，景德镇陶瓷香炉作为一种集装饰性与实用性于一体的器物，其仍然受到各阶层人士的喜爱，装点美化生活、渲染轻松和谐的氛围。其影响力虽较古代有所弱化，但其使用的范围更为广泛，制作工艺、装饰手法和艺术风格更为多样和全面，既在诠释着日益消逝的文化传统，又为我们呈现和抒发着当代人的情怀。

作者：周文辉，江西省高级工艺美术师、景德镇市珠山区美术馆执行馆长。

书院·书香·书香门第

马一弘

一　书院

书院是读书人读书的场所。后来读书人围绕着书，开展藏书、校书、著书、教书等活动。关于中国书院的起源，邓洪波著的《中国书院史》是这样描述的："书院是生于唐代的中国士人的文化教育组织，它源自民间和官府，是书籍大量流通于社会之后，数量不断增加的读书人围绕着书，开展藏书、校书、修书、著书、刻书、读书、教书活动，进行文化积累、研究、创造、传播的必然结果。"[①] 由此可以看出，书院是和读书人有关的一个场所，后来逐步形成了重要的文化教育组织。

书院是唐宋以来形成的一种十分重要的文化教育组织。书院承担着文化传播、文化创新的功能。书院作为一种教育机构，当然是培养人才。儒家文化传播，最主要也体现在人才培养上。唐宋以后，儒家文化传播的重要途径之一是书院。书院以培养人才的方式实现传播儒家文化的功能。书院又是一方的文化中心，有正风俗之作用。

书院的特质与精神传统来自于儒家之道。如果说，寺庙是佛家的标志，宫观是道教文化标志，那么，书院则可以说是儒家文化的代表。书院是儒家士人的精神家园，是儒家士人的修道之所，他们在此研究学术，传授学业，校勘经籍，以文会友，祭祀先师，收藏图书，修身养性。

---

① 邓洪波：《中国书院史》增订版，武汉大学出版社 2013 年版。

儒家文化是以教育为中心建立起来的思想体系，儒家文化以教育为立国之本，儒家学说本身包含着当时世界上最为成熟的教育学说。儒家的教育，本质上是一种人文教育。儒家终生以“道”为志，儒家所追求的道其实就是“人道”，即所谓：“非天之道，非地之道，人之所以道也，君子之所道也。”[①] 儒家的人文教育，坚持将教育价值定位于“人道”化的社会群体，而且是一个合乎道德理想的和谐群体，培养的是具有善良品格、道德素质的个人，尤其要能培养出一种自觉维护社会秩序、主动承担社会责任的主体性人格，儒家的教育目标始终是道德完善的个体。

书院通过人才的培养延续和发展、创造了中国的传统文化。历史上的白鹿洞书院、岳麓书院、象山书院、濂溪书院等，这些书院和中国文化发展、创新密切相关。周敦颐、二程、朱熹、张载、陆九渊、王阳明等一大批宋明理学家、教育家都和书院有很深的渊源，他们也和书紧密相连，因为他们首先是一个读书人。

中国人对书有着极深厚的感情，最早是把文字写在竹简上，然后用绳子或皮条编集在一起就是书。故许慎的《说文》解释“篇”，书也，谓书于简册可编者也，例如，“第”，带竹字头，其本义是指竹简排列的次第，也是和书有关的。蔡伦发明造纸术，纸张开始广泛地应用，到晋代（公元4世纪）纸开始广泛地使用，最终取代帛简成为主要书写材料。

二　书香

纸质书的出现，极大地增强了士人们的藏书、著书、印书、教书的活动，特别是藏书。然而“篇”、“第”都是指书或与书有关的字，当时的书是竹简，故都带“竹”字头。有了纸质书以后，也出现了和书、藏书有关的，但不是“竹”字头的字而是和“芸”字有关的词，如“芸编”指书籍，“芸帐”指书卷，“芸阁”指藏书之阁，“芸署”为藏书之室，“芸香吏”则指校书郎。为什么书和“芸”字有关呢？《故训汇纂》释“芸”：（1）芸，香草也，谓之芸蒿，似邪蒿而香美可食，其经干婀娜可爱，世人种之庭。（2）芸，香草也，《礼记》“月令”篇中说：

---

① （清）王先谦撰：《荀子集解》，《荀子·儒效》，中华书局1988年版。

“（仲冬之月）芸始生。”郑玄对此注曰：“芸，香草也。”（3）芸，香草也，可以辟虫（《墨子·杂守》）。（4）芸，香草也，今人谓之七里香者是也（《梦溪笔谈·卷三》）。（5）芸、香草，见《集韵·魂韵》。看来“芸”是一种极香的草，而且可以辟虫。宋代的沈括在《梦溪笔谈·辨证一》中则详细描写了芸香草：“古人藏书辟蠹用芸。芸，香草也，今人谓之七里香者是也。叶类豌豆，作小丛生，其叶极芳香，秋间叶间微白如粉污。辟蠹殊验，南人采置席下，能去蚤虱。”故“书香”的由来便和这个“芸”有关，原来是古人为防止虫咬食书籍，便在书中放置一种芸香草，这种草有一种清香之气，夹有这种草的书籍打开之后清香袭人，故而称之为“书香”。还有一种说法解释“书香”的由来，也因为这种芸草的植物，因其散发出的香味能杀死书虫，爱书如命的读书人就把芸草夹在书中，对其飘散出的缕缕香气称为“书香”。著名的天一阁藏书楼，图书号称“无蛀书”，据说就是因每本书都夹有芸草之故。因芸香与书结缘，与芸草有关的其他东西，也就成了与书卷相关的称呼，如古代的校书郎，就有个很好听的名称：“芸香吏”。诗人白居易就曾做过这个官。书室中常备有芸草，书斋就有了“芸窗”、“芸署”、“芸省”等说法。如唐朝徐坚的《初学记》中说：“芸香辟纸鱼蠹，故藏书台亦称芸台。”这些词都蕴含着一缕书香的气息，表达了人们对书香文风、文化审美与精神高贵的尊崇。

读书可以使人明理，读书人在中国历史上是最受尊敬的人。读书好的人可以称为先生、老师，而老师的地位在历史上是非常高的。《荀子·礼论篇》曰：“天地者，生之本也；先祖者，类之本也；君师者，治之本也。”在历史上有成就的人，或者有地位的人都和读书分不开，故产生了“书香世家”、“书香门第”、“书香子弟”等称谓，这些书香人家成了中国家庭向往的理想家庭，其精神追求和价值观的体现远离了物欲，远离了铜臭，中国人的品格和精神可谓纯洁与高尚。这样的品格很多场合被“书香”所代替，例如，宋林景熙《述怀次柴主簿》诗：“书香剑气俱寥落，虚老乾坤父母身。”《醒世恒言·钱秀才错占凤凰俦》：“钱生家世书香，产微业薄，不幸父母早丧，愈加零替。”清袁一相《睢阳袁氏（袁可立）家谱序》：“肇生国泰（袁永康）祖，而贤豪辈出，燕山桂发。自兹振振森森，书香不绝。”《儒林外史》第十一回：“早养出一个儿子来叫他读书，接进士的书香。”阿英《浙东访小说记》：“这些人都是‘世家’，都是‘书香后代’。”

“书香”和书、读书是联系在一起的，读书人还和另外一种香联系紧密，那就是“焚香”。不知何时，读书人在读书时，总是焚上一炷香。北宋陈与义作《焚香》诗说：“明窗延静书，默坐消尘缘。即将无限意，寓此一炷烟。当时戒定慧，妙供均人天。我岂不清友，于今心醒然。炉香袅孤碧，云缕霏数千。悠然凌空去，缥缈随风还。世事有过现，熏性无变迁。应是水中月，波定还自圆。”

东晋右军将军王羲之，诗书画均佳，尤以书法称名后世。一天夜里，军帐中无事，王羲之燃起檀香，挑灯夜读，忽然间想到一条上联，但久思无对，这时，中军将军殷浩查帐到此，见右军帐内灯火通明，因入帐说道：“右军，为何深夜苦读？”王羲之见殷浩前来，喜出望外，立即向他索句曰：“刚才偶得一上联，未有如意下联，愿中军赐教。”殷浩一看上联是：“把酒时看剑”，觉得文藻典雅，韵味淳厚，甚为赞赏。一抬头，见帐内香烟袅袅，馨香阵阵，因笑道：“何不以你焚香夜读对之？”王羲之一听，猛然省悟，连声称妙道：“多蒙指点，下联现成。”随即挥笔写道：把酒时看剑，焚香夜读书。此联，言简意赅，把酒焚香，看剑读书，充分表达了儒将风韵。而“焚香”入诗、入词，更是一件雅事，宋朝才女李清照作过一首《浣溪沙》这样说：“淡荡春光寒食天，玉炉沉水袅残烟。梦回山枕隐花钿，海燕未来人斗草。江梅已过柳生绵，黄昏疏雨湿秋千。”词人骚客所吟的“焚香”诗词，其情趣高雅、优美、传神。

读书人总是和香相伴。士人读书，总在书房的几案上置一香炉，夜深人静的时候，点上一炷清香，香炉中升起缕缕青烟，满屋郁香熏陶着窗下的读书人。安徽省有一座嘉庆十九年（1814）创建的“南湖书院”，书院会文阁有一楹联：“斗酒纵观廿四史，卢香静对十三经。”从楹联中可以看出，书院的士子们以读经、史为主，然而他们在读书时，也少不了那一炉香。紫阳书院的御书阁楹联：“雨过琴书润，风来翰墨香。”由此看来，读书人真是离不开个“香”字。

那么，古代的文人、读书人，为什么都喜欢“焚香”呢？明朝屠隆的一段话可算是一个很好的回答：“香之为用，其利最溥。物外高隐，坐语道德，焚之可以清心悦神。四更残月，兴味萧骚，焚之可以畅怀舒啸。

晴窗搨帖，挥尘闲吟，篝灯夜读，焚以远辟睡魔，谓古伴月可也。红袖在侧，秘语谈私，执手拥炉，焚以熏心热意，谓古助情可也。坐雨闭窗，午睡初足，就案学书，啜茗味淡，一炉初热，香霭馥馥撩人。更宜醉筵醒客，皓月清宵，冰弦戛指，长啸空楼，苍山极目，未残炉热，香雾隐隐绕帘。又可祛邪辟秽，随其所适，无施不可。”由此可见，文人、读书人的“读书焚香”，可谓一种时尚，一种闲情逸致，然也有祛邪辟秽的功效，更是精神上文化的追求。

“三更书灯映壁红，一烟香缕伴天明”，书读至此一定是有香的。书院的读书人大多以儒家经典为主，而经典之中亦透着士子、文人们的修养，他们不是为了“焚香”而焚香，讲究的是“愈修而洁”的高雅品格。《荀子·礼论》曰：“礼起于何也？曰：人生而有欲，欲而不得，则不能无求。求而无度量分界，则不能不争；争则乱，乱则穷。先王恶其乱也，故制礼义以分之，以养人之欲，给人之求。使欲必不穷于物，物必不屈于欲。两者相持而长，是礼之所起也。故礼者养也。刍豢稻粱，五味调香，所以养口也。椒兰芬苾，所以养鼻也。”屈原《离骚》：“纷吾既有此内美兮，又重之以修能。扈江离与辟芷兮，纫秋兰以为佩。”士人和君子以佩戴香包和种香修明志意，屈原也明言，自己效法前贤，修能与内美并重。苏轼的《沉香山子赋》云：“古者以芸为香，以兰为芬，以郁鬯为祼，以脂萧为焚，以椒为涂，以蕙为熏。”凡读此文必如闻其香。以为椒兰芬芷，萧芗郁鬯，不是形式上的配香、种香和焚香，要的是精心合香；讲的是典雅、蕴藉、意境；究的是养护身心，颐养本性。读书人和文人们的爱香，也提高了香的品位，还赋予了丰富的内涵，把香和修身、明志、静心、养气、典雅、情趣结合到一起，“书香”一词其内容也更加广泛了。

“书香”还与“铜臭”相对立，这也是大众的同感。“铜臭”一词，出自《后汉书·崔实传》。汉代权臣崔烈，名重一时，但他仍不满足于现状，而在卖官鬻爵的腐败中以五百万钱买得司徒一职，从而得享“三公”之尊。有一日他问儿子崔钧：“吾居三公，于议者何如？”崔钧如实回答：“论者嫌其铜臭。”由此人们便以“铜臭”一词来讥讽俗陋无知而多财暴富之人。千年以来，书香铜臭，人们有着截然不同的褒贬好恶，在人心中，香与臭的含义大概就是如此吧 。

三　书香门第

简单地讲，书香门第指的是读书人家庭，家境优越的读过书的人家。清文康《儿女英雄传》第四十回："如今眼看是书香门第是接下去了，衣饭生涯是靠得住了，他那个儿子只按部就班也就作到公卿。"书香门第从表象上看是读书人家，然书香门第的精神乃"耕读之家"，因为读书是为了明理，明白人伦道德，礼义廉耻之理，是和家庭延续、建设紧密相连的。

人类的繁衍生存是以家庭为单位的，耕读传家是从群体角度和家庭建设角度阐述的人伦道德关系。耕读传家是社会性的家庭生活方式，是构建和谐社会的理想文化。孝道来源于反哺和感恩，反哺和感恩出于人和土地的关系，孝道是落叶归根的自然良知、良能。耕读文化的回归是家庭教育的回归，家庭教育的回归是孝道的回归，孝道的回归是反哺和感恩的自然良知、良能的回归。耕读传家是社会性的家庭生活方式，是构建和谐社会的理想文化。中国有句描绘传统小康人家的诗句"男耕女织儿读经"，耕代表农业，织是代表包含创意的手工业，读经代表家庭的文化教育。生活中常见的对联："守本分耕读第一，尽人伦孝友俱先"；"忠厚传家久，诗书继世长"；"读书务得大要礼义廉耻无亏可称士品，立身有何奇行孝悌忠信为事方是人家"；"传家无别法，非耕即读；裕后有良图，唯俭与勤"，这些对联是对耕读文化的最好诠释。耕读，蕴含着中国古老传统里勤劳艰辛、吃苦耐劳的高尚品质以及复归自然、天人合一的哲学理念。

耕，家风、家教之精神，是代代相传的持家之道。表述的是劳动创造财富，节俭积累财富。

读，读书之意，读书必有其声，书声琅琅。读书可以明理，明理可以辨是非，懂得是非之人，可谓智慧，智慧为大，故曰："大智慧。"反之为聪明，聪明为小，故曰："小聪明。"智慧之家，则长久，小聪明者，终被聪明误。

一个懂得靠劳动创造财富，靠节俭积累财富，能明辨大是大非，知进退的家庭，则位可守，富可久。

耕读之家，展现的是家教、家风，是一种幸福的生活状态，是保持内外和谐的道。世道顺则上，世道背则隐；得意之时，不忘收敛；失意之时，不敢离志。

耕读文化还透出“勤俭”是居家的根本，“勤”可保家庭生活不匮，“俭”方知量入为出，这是中国传统文化里最质朴的文化。耕读传家久，诗书济世长；绵世泽莫如积德，振家声还是读书；守本分，耕读第一，树家风，孝友俱先。此三句浓缩了千年以来耕读持家之灵魂，故引之以明耕读文化之精神。又，明一事物必当察其本末，耕读文化之根本在于诗书，诗书者，《大学》、《论语》、《中庸》、《孟子》、《诗》、《书》、《礼》、《易》、《春秋》，具体内容概括之，则是以经、史、子、集为载体的礼义廉耻、孝悌忠信等精神。

可以说书香之家是耕读文化的真正载体，是和谐社会的基础分子，通过培育更多有耕读文化灵魂的书香之家，中华民族就有了脊梁。书与香相伴，继而有了书香门第，书香门第追求的是耕读文化的精神。让我们燃起一炷香，捧起一卷书，享受那晴耕雨读的生活。

作者：冯一弘，中国书院发展研究会执行会长，北京大学耕读社指导老师，七宝阁书院院长。

浅谈檀香在佛教的应用

闫　红

据佛教经典记载，檀香木与佛教有着深厚的渊源。檀香在佛教领域中被称为“栴檀”、“真檀”，源于梵文“chandana”之音译。因为“檀”在梵语里是“布施”的意思，有给人愉悦、快乐、帮助，为人排忧解难之意。这正切合了佛陀拯救大众疾苦的用意。所以佛院、寺院也就被称为“檀林”、“旃檀之林”。

在佛教漫长的传播过程中，檀香始终与佛教相随，在佛教中的应用非常广泛。檀香为佛法的弘扬发挥着重要作用。

一　用檀香冠名佛号

据《佛光大辞典》[①] 注释：多摩罗香辟支佛又作多摩罗跋香辟支佛、多摩罗叶缘佛。意译作藿叶香、性无垢贤……与显教之多摩罗跋栴檀香佛同体。

在《佛学大辞典》[②] 记《三十五佛》中有“十九栴檀功德佛”。《五十三佛》中有“多摩罗跋栴檀香四、栴檀光五…… 栴檀窟庄严胜十七”。

在《佛说佛名经》卷26中，与檀香有关的佛名就有许多，如南无栴檀香佛、南无栴檀聚香佛、南无栴檀屋佛、南无栴檀胜佛、南无栴檀佛、南无栴檀月光佛等。

在《大乘集菩萨学论》卷11、《五千五百佛名经》卷2和卷3中又记

---

① 星云大师监修、慈怡法师主编：《佛光大辞典》，北京图书馆出版社2004年版。

② 丁福保编注：《佛学大辞典》。

载：南无栴檀功德月如来、南无栴檀如来、南无栴檀星如来、拔多罗栴檀如来等。

在《未来星宿劫千佛名经》中又有：南无栴檀云佛、南无栴檀光佛、南方欢喜世界栴檀德如来、东方栴檀地世界超出众华如来、南无栴檀相好佛、南无栴檀相好光明佛、南无栴檀色佛、南无栴檀宫佛、南无栴檀清凉室佛、南无栴檀德佛，等等。

在《别译杂阿含经》卷15中有：栴檀天子。

而据《佛光大辞典》注释，与紧那罗同侍奉帝释天而司奏雅乐之神的乾达婆全称栴檀乾达婆神王。

上述佛号只是用栴檀冠名佛号的小部分，单从这一小部分就可看出栴檀香在佛教中有着不同寻常的作用和地位。

二 用檀香木雕塑佛像、建造庙宇

自古以来，印度就风行以栴檀雕造佛像。据《不空羂索陀罗尼经》中记载观世音菩萨像之造法：“或用木作，亦以白檀，或紫檀香，檀木，天木。”

在《佛说大乘造像功德经卷》记载：“王今造像应用纯紫栴檀之木，文理、体质坚密之者……”

《佛学大辞典》中对《瑞像》和《优填王造像》注释更详细说明了栴檀香木是雕塑佛像用木。

其中《瑞像》注释为：（图像）优填王始以栴檀做释迦佛之形象，瑞像圆满，故名瑞像。西域记五曰：“城内故宫中有大精舍，高六十余尺，有刻檀佛像。上悬石盖，邬陀衍那王之所作也。灵相间起，神光时照，诸国群王恃力欲举，虽多人数莫能转移。遂图供养，俱言得真，语其源迹，即此像也……”

《优填王造像》注释为：（传说）释尊，一夏九旬，升忉利天为母说法，不远阎浮。时拘睒弥国优填王思慕之。以牛头栴檀造如来像高五尺，如来自天宫还，刻檀之像，立而迎之。故世尊于彼像嘱末世之教化。见增一阿含经二十八，西域记五，经律异相六。

《增一阿含经》卷28记载：优填王取栴檀香木雕造佛像，为木佛制作之始。也是当今世界各地所有塑造佛像的参照对象。

玄奘在《西域记》卷5和卷12中记载，玄奘大师到印度时，不仅礼拜栴檀像，而且曾携回模刻之像。

据《佛学大辞典》记载，“十一面观音”其影像有三种：一用白栴檀香做观世音像，二用白栴檀香做观自在菩萨像，三用白栴檀香雕观自在菩萨身。

《佛光大辞典》注释，佛教中的“冰揭罗天童子”、“多摩罗香辟支佛”等佛像均为栴檀雕像。

此外，中国、日本等地亦流行以白檀木雕刻佛菩萨的圣像。

日本法隆寺所收藏的“九面观音”是我国唐代檀像杰作。

据《中华佛教百科全书》和《佛光大辞典》记载，在中国陕西西安的大兴善寺内供有宋雕檀香木千手千眼菩萨像。江苏南京龙光寺供奉栴檀释迦瑞像。辽宁朝阳市南塔街的佑顺寺里也供奉着檀香佛像一尊。浙江天台县北天台山的国清寺供奉着隋栴檀佛像。

在北京雍和宫，除了有紫檀木雕刻的五百罗汉山、金丝楠木雕刻的佛龛，还有最著名的18米高的栴檀佛像——弥勒大佛。它既是历史上汉藏友好的重要见证，也是国内最大的栴檀木雕佛像，它是正统的弥勒菩萨造像。因其有着重要的宗教历史和文物价值，1990年被收入《吉尼斯世界纪录大全》。

除了用作雕塑佛像外，各地为了使建造的寺院更有灵性，都把檀香木作为第一选材，有条件的地方更是不惜人力和财力，远涉重洋，克服重重困难，到国外砍伐檀香木，作为修建寺庙的上等材料。

在《佛学大辞典》中对《月宫》是这样注释的：“——月天子之宫殿。即月之世界……是宫殿，说名栴檀，是月天子于其中住。”

檀香质地紧致，气味清新怡人。它让人们感觉到用檀香木雕刻成的佛像和建造的庙宇，有聚集天地之灵气，安抚人心，消除困惑，激发人们的菩提心的作用。人们在这样祥和平静的香氛中能达到与神灵息息相通。

三 用檀香制作佛教常用之供品法物

1. 作念珠用

据《栴檀譬喻经》言："有栴檀林，伊兰围之；有伊兰林，栴檀围之，有栴檀，栴檀以为丛林；有伊兰，伊兰自相围绕。"其意义是把香味清新的牛头栴檀喻为无上菩提，去除用恶臭的伊兰比喻人生的无明烦恼。因栴檀香的这个作用，许多佛教中的高僧大德便用檀香木做成念珠，以此来时刻提醒自己的修行。

2. 作抹香、供养

《佛光大辞典》中解释抹香即呈粉末状之香。又作末香，指捣碎沉香、檀香等成为粉末，用以撒布于佛像、塔庙等。《大宝积经》卷 62 阿修罗王授记品列有栴檀末香、优钵罗末香、沈水末香、多摩罗拔末香、阿修罗末香等。另《胜天王般若波罗蜜经》卷 5 证劝品列有泥香、末香等诸香之名。盖抹香适于撒布，干香则适于焚烧，湿香适于涂拭。

在《佛说灌顶三归五戒带佩护身咒经》卷 3 中记载："……佛语梵志若有清信士清信女。若为邪神恶鬼所得便者。若横为县官所罗。盗贼剥夺。遇大疾病厄难之日。当洗浴身体……香汁洒地烧栴檀香……"

《佛说栴檀香身陀罗尼经》记载："有陀罗尼名栴檀香身。是陀罗尼有大威力，能与众生广大福聚。若复有人得此陀罗尼，发至诚心读诵受持紧固不退，是人所有极重宿业悉得消灭，当来获得殊胜果报。又复有人欲见观自在菩萨者，先于清净之处持诵精熟，然后择吉祥日，日初时用白檀香涂曼拏罗，于中焚栴檀香献殊妙花，即起首诵陀罗尼八千遍得数满已即于曼拏罗前，铺吉祥草虔心而卧。如是经于七日，即得菩萨出现本身。"

在《香王菩萨陀罗尼咒经》卷 1 中记载："然即以栴檀磨之。作十二指小方坛八个。初以三坛。一用供养佛。一用供养法。一用供养僧。……"

《苏悉地经》、《大日经》中都将香作为供养之一予以记录。

《大佛顶广聚陀罗尼经》中把栴檀香、沉香、龙脑香、麝香等十二味香称为一切香王。栴檀香制成抹香焚烧后的清新气味，使人能宁静、内敛，内心圣洁非凡。在人们敬佛、向佛祖祈福时，会感觉到有一种不可思议的能量在推动人们实现美好的愿望。

3. 作涂香用

涂香（仪式）是六种供具之一。涂香于身手以供养佛也。

《智度论》九十三曰："天竺国热，又以身臭故，以香涂身，供养诸佛及僧。"三十曰："涂香有两种，一以栴檀木等摩以涂身，二者种种杂香捣以为末。以涂其身，及熏衣服，并涂地壁。"

《大日经》疏八曰："涂香是净义，如世间涂香能净垢秽息除热恼。"

《修行观入》第十六记载："如栴檀涂身能除热恼。净戒清凉能止欲火。如如意宝珠随所着处热时清凉。净戒如是……"

《佛说圣宝藏神仪轨经》记载："复说涂香仪则。以无虫白檀、牛头栴檀等香为涂香，结香印作如是言我今献香，即以二手大指相向，磔开二头指屈于中节，作涂香印。复诵涂香真言七遍……"

据《大唐西域记》记载，"印度人以栴檀涂身"。

《楞严经》记："白栴檀涂身，能除一切热恼，今西南诸蕃酋，皆用诸香涂身，取其义也。"

《华严经》记载："摩罗耶山，出栴檀香，名曰牛头，若以涂身，设入火坑，火不能烧。"

《大唐西域记》记载白檀香"木性凉冷"，涂香的作用是借由栴檀木的这一特性，使人能心性安宁冷静，消除烦恼。

4. 作浴佛用

《佛光大辞典》释："浴佛又作灌佛。为纪念释尊诞生，佛寺举行诵经法会之仪式。佛陀降生后，天降香水为之沐浴。据此传说，于每年农历四月八日举行法会，用花草作一花亭，亭中置诞生佛像，以香汤、水、甘茶、五色水等，从顶灌浴，此外还举行拜佛祭祖、供养僧侣等庆祝活动……"

《浴佛功德经》记载："若浴沐像，应以牛头栴檀、紫檀、多摩罗香、甘松、芎䓖、白檀、沉香、龙脑香、丁香、麝香等，以如是等种种妙香。随所得者，以为汤水置净器中，先作方坛敷妙床座，于上置佛。以诸香水次第浴水，用诸香水周遍讫已，复以净水于上淋洗其浴像者。各取少许洗像之水，置自头上烧种种香以为供养，初于像上下水之时，应诵以偈。”

《浴佛功德经》讲浴佛的意义有：“现受富乐，无病延年。于所愿求，无不遂意。亲友眷属，悉皆安稳。长辞八难，永出苦源。不受女身，速成正觉。”

其实，大众浴佛的真正目的除敬佛供佛外，是在浴佛的过程中，让人们的心灵得到清洗和修持，使人们能清净平和，做一个品行高尚的有德之人。

四　用檀香做棺椁

安置尸体之箱分内外箱，其内箱盛放尸体者称棺，套在棺外之状外箱名椁。依《长阿含经》卷4所载，世尊入涅槃时，其弟子依准转轮圣王之葬法，先以香汤洗浴其身，后以新劫具及五百帐叠缠绕之，纳于金棺，灌入麻油，并置棺于铁椁之中，再以栴檀香椁围之，积聚各种名香而行荼毗。又据《灌顶经》卷6《冢墓因缘四方神咒经》所载，转轮圣王命终时，以紫磨黄金、铁、栴檀杂香等三种棺盛置其身。但印度之葬礼，一般不用棺椁，而直接焚烧，或弃尸于林中、水中等处。

我国因有厚葬之俗，故有棺椁之制。据《四分律行事钞》所载，僧唯用一重棺，不用外椁，一般在家众亦同，贵人则必用外椁。日本古代贵人之棺，常用二重或三重之外椁，亦有造石椁以保存者。

五　用檀香治病救人

据《佛说栴檀树经》记载：“树名栴檀，根茎枝叶，治人百病，其香远闻，世之奇异。”

《五苦章句经》中记载：“一切众香，莫过栴檀，其香无量，香价贵于阎浮提金。又疗人病，人有中毒，头痛体热，磨栴檀屑，以涂其上。若以服之，病即除愈。一切众生莫不愿得。”

《慧苑音义》记：“乌洛迦者西域蛇名，其蛇常患毒热，据此香树，以身绕之，毒热便息，故因名也。或曰：此蛇最毒，螫人必死。唯以栴檀，能治，故以为名耳。”

以上三段经文不吝其辞地赞美了檀香的医用功效。由此看来栴檀一物，虽不敢妄言能治百病，但确能除瘟上恶，令使用者神清气爽，心旷神怡。

《慧琳音义》中对不同种类的栴檀之药效，做出了简单的分辨：“栴檀，此云与乐，谓白檀能治热病，赤檀能去风肿，皆是除疾身安之乐，故名与乐也。”

白檀去热的功效，在其他经典中亦可见到。如《华严经》卷 78 入法界品：“如白栴檀，若以涂身，悉能除灭一切热恼，令其身心普得清凉。”

此外，檀香针对具体病症的具体用法，也可从诸多经文中拣拾到。

据《迦叶仙人说医女人经》记载：“怀孕之人，第一月内胎藏不安者当用栴檀香莲华优钵罗花入水，同研后入乳汁乳糖同煎，温服此药能令初怀孕者，无诸损恼而得安乐。”

《佛说一切法高王经》记：“舍利弗。譬如此处阎浮提中生栴檀树，始生牙时已能除灭童男童女药相应病，及其叶生能除妇女男子之病。又时增长成栴檀树，若有人来住其荫中彼人离病。彼栴檀树若出花时能与天乐，彼栴檀树若生果时，光明周遍十方世界。光明既出随何众生心忆念者，则得不老不病之法。彼栴檀树若有斫伐分析破裂，取其材木而将去者不畏贫穷。彼栴檀树若有人能取其材木用为屋舍，入其中者不寒不热不饥不渴。如是如是，舍利弗。彼栴檀树，皆悉有用无不用者。树始生时已住受用。生已有用增长有用，花出有用果出有用，斫伐破裂材木有用，作屋有用。”“舍利弗，菩萨摩诃萨亦复如是。初发阿耨多罗三藐三菩提心，修四摄法与众生乐如栴檀芽，既发心已三解脱门心得增长。何等为三，谓空无相无原等门。如树生叶，次后得住无生法忍如树增长，次复成就一切智智如树花出，次入无馀涅槃界中如树有果。碎身舍利量如芥子，住持利益诸众生界。如人斫伐彼栴檀树将木而去，如来舍利利益众生亦复如是。如栴檀树取木作舍入者安乐，如是如来入涅槃已。诸修行人入如来寺除热清凉。舍利弗。此门如是应当善知。……”

由于栴檀有着极广泛的药用价值，使得栴檀自身价值也是非常昂贵的。在《十诵律》卷 38 中有具体讲述：“……佛在舍卫国。尤伽长者。持牛头栴檀器值十万两金及阎浮敷具持到佛所白佛言。世尊。此牛头栴檀器值十万两金及阎浮敷具。愿佛受之。若佛得风病，以此栴檀器盛油涂身，佛默然受已。即持牛头栴檀器与佛已，头面作礼右绕而去，是长者去不久。佛以是事集比丘僧。语诸比丘。今尤伽长者。施牛头栴檀器值十万两金及阎浮敷具。从今若有如是病比丘，不求自与应受用。”

结束语

栴檀，用作佛像也好，做宫殿也好，做供养也好，做抹香、浴佛也好，做药用治病救人也好。所有的这一切，皆是檀香在佛教中的妙用。檀香以其清香气味和庄重古朴的色泽明示了佛祖拯救大众疾苦之用意，也使得檀香得以佛教的传播而具有了更高的价值。正如《佛说戒德香经》中记载的佛说：“虽有美香，不能逆风熏。不息名栴檀，众雨一切香。志性能和雅，尔乃逆风香。正士名丈夫，普熏于十方，木蜜及栴檀，青莲诸雨香。一切此众香，戒香最无上。”

作者：闫红，河北省保定市北市区机关事务管理局。

香文化与香艺综论

廖易德

一　香的历史

香文化是一个古老而全新的命题。

中国的香，历史久远，远到与中华文明同源，近可溯及2000多年前战国时期的鸟擎铜博山炉及汉武帝的鎏金银竹节熏炉，远可溯及3000多年前殷商时期“手执燃木”祭礼，再远则有4000多年前龙山文化及良渚文化的陶熏炉，还有6000年前城头山遗址的祭坛及更早的史前遗址的燎祭遗存。古代的香取材于芳香药材，也有各种配方，不仅芬芳馥郁，还能颐养身心，祛秽疗疾，开窍开慧。所以，历代的帝王将相、文人墨客、僧道大德也竞皆用香、爱香、惜香，自西汉以来的2000多年间，中国的上层社会始终以香为伴，对香推崇有加。

汉博山铜炉

香陪伴着中华民族走过了数千年的兴衰风雨，它启迪英才大德的智慧，濡养仁人志士的身心，架通人天智慧的金桥，对中国哲学与人文精神的孕育也是一种重要的催化与促进。它是中华文化无形的脉、无形的力量。物虽微而位贵，乃传统文化的脉之品。

二 祭祀用香与生活用香

古代文献对先秦用香的记载大都与祭祀有关，所以许多人也以为中国的香（与香炉）起源于祭祀。而从目前了解的情况来看，用香的发展一直有两条并行的线索：祭祀用香与生活用香，并且都可追溯到上古以至远古时期。

祭祀用香的历史久远。早期的祭祀用香主要体现为燃香蒿、燔烧柴木、烧燎祭品（及供香酒、供谷物）等祭法。如甲骨文记载了殷商时期“手执燃木”的“柴”祭，《诗经·生民》记述周人的祖先在祭祀中使用香蒿（“萧”），《尚书·舜典》记述舜封禅泰山，行燔柴之祭。从考古发掘来看，燔烧物品的“燎祭”很早就已出现，可见于距今6000多年的湖南城头山遗址及上海淞泽遗址的祭坛。距今4000—5000年间，燎祭的使用已十分普遍（燔燎祭祀的遗存物不易分辨具体物品，统称“燎祭”）。早期祭祀已使用“香气”、“烟气”及“烧燎祭品”等多种方法，现在祭祀仪式中的“焚香”也并非来自“烧燎祭品”，而更像是“香气”与“烟气”的结合。

生活用香的历史也同样悠久。不仅可溯及先秦时期的精美熏炉、熏焚草木驱虫（及佩戴香物、沐浴香汤等），还可溯及四五千年前（新石器时代末期）作为生活用品的陶熏炉。如辽河流域发现了5000年前的陶熏炉炉盖（红山文化），黄河流域发现了4000多年前的蒙古包形灰陶熏炉（龙山文化），长江流域也发现了4000多年前的竹节纹灰陶熏炉（良渚文化）。其样式与后世的熏炉一致（而异于祭祀用的鼎彝礼器），并且造型美观，堪称新石器时代末期的“奢侈品”。可以说，在中华文明的早期阶段，祭祀用香与生活用香就都已出现，也从一个独特的角度折射出早期文明的灿烂光辉。

香，陪伴着中华民族走过了数千年的兴衰风雨。它邀天集灵，祀先供圣，是敬天畏人的体现，又是礼的表述；是颐养性情、启迪才思的妙物，又是祛疫避秽、安神正魄的良药。

古代的香以芳香药材为主料，讲究配方，有多种养生功能。既用于祭祀，敬奉天地、日月、祖先、神明，也用于日常生活，并且用功甚广，包括室内熏香、熏衣熏被、祛秽致洁、养生疗疾，等等。

沉香、苏合香等多种药香的使用很可能是源于生活（包括医疗）用

（唐）阎立本职贡图中的番人进香

香。较早的香炉可溯至西汉及战国时期的熏炉，其前身并非商周祭祀用的鼎彝礼器，而是4000—5000年前作为生活用品出现的陶熏炉，是沿生活用项的线索发展而来，即“新石器时代末期的陶熏炉（生活用香）—先秦及西汉的熏炉（生活用香）—魏晋后的熏炉（生活用香兼祭祀用香）”。公元前120年前后，熏香在西汉王族阶层已流行开来，（至少）100多年之后，才有晋道教佛教兴起并倡导用香。

人类对香气的喜好，乃是与生俱来的天性，有如蝶之恋花、木之向阳。

古人很早就认识到，保健、养生须从性、命两方面入手才能合和性、命，达到养生养性的目的。而香气不仅能芬芳怡人，还能祛秽致洁，安和身心，调和情志，有养生养性之功。如《荀子·礼论》曰：“刍豢稻粱，五味调香，所以养口也；椒兰芬苾，所以养鼻也——故礼者，养也。”

性命相合得长生、性命相合得养生是中华民族智慧的结晶。中国的香文化是养性的文化，也是养生的文化，对于主张修身养性、明理见性、以“率性”为主旋律的中国文化来说，更是一个不可或缺的部分，而香文化的形成与繁盛也是中国文化发展的一种必然现象。

《荀子·政论》所言“居如大神，动如天帝”的天子也以香草养性，“侧睾载芷以养鼻”，盖可作为西汉王族熏香的一大注释。养鼻何以能够养生？《神农本草经疏》云：“凡邪气之中，人必从口鼻而入。口鼻为阴阳之窍，阴阳虚则恶气易入。得芬芳清阳之则恶气除，而脾胃安矣。”

古人也留有大量咏香或诵香的诗文，亦多名家佳作，可谓笔下博山常暖，心中香火不衰，前年走来，正是中国文化的壮观写照：

《尚书》：至治馨香，感于神明；黍稷非馨，明德惟馨。

宋代，清明上河图中的香铺

《诗经·民生》：卬盛于豆，于豆于登。其香始升，上帝居歆。

《离骚》：扈江离与辟芷兮，纫秋兰以为佩。

《汉书·龚胜传》：熏以香自烧，膏以明自销。

汉诗：香风难久居，空令蕙草残。

王维：朝罢香烟携满袖，诗成珠玉在挥毫。

杜甫：雷声忽送前峰雨，花气浑入百合香。

李白：盛气光引炉烟，素草寒生玉佩。

白居易：闲吟四句偈，静对一香炉。

李商隐：春心莫共花争发，一寸相思一寸灰。

李煜：烛明香暗画楼深，满鬓清霜残雪，思难禁。

欧阳修：沈麝不烧金鸭冷，笼月照梨花。

苏轼：金炉犹暖麝梅残，惜香更把宝钗翻。

辛弃疾：记得同烧此夜香，人在回廊，月在回廊。

李清照：薄雾浓云愁永昼，瑞脑销金兽。

陆游：一寸丹心幸无愧，庭空月白夜烧香

马致远：花满阶，酒满壶，风满帘，香满炉。

文徵明：银叶荧荧宿火明，碧烟不动水沉清。

曹雪芹：焦首朝朝还暮暮，煎心日日复年年。

席佩兰：绿衣捧砚催题卷，红袖添香伴读书。

晚清以来，中国社会受到了前所未有的冲击，香文化也进入了较为艰

宋徽宗听琴图的香案

难的时期。持续的动荡极大地影响了香品贸易，香品制作及国人熏香入了书斋琴房的也渐行渐远，失去了美化生活、陶冶性灵的内涵，主要是作为祭祀的仪式保留在庙宇神坛之中。人们渐渐不再知道古代的中国人曾经很喜欢香，也不知到古人为什么会喜欢香。

香文化今日之气象固然使人心生忧虑，但令人振奋的是，今天香学香料的研究，不但在食品学界、化妆品学界和药学界引起了广泛的注意，近年来更在生物和化学中嗅觉的“生物晶片”研究上，取得了初步的研究成果，使得在中国消失了200多年的香学，在恢复上产生了不少的助力。

香学是我们探讨“香”的学术课题，它包括：香料，植物学的类别；嗅觉的心理学、生理学；香料化学和生物学的应用以及香料的调配、使用、品评等；古代熏香、焚香、香席的工具有哪些种类，它们有什么功能，如何鉴赏以及香的发展史、贸易史；香的古典文学；香品的谱录、故实；行香的宗教礼俗；等等，所有与香事有关的香文化学术研究，可以说都包含在香学的范畴之中。

三　香席与香事

什么是香席？香席是经过用香功夫之学习，涵养与修持后，而升华为心灵养宴的一种美感生活。所以，香席既不是与改善气味有关的熏香行为，亦不是与宗教活动有关的焚香。事实上，香席是一种通过“香”做媒介，来进行的文化活动，所以也不是单纯的嗅觉上品评香味的品香。因此，这里要探讨的课题，虽然在有关精神境界追求的目的上和宗教活动若和符节，但却和宗教活动无关。也就是说，“香席”不是在寻求精神上的“归宿”和“慰藉”，而是一种人生品位的升华。此外，香席活动不仅仅是香料气味的问题，更绝非商业活动中的“香精疗法”。此种改变环境气味的香精熏疗法熏香活动，其实只是把熏香和西方民俗疗法相结合的商业行为，尽管其由来已久，并在引发嗅觉的情境反应上效果立即而明显，不过，这种加工过后的挥发香精所引发的病例也不在少数，这对有过敏症状的人来说，更是一场梦魇。这种扰乱生活嗅觉的行为，与香席所追求的是不同境界。

香席是一种文化活动，如果像时下坊间，只会在熏烤香木上，去比较香气味道的变化，反而会使嗅觉窒息。而过分重视操作的技巧，也就免不了落入了雕虫小技的展演。由于它最终所追求的是生活上的品位，所以感官的知觉、用香的技巧虽然是香席上必备的条件，但都不是香席所追求的目标。例如，明代的高人逸士普遍修筑有“静室”，用以举办香席来达到“有禅客与之炉熏隐几，散虑忘情”的境界。其间相互勘验学问，探究心性，称之为“坐香”，因而此一香席的形式又称之为“习静”。总之，香席的意义，是在通过行香的过程，来表现心灵的境界和内容。

尽管在现代社会中，我们对熏香和焚香并不陌生，但香席活动在中国的发展，却因为清代中期之后，社会结构的巨大变动，使得自唐宋到清初以来在中国上层社会中，展现生活品位的“客香”，在以下两个原因的影响下，也随之沉寂了100多年。

首先，香席所用的香料，并非一般焚香的香料，而是一些十分罕见且贵重的原料，它从采集、整理到分类，牵涉了极专业的分工知识，所以若没有一个相对安定而富裕的社会做基础，就无法形成一个完整的香材供销体系。

其次，香席的最终目的，是在融合沉香、花香、墨香、茶香、挂画及中国传统乐韵，在身、心、灵、安心、静坐、观自在，来要求自我升华的境界。心是道场，以恭敬心、欢喜心、慈悲心，善待众生；面对一生、一期、一会的香惜，天地间到处皆可为敬界、静界、境界而到达心灵中的**净界**。

兰馨香舍以沉香、墨香、花香和禅石香案

以上这两个要素在香席活动上缺一不可，所以它是一个结合财富于学养的上层社会文化生活，要同时具有这两个条件的人士，才有能力涉足香席活动。而清代中叶开始，经济日益凋敝，西方文明几乎成为现代化的代名词，加以传统文化的价值观也有了很大的转变，于是坐香活动在中国的没落，也就成为不可避免的状况了。反而是在唐宋时期随同茶道、花道、书道传入日本的香道，跟着日本皇室贵族的阶层，一起留存下来，成了日本今天的国粹。

珠海武当山道家养生院的香堂，心是道场是对香学的敬畏

不过日本目前的香道，和宋明两代先后传入日本的门茶、插花、书法这三种上流社会的涵养一样，在日本社会中经过长时间的吸收、变化后，才成为今天的面貌。所以日本今天的香道，与中国古代的香席精神面貌并不完全相同。此外今天我们要提到的香席活动，既不必，也不完全可能还原古人的原始面貌，因为不但今天社会的状况和古代已经不同，而且现代各项科研成就，以及资讯的发展、贸易文化交流的频繁，也都绝不是古人所能想象的。所以香席活动的推广，一方面由于环境、工具和原料三者的限制，在今天并非一般社会人士所负担，在先天上只是和上层社会所享有。但另一方面，香席的内容和方法，却可以拜科技和现代文明发展之赐，向更广阔高深的境界中去探求，而在心灵的向度上，当然也有可能跨越出古人曾经悠游过的疆界，这一点应该是在香席之前，所应当自我期许的。

（一）香席的价值

珠海奢兰香舍“香以熏德　惟德斯馨”

坐课香事既然不是一般人能享用的活动，那么它的价值又有什么社会意义呢？其实不论在哪一个世代，社会都会朝金字塔结构去发展，在历史的进程上，往往旧的社会结构被推翻了，但不久，新的金字塔结构又慢慢地形成。从社会发展的历史角度来看，整个国家社会的动向，金字塔的下方普罗大众的动乱与幸福，其实是由塔顶上的一小部分高层人士的心灵所决定。所以，上层社会少数人的幸福指数，其实与整个社会人们的幸福是息息相关的。

历史上任何一个时代的上层社会，通常都不免以权势和金钱挂帅，今日也不例外。本来人之所以追求权力和财富，都是渴望为人所敬重，但由于整天只忙于工作，却迷失了自我。当初有理想和抱负，结果后来却做了别的不相干的一堆事，日夜到处奔忙，反而被生活的意义和价值所困，在贪婪中迷失了自我，这就是现代上层社会苦痛的根源。

然而香席活动绝对是解除此一痛苦根源的良方。

首先，今天的上层社会，目不识丁而缺乏社会经验历练的人，可以说是少之又少，因此今天的上流社会人士，基本上就合乎了坐香活动的两个条件——知识与财富。

其次，香席活动中所强调的“静心契道，品评审美，励志翰文，调和身心”，这“品香四德”，虽说是唐宋文人所追求的目标，其实也正是现代新贵阶级，在丰衣足食之后，免于彷徨的四大精神支柱。

户外香席

（二）香料

1. 香席中的沉香

评判沉香香味的优劣，其实跟品茶一样，要以实际的经验为依据，若能同时品闻好香与劣香，任何人几乎都可以分别两种沉香香味的好坏差别。问题是如果没有亲身品评上品沉香的经验，一切的谈论就都沦为瞎子摸象了。

好的香味是决定好沉香的最重要条件。选择沉香的标准依序是香味、质地、形态、色泽（香、质、形、色）。因为有些沉香虽然油脂含量很高，沉水，但香味带有酸腐与沉闷气，若只重质地不重香味，将会造成选香的失判。而以产地挑选沉香，是一个大方向却非一成不变，因为正产区会有好香而次产区有时也会出现难得的好香。在目前沉香日益短缺的情况下，更有将好几个不同地区的沉香混合在一起以次充好、充量。不二法门还是多累积闻香的经验。

沉香的香味，主要来自沉香醇，而能产生此种香味的树有四科十余种。四科即瑞香科、橄榄科、樟科、大戟科，因此而有不同的沉香品类。在结香的过程中，不同的树种在不同的气候、土壤、真菌、微菌的刺激影响下，会产生复杂的香气变化。

这些气味以化学分析可得出：沉香醇、沉香脂、沉香螺醇、沉香呋喃、二氢沉香呋喃、四羟基沉香呋喃、去甲沉香呋喃、硫芹子烷、氢化桂皮酸、对甲氧基氢化桂皮酸等。

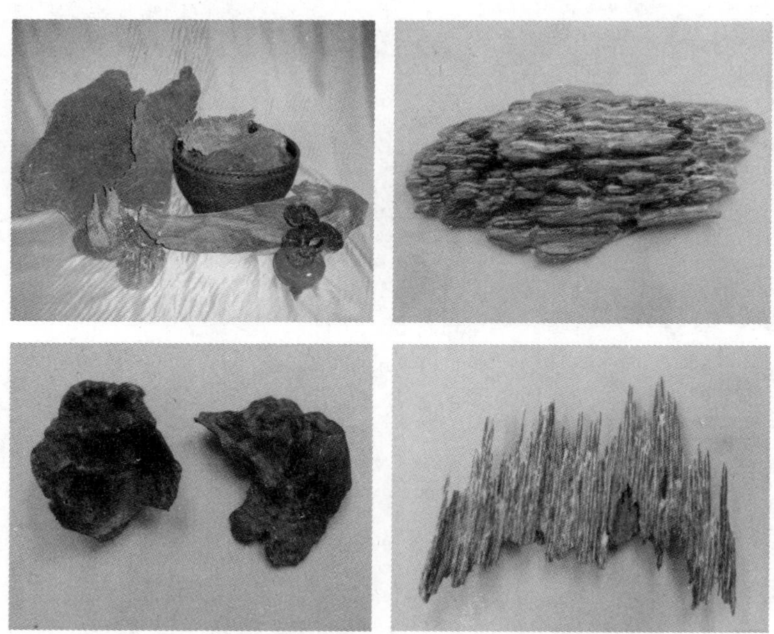

海南沉香料

根据日本大阪大学药学部山形悦子及米田该典教授等有关棋楠之研究报告，比较越南沉香与越南棋楠之气相色谱分析图，可得知棋楠化学式有：

2— （2—4 - methoxyphenyl） ethyl chromone

6 - methoxy—2— （2—4 - methoxypheny） chromone

2— （2 - phenylthyl） chromone

此三种特有的成分，可据以明确区分沉香的不同。

不管“生香”或“熟香”，只要香味浓郁高雅、香甜清妙、变化细腻、持久绵长就是好香。熟香的香气比生香沉郁细腻，而生香的香气则有熟香所没有的清新壮丽，各有专擅。

考察海南黎人的三五百年的野生香

2. 沉香的成因

（1）熟结：沉香树在持续分泌油脂的过程中，油脂逐渐满溢阻塞导管，岁久，木质纤维与油脂沁融在一起，变化凝结成坚黑沉水的上等沉香。此时沉香之树生命亦宣告终结了。

（2）脱落：沉香树在感染病变时，会将受伤或感染之部位渐次脱落，其残留之块状或碎片具有油脂凝聚之部分，在木质纤维腐朽之后而遗存。

（3）生结：沉香树在大自然中受到风折、雷击或是人为的砍劈，动物的攀抓，而导致枝干断裂或伤害时，沉香树会分泌树脂修复伤口，在愈合过程中出现结沉的现象，优劣不一，一般据结沉时间的长短而定，时间越久，质量越佳。

（4）虫漏：沉香树种由于蚁蚀或虫蛀，受其栖息聚居或啃食，破坏沉香树的组织时亦会分泌树脂而结沉。

（5）真菌感染：古代本草书受限于当时的科技知识，并未载明，现已证实，这是沉香树致病结沉的真正原因。不管是熟结、生结、脱落、虫漏等原因，若以现代科学的方式验证，都有漏洞，因为这些都不是结沉的初因，而是结沉之后的变化现象。不能说其错误，只是古人并不明白其发生的先后次序和真正原因。这些真菌在中南半岛中，在热带的大雨或雨季时，会带动真菌传播感染沉香树。初始，沉香结油量极低，品质差，若长期感染，变化结沉，岁久，就能结成上好沉香。

3. 沉香的药性

沉香主治：心腹痛、呕吐呃逆、大肠气滞、腰膝虚冷、胸膈痞塞。气温中，降逆平喘，补命门，坠痰涎，行气不伤气，温中不助火。

随着东汉末年佛教传入中国，因而衍生各种使用沉香的方法并与中国中医用药理论结合，产生博大精深的合香配伍，依照季节、时令、环境、用途，调配各式配方。

日本知名成药“救心丸”，在其配方中含有棋楠的成分。

明代李时珍的《本草纲目》明确地记述了沉香的功效：“去恶气，清人神，理诸气调中，补五脏，止咳化痰，暖胃温脾，通气定痛。”

《本草述》中记载了木香、丁香、檀香、沉香，认为诸香皆不得如沉香之功能。

品香时，收视反听，绝虑凝神，能使精神和心灵得到慰藉和安定，在养生上可定心静神促进脑内啡分泌，提升旺盛之生命力，延缓老化和衰退。

沉香属性温和，有降气之功无破气之害，其黄酮素、黄烷酮能活化酵素，防止酸化作用，减少游离基之产生，提升免疫机能，唤醒体内的治疗力和再生力。

4. 沉香的宗教属性

香的使用自古为世人所重视，中国最早使用的是本草香草，《礼记》卷25《郊特牲》：“致敬不食味而贵七也。”显示中国祭祀礼仪对于香气的重视。虽然并非以沉香为专门祭祀或宗教之用，但已是初始的开端。

读经与品香，250 年前的手抄善本

由于沉香灵动高贵而又朴实无华，玄妙深邃却又与人亲和，因而在佛教不仅被当作珍贵的供品，也被用来比喻高尚的德行、修登的境界与佛国的庄严。《楞严经》中的《香严童子》，因闻沉水香，观香气出入无常而登阿罗汉果乘。北宋苏轼《和鲁直韵二首》之一云："四句烧香偈子，随风遍满东南。不是文思所及，且令鼻观先参。"从诗句中可以看出佛教对香文化的积淀及文人的影响。沉香虽细微，却有着特殊的意义和作用，在天台宗亦阐扬"一色一香无非中道"的境界。

（三）古代的香席是如何进行的

首先，在香席上绝非用香来点火，因为香木一旦着火，必定有烟气和焦味，那要如何品评？但出香时又非要用炭，非加热不可，所以在"香席"一词尚未普遍之时，宋人便常焚燃香炭，再以火力蒸烤，来达到出香的目的，虽称之为"焚香"，但并非直接焚烧香材。

此外，宋人在"境界"上，也提出了很具体的看法。认为品香不仅仅是气味的分辨而已，而是对"香"从嗅觉器官的"知觉"，到思维上"观想"的一种升华，所以名之为"鼻观"，并且提出了"犹疑似"的审美判断。

"犹疑似"就是在似有似无之间，去把握一种灵动的美，这与禅宗说"似一物便不中"的境界十分类似。所以在香席中的美感经验应当人人都

上海博物馆藏，（明）杜董文士结社图中的“寄琴尊之乐”画意

有，但如何表达才算是高妙，那可就费思量了。

世间任何物质上有形的收获和掌握，其实都是无常的，我们只不过是物质世界暂时的管理者或是支配者。唯有存在于内心的经验、领悟、美感、思念，才真正是个人生命中永恒的资产。这就是说，人若不得闲，往往便无所得，只有在心中明镜无疑时，才能有所见地。说得真切一点，“生命”其实是奔向死亡的过程，没有任何例外，我们有必要慌慌张张地走这一遭吗？求成功固然不易，但在得到之后要能舍得一放，其实更难。所以功业做的再大，若不能懂得一个“闲”字，岂能称得上是真得？这一点可以说明文士们，在宋人品香的基础上，再结合“静坐”去“发现”生活价值的一个过程。且看明代著名的诗、书、画三绝大师文徵明的《焚香》诗：

我如爲善、雖一介寒士、有人服其德、我如爲惡雖位極人臣、有人議其過、

讀理義書、學法帖字、澄心靜坐、益友清談、小酌半醺、澆花種竹、聽琴玩鶴、焚香煮茶、泛舟觀山、寓意奕棋、雖有他樂、吾不易矣、

成名每在窮苦日、敗事多因得志時、

寵辱不驚、肝木自寧、動靜以敬、心火自定、飲食有節、脾土不泄、調息寡言、肺金自全、怡神寡慾、腎水自足、

讓利精于取利、逃名巧于邀名、

古堂劍掃　卷四　一一七

明代醉古堂剑扫的品香环境

银叶荧荧宿火明，碧烟不动水沉清；

纸屏竹榻澄怀地，细雨清寒燕寝情。

妙境可能先鼻观，俗缘都尽洗心兵；

日长自展南华读，转觉逍遥道味生。

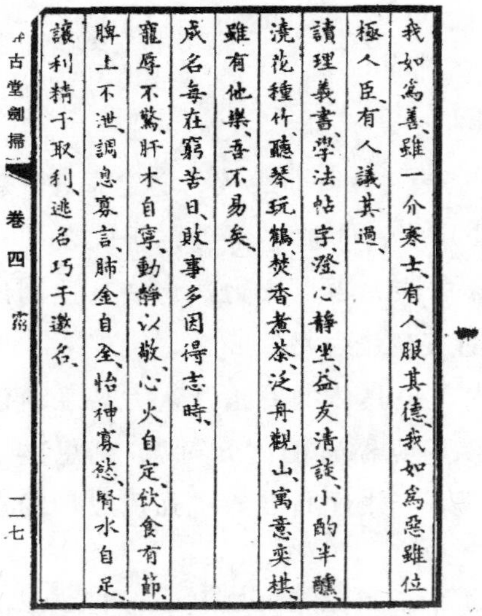

其实明代可以说是中国香学发展的成熟期，当时的名士、僧、道们，无不竞相修筑“静室”以“坐

香”来“习静”。也就是说，用“香课”来作为勘验学问、探究心性的手段和方法。据统计，若不计名士们的香斋静庐，仅明代方外僧家这种静香坐室，有名可稽考的就有132处之多。其间众香友从过访、啜茶、品香到“……感光景之迈，寄琴尊之乐。爰寓诸篇章而作诗焉”。至此，中国香事的发展，终于在最后通过文学和书法的抒发，为香席活动的“流程”，完成了最后的“注脚”。所以一个完整的“香席”活动，事实上应当由以下三个段落所组成：

设席——首先要择定良辰吉时，挑选好雅集香友，致送“香帖”、“香笺”，并准备“啜茶”事宜与“香室”陈设。

坐课——待香友陆续到达，奉茶、啜茶点毕。炉主领香友依序移座入香席，品评鉴赏、坐课习静。

台湾食养山房禅房

深圳汉风轩香堂

注香——坐课品香毕，出香室，展读众前香友之品香余韵，并以书法表达当日香课所得，留注于主人的香簿或香笺上，香事方毕。

以上这类香席活动，虽然成型于明代的结社雅集之间，但当时的名士

深圳汉风轩茶室

僧道往来鉴赏间，真正重视的是朱熹、王阳明日常习静的功夫，而并非为某种固定的仪式。所以，当中国这种香席活动东渡日本，在结合了“和歌”文学与日本人民俗之后，就形成了现在日本仪式的香道。所以香道的基本形式，虽与中国明代香席有关，但和香席所重视的坐香精髓是有所不同的。

到了明代中期至清初盛世，香席形式已大致定型，香事道具也发展出“炉、瓶、盒”一组的定制。其中炉用来出香，盒子用来摆放备用的香片，而瓶则用来插放香事工具。这些成组成套的行香道具，不但在北京和台北两地故宫保存了不少，而且在承德的避暑山庄行宫中，更有一堆“莲头香”留传下来，可以说也为清代宫中的香席活动，保存了一些物证。

台北故宫博物院乾隆御用三件组香器

（四）香席演仪

1. 理香分级及其做法

理香，是指对取得香材料之后清理、分类的初步工作。

无论是哪一种香材，在取得之后应当首先要进行整理和分级的工作。拿沉香和棋楠来说，用勾刀将外皮和腐肉削去，并分别精粗等第确是必需的。

一般香铺卖香，多数已有初步分级，但在我国台湾、越南、高棉、印尼和寮国，经常可以买到完全未整理的粗香。整理粗香的工作不但十分有趣，且能对香材有更深入的学习机会。香刀可以用独门特制的刀具，或者就用木刻雕刀来代替都可以，总以方便好用为主。将香木勾理清爽后，勾削下的香木细絮称为“钩针”，色深沉水者亦可入品，应将之标示后另行存放。接着就可对理好的香木，来进行“试香”和分级的工作了。不过在试香前，应确定香木已经干燥稳定，否则刚出土的熟香往往土气和水分都太高，品评时就不会准确了。

“试香”要先备有同类的“标准香”，作为评比的基准，“标准香”必须是此类的等级香。取香评比时，小于手掌的香木，用香刀在对角部位，各削取如拇指甲四分之一大小香木一片，放于“香盒”中。若香木甚大，全身香气必会有变化，此时则应在不同色泽和不同质地处，分削数片放于不同的香盒中以备试香。“试香炉”与品香炉不同处，在灰槽窄小深长，香炭可直接埋入炉灰中不需“起灰”，在试香时不必时时调节灰、炭，可专心分辨香气。

香木成色的等级，不是看含油量的多少，也不是看比重来区分。其品级的高下，是以品评时的气味——优美、浓淡和变化来分级的。香木等次从上至下分为：极品（绝品）、特级（特上）、顶级（顶上）、甲级（甲上）、乙级（一级）、二级六等，二级以下步入品级。另外，我们偶尔会遇到气味及其特别、优美，但不在一般沉香或棋楠香气范围内的香木，则可以归在逸品之中，就有如分类时的“其他”类一样。总之，香木评比的规矩和酒类、茶类、香水的评比相似。一般人固然都可以分辨出香的好坏，但要清楚分辨等级的高低，就必须要请专人来做了。

关于香木等级如何评比，其原则如下：凡在正常情况下，与同类“顶级类”比较，若香木片并无香气可品，或只有一般木片味者，都只能打粉，不入品级。若有香气可品，但不甚明显者为“二级”香；香味明显清晰但香气浅短者为“乙级”香；香味气息润厚深长者为“甲级”香；品评时，香味浓烈稳定且能持续20分钟左右者，称为“顶级”香。顶级香在品评6—10分钟时，不论其底香种类为何，若出现“乳味奶香”气的则为“特级”香，通常棋楠类的香木，多到得了这一级。此外，在“顶级”沉香中，若有材题特大少见者也可以定为“特级”香。所谓“极品”者，意味其香味不但浓郁、稀有，乳味奶香醇厚，且在稳定的温度下，香气因时间不同，在长约30分钟里有明显不同的数种转折变化，才能进入“极品”级。“极品”香，因为十分少见，卖者往往惜售，通常不是以重量计价的。其实一般收买香木，不管是哪一种沉香，若能找到进入“顶级”的，就十分幸运了。

分级处理完毕的香材，最好以直管式玻璃瓶分别密封存放，至少也要用塑胶袋分别包装，也不可混装。因为随意放置，久之不但会减损香力，也会吸附杂味。

2. 闷香及其做法

香席文化与焚香之间，最大的不同之处，可说就在香的“气”和“烟”之区别上。任何一个宗教的场合，没有不出烟的，但香席活动最忌出烟。如何在用火的过程上，像前宋人杨挺黝诗中所说的“但另有香不见烟”呢？这就需要一个对用火、用灰、用香的基本训练才行，闷香，就是此一训练的基本功课。

首先，要选大小适宜的炉具，除了可用定做的陶、炉外，宋、元时期的各种古董瓷炉，凡内部容积在7—10立方厘米的，都很合用。不过要注意的是，闷香炉至少要六七厘米的深度，若是宽而浅的，那就是“线香炉”而不是闷香炉了。此外铜制的炉都是线香炉，若用来闷香不但过重而且导热很快，恐有安全上的顾虑，最好不用。

其次，是香灰的问题，香灰可在一般佛具店购买，小包分装的十分便宜。香灰买来后，要先过筛、漂洗，先将杂质切实清除掉，晾干后放入炉中。其压紧后的分量，以炉内一半为度。

闷香时，先在压紧的炉灰中央，用香铲开孔直到炉底。孔洞要在炉心正中，洞口略张。用香铲或香勺下香时，开始要少，在第一次点火点燃洞底香粉时必会出烟，此时下香宜由少渐多，其下香间隔，以炉中前次香粉遇热变色为度，勿令出烟。通常新手下香太急则火熄，太慢则烟出。要练得通晓火性，方能不疾不徐。

待香粉由下而上引火进灰口时，用香铲将香灰由四周堆向中央，将香粉包在灰心，呈一尖锥形叫作“起灰”。若此时起灰太早，则香火会闷死炉中；动作太慢，则灰热而散，不能起灰。起灰若不正，或香多灰少均会出烟，一旦烟气大出，不但不香，空气也很糟了。闷香主要是训练知火用灰的功夫，如果没有这段功夫，是不可能在香席上出得好香的。闷香所用的香粉，通常是沉香杂粉，当然是愈便宜愈好，高级的沉香粉可以用来做香饼、香丸，闷掉十分可惜；但太差的香粉，若是阴臭如水沟气、酸被褥气甚有腐臭味的，则只有配四分之一的檀木粉或楠木粉，也就勉强可用了。一般正常的沉香粉闷得好时，在100平方米的无风场所，一炉可散发两小时的甜美香气，若有两个以上的闷香炉时，亦可将前一炉出尽的“火球”，夹入新炉灰底，一次加满香粉立刻起灰，则一室可香气不绝，称为“续炉”或“接炉”。

3. 香笺、香帖、香簿及香印的制备

香笺：是独自一人于香室坐课，有所感、所得时，援笔题记的“香偈”（偈子）。这可说是个人心理路程，以及灵台光景的写照，这种灵感

如果不捕捉而任其流逝，岂非浪费生命？何况心灵在馨香的供养下，所引领出根性的芬芳，若能时时观照，不但书法可以日日精进，内心的灵动感通也会更加无疑，最后达到“无所住心”的境界。

人文花艺与电子熏香炉的生活用香

香帖：是邀约香友赴会的请帖，其中应有时间、地点等为明确交代，虽然没有固定格式，但也不能如饭局酒帖，需能避得一个“俗”字。举办香席是否成功得体，其实香友的邀请甚为重要。尤其以下三种人得特别小心：第一，闲不得、放不下的人不要请，他们通常整天魂不守舍，整天手机接打不停，肯定会引起你赶人的冲动。这种移动性通话生物体，决不能请。第二，蠢蛋不能请，这种人常常自以为很聪明，实则却俗不可耐，往往狂言高论，破坏气氛。第三，感觉驽钝者不能请，这种人全无生活情趣，跟这种人在一起简直是糟蹋生命。所以若小心去除上面这三大之害后，其实，香友的选择也没那么困难，只要是对品香、斗茶、插花、挂画这四般闲事有兴趣的人士，都是可以列入考虑的。不过，香席上香友不能多请，通常以不超过三个人为宜，客少为贵。所谓独品为“幽”、二人为“胜”，三四人曰“趣”。

不过若要在“四般闲事”中求取性灵的长进，则益友间的相互提升，可说至为重要。

四　香品

（一）生活用香为主导

古代的香虽然也用于祭祀（宗庙、佛寺、道观等），但更多的是用于人们的日常生活，并且功用甚广，包括居屋熏香、熏衣熏被、祛秽致洁、养生疗疾，等等。客厅、卧室、书房、宴会、庆典以及朝堂、府衙等政务场所、茶坊酒肆等公共场所都常常设炉熏香。对文人士大夫及生活优越的官贵们来说，香更是必有之物。实际上，早在唐宋时期，香就已成为古代社会的一个重要元素，与日常生活息息相关。读书办公有香，吟诗作赋有香，抚琴品茗有香，参禅论道有香，天子升殿、府衙升堂有香，宴客会友、安寝如厕有香，婚礼寿宴有香，进士考场有香……

（明）陈洪绶香熏衣图

（二）香气养性的理念

古人很早就认识到，须从“性”、“命”两方面入手才能合和性、命，达到养生养性的目的，而香气不仅芬芳怡人，还能祛秽致洁、安和身心、调和情志，对于养生养性有颇高的价值。

性命相合得长生、性命相合得养生是中华民族古老智慧的结晶。中国的香文化是养性的文化，也是养生的文化，对于主张修身养性、明理见性、以“率性”为主旋律的中国文化来说，更是一个不可或缺的部分。

（三）香品的种类

“香品”一词大致有三种用法：其一，指“香料（香药）制品”，类似“茶品”、“食品”，如“熏烧类香品”。其二，指“香气的品质”，如“沉香香品典雅”。其三，指“香料”、“香料的品类”，如“麝香是一种名贵香品”，此用法见于古代，现已少用，多是直称“香料”或“香药”。

对于香品，可从不同角度划分为不同的种类。例如，据形态特征可分为线香、盘香等，据所用原料的种类可分为檀香、沉香等。

1. 据原料的天然属性划分

可分为天然香料类香品（天然香）、合成香料类香品（合成香）。

天然香料类香品：以天然香料及其他天然材料（如中药材）为原料制作的香品。此类香品除气味芳香，常常还有安神、养生、祛病等广谱的功效。

合成香料香品：以合成香料为原料制作的香品，是指用化学方法合成的芳香物质，可近似地模拟天然香料的香气。其原料大多取自与芳香动植物无关的原料，如煤化工、石油化工产品等。

2. 据形态特征划分

可分为固态香品、液态香品。

固态香品包括：线香、签香、塔香、印香（篆香）、香锥、香粉、香丸、特型香、原态香材，等等。

3. 据工艺特征划分

可分为传统工艺香、现代工艺香。

传统工艺香：以天然香料为原料，遵循传统的炮制、配方与制作规范，其质优者常有较好的养生价值。

现代工艺香：采用现代工业加工技术，讲求气味芳香与外形美观，常使用化学制剂与化学技术，其芳香成分常为化学合成香料。

4. 据基本功能（及用途）划分

据香品自身的基本“功能特点”，可分为美饰类、怡情类、修炼类、祭祀类、药用类、综合类等。

5. 据使用方法划分

可分为熏烧、浸煮、佩戴、设挂、涂敷、香用品等等。

6. 据烟气特征划分

可分为无烟香、微烟香、聚烟香等。

无烟香：看不到烟气。

微烟香：烟气浅淡。

聚烟香：烟气凝聚，不易飘散。

日本现代制作的香品

7. 据原料的品种数量划分

可分为单品香、合香。

单品香：以单一香料为原料制作的香品。

合香：以多种香料配制的香品。

（四）天然香与合成香

1. 天然香料

天然香料是指以动植物的芳香部位为原料，用物理方法（切割、干燥、水蒸气蒸馏、浸提、冷榨等）获得的芳香物质。

天然香料又可分为动物性天然香料和植物性天然香料。动物香料多为动物体内的分泌物或排泄物，有十几种，常用的有麝香、灵猫香、海狸香、龙涎香、麝香鼠香 5 种。现已得到有效利用的植物香料约有 400 种，植物的根、干、茎、枝、皮、叶、花、果实、树脂等皆可成香。

天然香料的形态主要有两类：

其一是原态香材，指芳香原料经简单加工（清洗、干燥、分割等）制取的树脂、木块、干花等。这种简单加工能较好地保留有香成分及直接相关的无香成分，能保留原料的部分外观特征，易于识别和使用。除了直接产生香味的挥发性油脂，芳香原料中还含有多种营养成分，其芳香气味与药用功效正是多种成分共同作用的结果。而原态香材可较好地保存这些生物成分，具有较为完全的天然品质，也非常适宜制作熏香。

其二是芳香原料的萃取物，包括香精油、净油、香膏、浸膏、酊剂等，是多种成分的混合物。植物体内有许多微小的油腺与油囊，其中含有各种植物油脂，芳香植物的主要有香成分就在这些油脂中，用物理方法将油脂分离、提取出来，即可得到香精油。

合成香料是用化学方法（经若干化工操作）合成的芳香物质，能近似地模拟天然香料的香气特征。

合成香料可大致理解为化学合成香料，其原料主要是天然动植物以外的物质（如煤化工、石油化工产品）。目前的合成香料已达5000多种，常用的有400多种，合成香料工业已成为现代精细化工的一个重要组成部分。

此外，还有一种稍为特殊的香料——单离香料。使用化学或物理方法，将含有多种化合物的天然原料中的某一种化合物"单独分离"出来，此种化合物即为单离香料。它不是"合成"的，而是"分离"出来的单体香料化合物。

2. 天然香料的作用

欧亚文明古国使用香料的历史都可上溯到3000—5000年之前。古代对香料的使用，东西方有很多相似之处，除了祭祀、添香，还常用于镇静、止痛、改善睡眠、杀菌消毒等医疗养生方面。如《神农本草经疏》中说："木香，味辛湿无毒，主邪气、辟毒疫温鬼。""降真香，香中之清烈者也，故能辟一切恶气不祥。""安息香，芳香通神明而辟诸邪。"讲到沉香时说："凡邪恶气之中，人必从口鼻而入。口鼻为阳明窍，阳明虚则恶气易入。得芬芳清阳之气，则恶气除而脾胃安。"

当一种香气使人产生舒缓、放松、和谐、沉静等体验时，它也不仅是一种心理感受，而是伴有脑电波、激素、血压等众多生理指标的改变。还有研究发现，香气对于失去嗅觉的人也有明显的影响。

3. 合成香料与天然香料的差异

合成香料的纯度差异很大，其杂质及化学反应中的残留物会影响香气的质量并产生不同程度的（毒）副作用，故其使用范围受到许多限制（例如，一般不供婴幼儿和老年人使用）。

天然香料的真正可贵之处还不在于气息的芳香，而是具有广谱的医疗养生功效。

天然香料是一种成分极其复杂的混合物，有人甚至把它比喻为一个混沌系统。多种香料搭配时的情况就更为复杂，以现在的科技水平，还难以达到全面、准确的分析和把握。天然香料的功效不仅涉及香气的自身结构，还与人的嗅觉机制密切相关，涉及嗅觉与心理、心理系统与生理系统等一系列心理学与神经科学领域的问题。

（五）香品的鉴别

1. 原料的天然属性

注意识别所用原料是天然香料还是化学合成香料。

有些香品的包装或说明中标注“人工香料”、“等同天然香料”，其含义与“合成香料”大致相同，可视为“合成香”（也称“化学香”）。未明确标注“天然香”或“天然香料”者，一般都是合成香。标注“天然香”者，应注意识别真伪。

天然香的香气一般比较含蓄，蕴藉，有“复杂”之感，或微有“涩味”。“合成香”的香气常常很“鲜明”，有化学制品的特殊气息（但制作精良的合成香也较难分辨）。

天然香料与合成香料的价格悬殊，成本相差很大。在可比状态下，天然香的价格也远高于合成香，常会高出数倍以至数十倍以上，价格较低的一般都是合成香。

2. 配方

好香如良药，得法的妙方是好香的基础，所以配方是一个很重要的因素，在很大程度上也决定了香品的功效。

3. 制作工艺

香品制作工艺分为“传统工艺”和“现代工艺”两种。

“现代工艺”香一般更为“精致”、“华美”，香品表面光洁、更亮，颜色更饱满、更艳。“传统工艺”香则比较“朴素”，多用原态香材，也不用合成色素，故颜色偏“暗”并不鲜艳。

传统工艺追求“香气养性”，讲究“药性”、有针对性的“炮制”、五运六气、五行生克、节气时辰等因素。现代工艺追求“气味芳香”，注重化工技术，常会使用一些传统工艺看来有损香品品质的制作方法。

4. 香气

气息醇厚、蕴藉、耐品，常在芳香中透出一些轻微的涩味和药材味，尤其是原态香材做的香（以香水、树脂等粉碎制成，不用香精油），这一特点更为明显。

即使香气浓郁，也不会感觉气腻，能体会到一种自然品质，没有合成香料常有的“人造香气”的痕迹；即使恬淡，其香也清晰可辨。

香气清新，爽神，不使人心浮气躁；使人身心放松，心绪沉静幽美。

有滋养身心之感，愿意亲之近之。深呼吸不觉冲鼻或头晕。久用、多用无厌倦感。烟气近于青白色（工艺特殊的微烟香、无烟香例外）。以上是普通好香的特点。

（六）香品市场的需求

沉香采用符合国际标准的天然原料，制作出来的香产品安全环保，适合各类人群的日常生活使用。这样无须担心适不适合有小孩老人的家庭或者其他特殊人群。

“通常哪些地方适合点香?”这是客户最常问的问题，也是我们一直在考虑的问题。今天我们可以郑重地回答您，不必再为这样的问题担心了，您只需要考虑一个新的问题，那就是：“这里适合点哪种香?”在居家生活中的客厅、佛堂、卧室或者卫生间、阳台上、花园里，甚至衣橱里您都可以找到适合的产品。而在一些公众场所，比如茶楼、瑜伽馆，各家店铺甚至是公司机关，也都可以闻到缕缕沉香檀香的味道。

随着社会的发展，居民收入水平与生活水平的提高，人们对于生活品质的要求也朝着更高质量的方向前进。这个时候，作为能有效改善生活环境的熏香类产品逐步为更多人所关注，这就是所谓的市场需求的扩大。那么现在的市场需要什么样的产品呢？我可以告诉您，需要的是有效果、够健康的产品。

有效果的意思分两层：

一是指对于改善生活环境有效果，新推出多种香型的产品，其香味分明，清新自然，绕梁三日而久聚不散，能够让整个空间都充满这种具有活力的香味。

二是指对于提高生活品质有效果，包装、选料、制作工艺都是非常讲究的，同时将这种高档次香制品面向大众销售，对于提升个人生活品质，自然不言而喻。

够健康，也就是现在最流行的一句话，绿色环保，有益身心。这是市场的需要，也是物质生活发展到一定阶段之后，人们对于生活水平的更高层次的需求。与采用化工香精为原料的各种劣质熏香产品不同，天然沉檀香均采用自然草本植物为主要原料，传统工艺与现代技术相结合。根据秘制配方，加工制作的天然香品，香味非常自然，而且每种香味之间相当分明。长期使用，不仅无任何副作用，同时根据不同的香型，还可以收到各种奇效！

玉堂春花　香遇，香知，香惜，香爱，香许，感恩有您！

作者：廖易德，字妙善，台湾台中人，香艺专家。

浅议香料与中国饮食文化

孙长山

“香”在古代汉语中，主要指嗅觉感受。《般若波罗蜜多心经》是佛经中篇幅最短但旨意最为精微的经典，其中有一句著名的经文，“无眼耳鼻舌身意，无色声香味触法”，在启迪智慧的同时，也从另一个独特的角度，对“香”的含义做出了解释。在现代汉语中，“香”被赋予了更多的意义，最为基本的含义体现在人类感知的两个方面，一是物质层面的嗅觉和味觉，二是基于嗅觉和味觉而引发的心理感受。

中国的古代神话故事对于研究史前人类生活具有极大的参考价值。据传说记载，汉字是一个名叫仓颉的人创造的，“仓颉造字，天雨粟，鬼神哭”。由此可以推知，汉字的产生直接源于先民们的生活实践。“香”字的出现，必然基于先民们发现香料并将香料运用于生活。根据有文字记载的历史，随着人类生活经验的积累和丰富，香料的用途越来越广泛，涵盖了饮食、医药、宗教、艺术等诸多方面。其中，运用香料获得嗅觉和味觉上的愉悦，无疑是香料一个重要的用途。本文尝试从香料提升味觉感受的角度，论述香料与中国饮食文化的关系。

一 中国饮食文化概述

中国饮食历史悠久、享誉世界，早已超越了一般烹饪的技术层面，而是融合了文学、艺术、医药、养生、宗教乃至人生境界等诸多方面的因素，上升到文化层面，成为中华传统文化的一个重要组成部分。

中国饮食文化是一种广视野、深层次、多角度、高品位的区域性、专业性文化，是中华民族在长期的生产和生活实践中，通过在食源开发、食具研制、食品调理、营养保健和饮食审美等方面的创造、积累，逐步形成、完善、发展并影响周边国家乃至世界的一种独特的物质文明和精神财富。

中国饮食文化可以从时代与技法、地域与经济、民族与宗教、食品与食具、消费与层次、民俗与功能等多种角度进行分类，展示出不同的文化品位，体现出不同的文化价值。中国饮食文化突出养助益充，讲究“色、香、味、意、形”，注重五味调和、奇正互变的烹调技法，强调畅神怡情的美食观念。中国的饮食文化除了讲究菜肴本身的品质外，还注重用餐的氛围、情趣，以及相应的礼仪。中国饮食文化直接传播到日本、蒙古、朝鲜、韩国及东南亚各国，对上述国家的饮食文化具有直接的、构成性的影响，成为东方饮食文化圈的绝对核心。与此同时，中国饮食文化也漂洋过海，间接影响到欧洲、美洲、非洲和大洋洲。时至今日，在西方各国，吃中餐始终是一种生活时尚。

中国饮食文化主要具有以下几个特点。

风味多样。中国幅员辽阔，地大物博，民族众多，不同的地域，在气候、海拔、地理、物产和风俗习惯等方面存在很大差异，也因此造就了差异巨大、种类繁多、风味多变的饮食风格。中国一直就有“南米北面”的说法，口味上有“南甜北咸东酸西辣”之分，在此基础上，形成了以巴蜀、齐鲁、淮扬、粤闽四大风味为代表的诸多菜系。

应时应景。中国自古推崇“天人合一、天人感应”的哲学观，体现在饮食方面，就是根据一年四季气候、物产的不同，按时令、节气而运用食材、烹饪食物、调味配菜。比如春天生发，食物多选择鲜嫩降燥；夏天暑热，食物多选择清淡凉爽；秋天肃杀，食物多选用滋润醇厚；冬天寒冷，食物多选择补益收藏。在烹调方法上也有所不同，冬秋多采取炖焖煨煮和火锅、砂锅之类，春夏多采用炝拌熘炒清蒸。此外，在不同的场合或者特殊的日子，为了配合节日风俗、婚丧嫁娶等不同的文化、礼仪需要，也会对食物做出不同的、特殊的安排，以满足人们的心理需要。

注重审美。汉语中的“滋味”，其实包含了两层意义，“滋”代表口感，“味”代表味道，这无疑是饮食的重要内容。但是，在注重香、味的同时，中国烹饪还格外讲究菜肴的美感，注重食物的色、香、味、形、意、器。色是指菜肴的颜色搭配，形是指菜肴的造型设计，意是指菜肴的意境内涵，器是指餐具的古雅优美。中国烹饪还注重菜品的命名、品味的方式、进餐的节奏、上菜的顺序。比如，中国菜肴的名称出神入化、雅俗共赏，既有根据主辅材料、烹调方法的写实命名，也有根据历史掌故、神话传说、名人食趣、菜肴形象的写意命名。唯其如此，中国饮食文化将火工、刀工、调味、配料等烹饪工艺，和餐具制造、色彩搭配、雕刻造型等美术手法，以及文学、音乐等艺术门类的审美情趣，乃至宗教、哲学、历史，甚至宇宙自然的深远意境融为一体，创造出独特的饮食审美意趣，达到色、香、味、意、形、器的和谐统一，从而在口腹之外，还带给人们精神上的高级享受。

药膳结合。中国烹饪还格外注重养生功能，与医疗保健具有密切的联系，所谓“医食同源”、“药膳同功”、“药补不如食补”，就是对此的绝妙解释。中医药是中国的另一古老国粹，中医强调“大医治未病”，也就是注重疾病的防御。中医认为，要防范疾病、保健养生，必须重视影响人体的两种精华：一是由父精母血构成的先天之精，二是由食物营养构成的后天之精。先天之精又称先天禀赋，必须依赖后天之精的补养。饮食，是后天之精的直接来源，供给人体必需的营养，而充分利用某些食物原料本身具有的药用价值，进行有针对性的补益，在享受美味佳肴的同时达到预防疾病、保健养生的目的，是中国饮食文化的又一显著特征。

富于哲理。在中国，烹饪历来被视为一种高级的技艺，并将烹饪中蕴含的道理加以总结，升华到哲学范畴，运用到生活的方方面面，甚至包括修身、齐家、治国、平天下。“秀才调墨，宰相调羹”、“治大国如烹小鲜”等脍炙人口的成语、俚语，都是对此的写照。而中国饮食文化的核心理念，则是中庸与和谐所体现的中和之美。《礼记·中庸》上说：“中也者，天下之大本也；和也者，天下之达者也。至中和，天地位焉，万物育焉。”《古文尚书·说命》中有“若作和羹，惟尔盐梅”的名句，意思是要做好羹汤，关键是调和好咸（盐）酸（梅）二味，以此比喻治国之道。在这里，“和”与“同”不是同一概念，中国人强调“君子和而不同”。就烹饪而言，和就是要将不同的滋味和谐地统一在一种食物之中，从而使食物达到“极高明而道中庸”的非凡境界。这种通过调和而实现“中和之美”的烹饪理念，既成就了中国的饮食文化，反过来又通过饮食影响中国人生活的方方面面。

二 香料在中国烹饪中的运用

中国饮食文化的形成，离不开一定的物质基础，食材的选用是其中的关键所在。食材又分为主料、配料、辅料、调料等，正如孔子所说的“食不厌精，脍不厌细”，选料精良是中国烹饪的一大特点。五味调和则是中国烹饪的一种重要技艺，所谓“五味调和百味香”，正是调味的妙道要诀。调味的作用，主要体现在以下几个方面：一是除秽增鲜，如去腥膻而成鲜美；二是物外生味，如鱼翅本无大味，全赖汤汁成全；三是丰富味型，如咸鲜、麻辣、酸甜，变一味成多味。所谓“五味调和”只是一种概括的说法，其实中国饮食的味型数不胜数而且变化多端，正如《黄帝内经》所说，“五味之美不可胜极”。而实现五味调和的秘诀之一，正是香料在烹饪中的运用。

在中国，人类利用天然植物香料的历史极其久远。据有文字或文物可资考据的历史，最早使用香料的时间可以上溯到3000—5000年之前。根据春秋时期的文字记载，当时人们所使用的香木香草，主要有兰、蕙、椒、桂、萧、郁、芷、茅等。那时对香料的使用方法已较为丰富，人们通过焚烧、佩戴、煮汤、熬膏等方法运用香料，也已经开始将香料入酒、入食。《诗经》、《尚书》、《左传》、《周礼》、《山海经》等上古文献中有很多相关的记述，屈原的《离骚》中就有很多精彩的咏叹：“扈江离与辟芷兮，纫秋兰以为佩”；“朝饮木兰之坠露兮，夕餐秋菊之落英”。而屈原的另一首代表作《九歌》中，有“蕙肴蒸兮兰藉，奠桂酒兮椒浆”的诗句，描写了当时用兰、蕙烹调肉类食品，用桂、椒浸制酒浆的生活习俗。

随着历史的推进、国家的统一、疆域的扩大，中国南方湿热地区出产的名贵香料逐渐进入中原，而伴随着“陆上丝绸之路”和“海上丝绸之路”的发展，来自东南亚、西域及西亚、欧洲的异域香料也传入中国。檀香、沉香、龙脑、乳香、甲香、鸡舌香等稀有香料在汉代就已为王公贵族专享。道教的形成以及佛教传入中国，也在一定程度上推动了中国香文化的发展、成熟。

随着香料品种的增多，人们开始研究各种香料的作用、性质和特点。这种研究导致的结果，一是人们开始利用多种香料的配伍、调和，制造出自然界没有的、特殊的香气，出现了所谓“香方”的概念，从而实现了多种香料的复合使用，为中国香文化的发展奠定了基础。二是在深入了解各种香料形状、功用的基础上，进一步拓展了香料的用途，使得香料在饮食、医药、宗教、艺术等诸多方面发挥了更大的作用。

其实，香料在饮食中的运用，不仅使得中国烹饪的五味调和得以实现，药膳结合的防病、补益作用也肇基于此。在这里，笔者根据有关专家的研究成果，将中医药、中国烹饪中通用的香料，部分开示如下，并附其性状功用，借此说明上述观点。

（1）八角，又名大茴香、木茴香、大料，属木本植物，味道甘、香。单用或与其他香料合用，主要用于烹制动物性原料，有时也用于素菜。八角也是五香粉中的主要原料。性温，药用可治腹痛、平呕吐、理胃宜中、疗疝瘕、祛寒湿、疏肝暖胃。

（2）茴香（即茴香子），又名小茴香、草茴香，属香草类草本植物，味道甘、香，单用或与其他香料合用均可，主要用于烹制禽畜菜肴或豆类制品。属性、功用与八角基本相同。

（3）桂皮，又名肉桂，即桂树之皮，属香木类木本植物，味道甘、香，一般都与其他香料合用，主要用于烹制禽畜野味等菜肴，是卤水中的主要调料。性大热，燥火。药用益肝、通经、行血、祛寒、除湿。

（4）桂枝，即桂树之细枝，味道、用途、属性、功用与桂皮相同，但不及桂皮浓厚。

（5）香叶，即桂树之叶，味道、用途、属性、功用与桂皮相同，但较之淡薄。

（6）砂姜，又名山奈、山辣，属香草类草本植物。味道辛、香。主要用于烹制动物性菜肴，常加工成粉末使用，在粤菜中使用较多。性温，药用入脾胃、开郁结、辟恶气、治胃寒疼痛等症。

（7）当归，属香草类草本植物，味甘、苦、香。主要用于家畜或野味的烹制。因其味极浓，故用量甚微，否则反有损调味。性温，药用补血活血、调气解表，可治妇女月经不调、白带、痛经、贫血等症，为妇科良药。

（8）荆芥，属香草类草本植物，味道辛、香，用于烧、煮肉类。性温。药用入肺肝、疏风邪、清头目。

（9）紫苏，属香草类草本植物，味道辛、香，常用于烹炒田螺类食材，有时用于烹煮牛羊肉。性温，药用解表散寒、理气和中、消痰定喘、行经活络。可解鱼蟹中毒等症。

（10）薄荷，属香草类草本植物，味道辛、香，主要用于调制饮料和糖水，有时也用于甜肴，也用于调制蘸水。性温，药用清头目、宣风寒、利咽喉、润心肺、除口臭。

（11）黄栀子，又名山栀子，属木本植物，也是天然色素，色橙红或橙黄。味道微苦、淡香，用于禽类或米制品的调味，一般以调色为主。性寒，药用清热泻火，主治热病心烦、目赤、黄疸、吐血、衄血、热毒、疮疡等症。

（12）白芷，属香草类草本植物，味道辛、香，主要用于烹制禽畜野味菜肴。性温，药用祛寒除湿、消肿排脓、清头目。

（13）白豆蔻，属香草类草本植物，味道辛、香。常用于烹制禽畜菜肴。性热、燥火，药用入肺，宣邪破滞、和胃止呕。

（14）草豆蔻，属香草类草本植物，味道辛、香、微甘。主要用于禽畜野味等菜肴的调味。性热，药用味性较白豆蔻猛烈，暖胃温中、利膈止呕、燥湿强脾，能解郁痰内毒。

（15）肉豆蔻，属香草类草本植物，味道辛、香、苦。用于卤煮禽畜菜肴。性温，药用温中散逆、入胃除邪、下气行痰、厚肠止泻。

（16）草果，属香草类草本植物，味道辛、香。用于烹制荤菜。性热燥火，药用破瘴疠之气、发脾胃之寒、截疟除痰。

（17）姜黄，属香草类草本植物，味道辛、香、苦。色味两用香料，一般以调色为主，也用于牛羊类菜肴，有时也用于鸡鸭鱼虾类菜肴。是咖喱粉、沙嗲酱中的主要用料。性温，药用破气行瘀、祛风除寒、消肿止痛。

（18）砂仁，属香草类草本植物，味道辛、香。主要用于烹制荤菜或豆制品。性温，药用逐寒快气、止呕吐、治胃痛、消滞化痰。

（19）良姜，属香草类草本植物，味道辛、香。用于烧、卤、煨等烹调方法。性温，药用除寒、止心腹之疼、散逆清涎止呕。

（20）丁香，又名鸡舌香，属香木类木本植物，味道辛、香、苦。常用于烹制肉类及豆制品。其味极其浓郁，过量则适得其反。性温，药用宣中暖胃、益肾壮阳。

（21）花椒，属木本植物，味道辛、麻、香。大凡烹制动物原料必用，素食亦多使用，川菜使用尤多。性温，药用健脾暖胃、益肾壮阳、活血通络。

（22）孜然，味辛、香。主要用于烹制牛羊肉，味道极其浓烈而特别。西北地区常用，南方人较难接受。性热，药用宣风祛寒、暖胃除湿。

（23）胡椒，属藤本植物，味道辛、香，浓烈。烹制一切动物原料皆可用之，亦用于去除植物食材异味。常研磨成粉末使用。在淮扬菜、粤菜中较多使用。性热，药用散寒、下气、宽中、祛风、除痰。然发疮助火、伤阴，胃热火旺者忌食。

（24）甘草，又名甜草，属草本植物香料，味甘。主要用于腌腊制品及卤菜。性平，药用和中、解百毒、补气润肺止咳、泻火止痛，可治气虚乏力、食少便溏、咳嗽气喘、咽喉肿痛、疮疡中毒等症。宁夏所产品质最佳。

（25）香茅，属香草类草本植物香料，味道香、微甘。通常研成粉末使用，主要用于烧烤类菜肴，也用于调制复合酱料。性寒，药用降火、利水、清肺。

（26）陈皮，即焙干橘皮。属木本植物香料。味道辛、苦、香，主要用于荤菜，也用于调制复合酱料。名贵药材，存放时间越久越名贵。性温，药用驱寒除湿、理气散逆、止咳化痰。

（27）乌梅，属木本植物香料。味道酸、香，用于调制酸甜汁，或加入醋中浸泡，使之增味。

必须指出，中国烹饪中使用的香料非常繁多，许多门派将香料的使用作为独家秘诀，不与外人道。上述罗列的香料只是其中较为常见、使用较为普及的一小部分，但已足资证明香料在中国饮食调味、药膳补益方面的重要作用，进而证明香料在丰富、改善和强化味觉方面的独特作用。中国饮食文化的形成和发展，与香料在烹饪中的运用是密不可分的。

三 香料对于饮食审美意境的影响

香文化也是中国传统文化的组成部分。香的特点，可以用灵动高雅、光而不耀、质朴内敛、玄妙深邃来形容。香具有清气凝神、净化身心、启迪灵感、滋养智慧的精神功用，对中国人文精神的孕育与哲学、美学思想的形成，具有重要的辅助价值。

人类对于香的喜好，乃出自与生俱来的、追求美好事物的天性。唐太宗李世民在《大唐三藏圣教序》中写道："升堕之端，唯人所托。譬夫桂生高岭，云露方得泫其花；莲出绿波，飞尘不能浮其叶。非莲性自洁而桂质本贞，良由所附者高则微物不能累，所凭者净则浊类不能沾。夫以卉木无知，犹资善而成善，况乎人伦有识，不缘庆而求庆?"说的就是这个道理。唯其如此，中国人对于香的喜爱，早已超越了物质层面的嗅觉、味觉，一缕清香幻化为心香一瓣，从而上升到精神层面的心理感受。历代文人墨客的诗文中不乏这类写照："即将无限意，寓此一炷烟"、"我岂不清友，于今心醒然"、"怜君亦是无端物，贪作馨香忘却身"……

所谓心理感受，其实就是某种意境。意境，是中国文化的核心与精髓。中国的美术、音乐、文学，乃至包括饮食、服装、建筑、园林、家居等在内的各种生活艺术，无一不注重对意境的追求。在写实与写意之间，中国文化更多地选择了后者。

在运用香料营造意境方面，中国的历代文人做出了突出贡献。根据《易经》的记载，当时人们不仅已经开始焚香祈求上界神祇的保佑和指示，而且香气的芬芳高洁也被用来比喻人的品格。春秋战国时期的史志典籍中，有很多记载反映了文人雅士对香的推崇，屈原《离骚》中的"扈江离与辟芷兮，纫秋兰以为佩"、"朝饮木兰之坠露兮，夕餐秋菊之落英"、"何昔日之芳草兮，今直为此萧艾也"，就是其中的杰出代表。另据东汉蔡邕《琴操》所述，孔子在从卫国返回鲁国的途中，于幽谷之中见香兰独茂，不禁喟叹："兰，当为王者香，今乃独茂，与众草为伍!"遂停车抚琴，成就《漪兰》之曲。

在中国文人的心目中，香是高雅的事物。孟子曾言："香为性性之所欲，不可得而长寿。"孟子不仅喜香，而且阐述了香的道理，认为人们对香的喜爱是形而上的，是人本性的需求。后世的朱熹对香也非常喜爱，写有《香界》一诗："幽兴年来莫与同，滋兰聊欲洗光风。真成佛国香云界，不数淮山桂树丛。花气无边熏欲醉，灵芬一点静还通。何须楚客纫秋佩，坐卧经行向此中。"历代文人对香的高度肯定，既确定了香的文化品位，赋予其“雅文化”与“精英文化”的品质，同时也推动香进入日常生活，从而避免香的用途局限在祭祀、宗教之中。这对香文化的普及与发展都是至关重要的。因此，香具备了冯友兰先生所说的“既有至高的境界，又不脱离人文日用，极高明而道中庸”的中国文化特质。

中国的历代文人雅士还亲自参与香品、香具的制作。中国有句古语：“技也近乎道。”紫砂、石砚、印章等器物的制作，原本都是匠人的工作，正是由于文人的介入，才脱去匠气成为艺术，比如陈蔓生创制紫砂壶十八式，为紫砂壶制作艺术的形成和发展做出了巨大贡献。香品、香具的制作也是如此，许多文人都是制香高手，如王维、李商隐、傅咸、傅元、黄庭坚、朱熹、苏轼等都曾亲身参与其中。苏轼的日记中即有“子由生日，以檀香观音像新和印香银篆盘香”的记录。仅文人们配制的“梅花香”配方，流传至今的就有43种，“龙涎香”则有30余种。文人们不仅赋予了香的文化意境，赋予了香的生命和灵魂，还直接带动了全社会的用香风气，进而促进了香料贸易及制香业的兴盛繁荣，香文化渐渐扩展到社会生活的方方面面，使得香在日常生活中不仅带给人们嗅觉、味觉上的芬芳享受，也成为怡情审美、启迪性灵、营造意境的绝妙媒介。试想，如果没有香的氤氲熏陶，即使如苏轼般才情，也很难写出“不是文思所及，且令鼻观先参”、“一炷香消火冷，半生身老心闲”这样的性灵文字。

香料运用于饮食，其作用也绝不仅限于丰富、改善和强化味觉，更体现在通过味觉感受，提升饮食的审美意境。

前文已经提到，中国的饮食文化注重食物的色、香、味、意、形、器，其中，色、香、味、形属于形而下的物质范畴，意则属于形而上的精神范畴。意境的实现，依托于色香味形的物质基础，而香料则是调和香与味，通过嗅觉和味觉营造意境的重要因素。通过使用香料增加食物的香与味，实现除秽增鲜、物外生味、丰富味型，在提升食物带给人们的嗅觉、味觉感受的同时，也在人们的内心深处唤醒某种潜在已久的情感与幽思。通过不同的香料、不同的食材、不同的烹饪手法的变化组合，形成了丰富的香型与味型，所营造的意境也迥然不同，或华丽，或高贵，或古雅，或质朴，或平淡，或自然，或山野……享受美食的同时，也经历了一段美妙的心路历程。比如，叫花鸡用荷叶包裹，闻起来有一股自然无华的清香，令人体味到身无羁绊、自由自在的快感；糕点中加入各种鲜花，吃起来有如身临花圃之中，沁人心脾、华丽高洁。中国有一道名菜，叫作龙虾刺身，食用之时，令人恍然如同来到东海龙宫。这种奇妙的感觉来自新鲜的食材、冰镇的清凉，也离不开调料中的芥辣，它在增鲜、消毒的同时，还帮助食物的味道、感觉在口腔中扩散，进一步强化了清凉通透的心理感受。

综上，香料运用于饮食，不仅可以极大地提升食物的嗅觉、味觉感受，也具有提升饮食审美意境的精神功用，这是一个不争的事实。据此我们也可以得出这样的结论：香料在烹饪中的运用，实现了中国香文化和饮食文化的水乳交融。

作者：孙长山，最高人民法院新闻公报主编。

香文化与古琴

王　实

贤愚经六云："佛在舍卫，放钵国长者，有子名富奇那，后出家证阿罗汉。化兄美那，造旃檀堂请佛，各持香炉，共登高楼。遥望只桓，烧香归命。会佛及圣僧，香烟乘空在佛顶上，作一烟盖。佛知即语神足比丘同往。"僧史略中曰："经中长者请佛，宿夜登楼，手秉香炉，以达信心。明日食时，佛即来至。故知香为信心之使也。"①

法华经（方便品）偈曰："若使人作乐，击鼓吹角贝，箫笛琴箜篌，琵琶铙铜钹。如是众妙音，尽持以供养，皆已成佛道。"百缘经曰："昔佛在世时，舍卫城中有诸人民，各自庄严而作妓乐，出城游戏，入城门值佛乞食，诸人见佛欢喜，礼拜，即作妓乐供养佛，发愿而去。佛微笑，语阿难言：诸人等由妓乐供养佛，未来世一百劫中，不堕恶道，天上人中受快乐。"②

《道书》所载《上香偈》称："谨焚道香、德香、无为香、无为清净、自然香、妙洞真香、灵宝惠香、朝三界香，香满琼楼玉境，遍诸天法界，以此真香腾空上奏，焚香有偈，返生宝木，沉水奇材，瑞气氤氲，祥云缭绕，上通金阙，下入幽冥。"

香文化与中国传统的琴道作为文人雅好的"琴、棋、书、画、诗、酒、茶、花、香"的两端，在中国文化史上各自辉煌，而又相辅相成。二者之间的关系可谓微妙。虽然香文化的表现形式主要是以人的嗅觉为体现，而琴道的表现主要是以听觉来体现，但它们都最终会作用于人的意

---

① 丁福保：《佛学大辞典》。

② 同上。

识，它们所要达到的目的都是引导人们的意识趋向平静和安详。

对香与琴的品鉴都是人类精神层面的高级活动。人作为万类之灵的特点就是在满足动物需求之后能够升华自己的精神层次，从而更好地引导社会生活乃至人与自然的关系。而香文化与琴道基本上从其各自的产生之初就结合在一起也是有其内在必然的关系。香，是要在静中求动；琴，是要在动中求静。两者相互配合，而又互相促进，最后在“道”的层面上又得到完美的统一，这在中国乃至世界文化史中都是弥足珍贵的表现形式。

中国文化的本质从整体上讲，就是阴阳平衡发展的文化。而作为“阴”与“阳”的具象化的代表就是“水”与“火”。对于此两者的对立、互补、相融和转化进行研究的所有技术，在中国都被称为“道”。这种对道的认识和运用是指导东方文化的总原则，五千年以降，一以贯之。

我们不难看出，香的表现形式实近于“火”，以天地精华为源，借火以发其性，直达身心；而琴的发声实近于“水”，琴之为乐者虽非水之本身，但音声之发，实与水流之态颇多相类。覆水难收，东流不返，此西方人所谓“你不可能两次踏进同一条河流”，你也不可能两次听到同一段音乐。即便有所谓“录音”，但你的心情和时空也变了。香，借火而发，故自人之上入；琴，似水而出，故自人之下震。妙香者，能从上而入，渐次向下，沁人心脾；妙音者，可自下而动，循经蹈络，振聋发聩。故香之与琴，为道所会，鼓荡身心、调御阴阳，唯善用者自有会心。

那么，首先让我们简要了解一下香文化的由来和古琴的制作过程。

香文化的由来

人类对香的喜好是与生俱来的，香能调动人各种层次的意识活动。香，既是文人雅士之良伴，又是人类借以沟通神明的媒介；既能沉思静对，又能助兴于席间。正是由于香的妙用无穷，才使其融入了人们日常生活的方方面面。更加之历代文人在使用香的过程中又创造出许许多多富有个性的艺术作品，使人们对香的使用更增加了一番情趣。

中国人对香的使用从神农氏开始，在礼记中已有记载。《礼记·郊特牲》："主先啬而祭司啬。"《注》："先啬若神农，司啬后稷是也。又爱吝也。"《左传·僖二十一年》臧文仲曰："务穑劝分。"《注》："穑，俭也。"《疏》："穑是爱惜之义，故为俭。"又《昭元年》穆叔曰："大国省穑而用之。"《注》："穑，爱也。"由此可见，香首先被用于人们沟通天地的最崇高的精神活动中。从中国原始先民的"块桴土鼓"[①] 开始，香就被认为是社会生活不可缺少的部分。与此同时，香在民间也作为消除疾病之用。以香礼佛的记载最早是从汉武帝开始，从此以后，香的应用在传统文化之中便有了代代相传、生生不息的含义。此后，香道的发展在中国广为普及，从宫廷的祭祀礼仪到民间的"香火不断"，可以说，香文化在2000多年的中国文化史中已经渗入了中国文化的各个层面。

"前代象天，其礼质而略；后代法地，其事烦而文。唐虞之际，五礼明备，周公所制文物极矣。"[②] 香作为一种礼乐制度被记录下来始于春秋，成长于汉，完备于唐，鼎盛于宋，宋代之后的发展起起伏伏，整体方向趋于形式化，以至晚清时几近消亡。香文化的兴衰与社会的稳定、文化的兴衰和社会的富足程度都有着密切的关系。

春秋战国时，中国对香料植物已经有了广泛的利用，由于地域所限，中土气候温凉，对于许多香料植物的生长不太适宜，所用香木香草的种类尚不如后世繁多。秦、西汉初期，在汉武帝之前，熏香就已在贵族阶层流行开来，长沙马王堆汉墓就出土了陶制的熏炉和熏烧的香草。熏香在南方两广地区尤为盛行，汉代的熏炉甚至还传入了东南亚，在印尼苏门答腊就曾发现刻有西汉"初元四年"字样的陶炉。汉时，随着国家的统一，疆域的扩大，南方湿热地区出产的香料逐渐进入中土。魏晋南北朝时，虽战乱不断，但香文化仍获得了较大发展。熏香在上层社会更为普遍。同时，道教、佛教兴盛，两家都提倡用香。这一时期，人们对各种香料的作用和

---

① 唐杜佑：《通典·礼四·大鲅》。

② 《太平御览》卷523。

特点有了较深的研究，并广泛利用多种香料的配伍调和制造出特有的香气，出现了“香方”的概念。香文化在隋唐时期虽然还没有完全普及民间，但这一时期却是香文化史上的一个重要阶段。在这一时期，香文化的各个方面都获得了长足的发展，从而形成了一个成熟、完备的香文化体系。宋代的航海技术发达，南方的“海上丝绸之路”比唐代更为繁荣，巨大的商船把南亚和欧洲的乳香、龙脑、沉香、苏合香等多种香料运抵泉州等东南沿海港口，再转往内地，同时将麝香等中国盛产的香料运往南亚和欧洲（沿“海上丝绸之路”运往中国的物品中，香料占有很大的比重，常被称为“香料之路”）。在元、明、清时期，开始流行香炉、香盒、香瓶、烛台等搭配在一起的组合香具。晚清以来，连绵不断的战争和政局的长期不安定以及西方社会思潮的传入，使中国的传统社会体系受到了前所未有的冲击，中国香文化也进入了一个较为艰难的发展时期。随着近代工商业的发展，中国传统的香文化日益受到冲击。近几十年来，在社会物质积累到达一定水平之后，人们已经开始重新审视中国的香文化。从制作上回归天然，在使用上体道修身已成为趋势，大有蔚然成风之态。

从历史上看，在对香的应用中，人们从一开始就深刻地明白，香能够作用于人的身体从而影响人的意识，以达到沟通人与天地的作用。只是由于人类精神生活与物质生活的不断异化，所以才使人们渐渐地只注重香的表象而离其本质的作用越来越远。总之，在历史中越是由香的作用去引导人的意识向自身内部观察的时期，对香的理解越深刻；越是对香的表现形式更关注的时期，对香的认识越肤浅。在对香的认识上，也和其他各个门类的艺术一样：“形而上者谓之道，形而下者谓之器。”①

古琴制作简介

古琴，是中国最古老、最具文化内涵和哲学思想的音乐艺术之一。千百年来，古琴艺术在中国艺术与文化的历史长河中，所具有的内涵远远大于一项简单的艺术种类，它凝聚着中华民族文化精神的内核，体现了中国的知识阶层修身立业的德行。古琴的琴器简洁而有力；古琴的琴制体现出

① 《易传·系辞上》。

中国文化对“天人合一”的认识；古琴的琴道是一种内观修身的方法；古琴的琴德体现出中国历代士人阶层对宇宙人生的认识；古琴的琴曲是哲学与音乐的充分结合。凡此种种不一而足，不胜枚举。

古琴制作技艺具有3000年以上的历史，它是与中国传统文人精神结合最紧密的一种哲学型的乐器。中国古琴制作技艺的审美标准是以传统的“人本”思想为指导的，经过历代文人的长期总结形成了对古琴形制简洁大方、含蓄内敛的造型要求。从相传伏羲削桐为琴开始，到唐代以雷氏家族为代表的斫琴鼎盛时期，宋、元、明都出现了一系列斫琴大家，如马希仁、朱致远、祝公望、张敬修等。清代、民国时期，斫琴技艺开始衰落，近代几近式微，这几十年来才渐有恢复。

上古伏羲、神农“削桐为琴，绳丝为弦”，“舜作五弦之琴以歌南风”①，说明在原始社会时期琴有五根弦，已有“宫、商、角、徵、羽”五音。周文王、武王在琴上各增一弦，成为七弦。湖北随县战国初期曾侯乙墓出土的五弦琴、十弦琴，湖北荆门郭店出土的战国中期七弦琴，湖南长沙马王堆出土的西汉七弦琴，这些文物说明古琴当时已经存在，而形制并未统一为七弦。

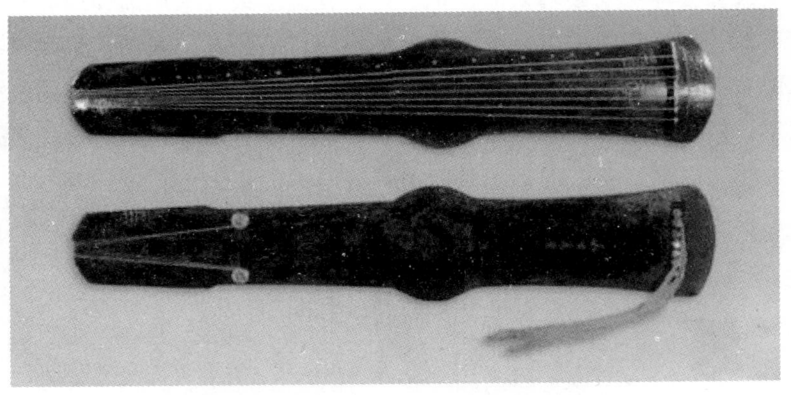

从晋代顾恺之《斫琴图》来看，古琴在晋代形成比较统一的七弦式样。唐、宋、元、明、清比较完备地传承了古琴传统制作技艺，使诸多古琴流传于世。现存唐琴，如故宫藏“九霄环佩”、“大圣遗音”，中央音乐学院藏

① 《礼经·乐记》。

"太古遗音"等。古琴在唐代因受皇家重视而飞跃发展，斫琴家层出不穷。如雷威、郭谅、张越、沈鐐。据宋人考证，雷氏第一代制琴，始于唐开元年间，造型有伏羲式、神农式、师旷式、仲尼式、凤嗉式、凤势式、连珠式。现存宋琴如故宫藏"海月清辉"等。宋代是古琴制作技艺发展时期，斫琴名家北宋时有僧仁智、卫中正、米仁济、马希亮、马希仁、赵仁济，南宋有金远、陈遵。现存元琴如赵孟頫斫制的"龙吟虎啸"等。到了元代，由于这时前代遗琴较多，擅琴者又较少，故元代斫制的琴传世不多。严清古、施牧州、朱致远为元代斫琴名家。明代继续发扬儒家思想和传统文化，居住江南的古琴家来至京师开始活动，七弦琴在皇家关注之下逐渐兴盛。现存明琴如湖南省博物馆藏祝公望斫制的"蕉叶琴"。斫琴名家有明朝的几个藩王宁、衡、益、潞，以及严天池、王昆一等。北京在这一时期成为斫琴的主要地区之一。由于明琴流传较多，故清代的斫琴技艺多有退步，传世的罕有精品。传世的清琴有谭嗣同斫制的"残雷"落霞式等。

《诗经》中曾有"椅桐梓漆，爰伐琴瑟"[①] 的记载，这说明，至少在春秋战国时期，面桐底梓内膛中正对称的斫琴制度以及使用大漆工艺就已经确立了，并且这种制作方式一直被坚持传统斫琴工艺的制作者沿用到今天。传统斫琴工艺极其复杂，简单概括，大概可分为十三大部分，它们分别是：选材法、造型法、槽腹法、合琴法、上岳尾法、木胎陈化法、灰胎法、灰胎陈化法、定徽法、安足调音法、罩漆推光法、上弦法、成琴稳定法。

对古琴发音的特点也逐步形成了"奇、古、润、透、圆、静、芳、清、匀""九德"的品评标准，由此也确立了古琴"轻微淡远"、"中正平和"的音乐风格，对传统文人的道德情操以及精神境界的升华起到了极其深远的影响，从而成为礼乐教化的重要表现形式。

所谓古琴的九德[②]：

一曰"奇"。谓轻、松、脆、滑者乃可称"奇"。益轻者，其材轻松；松者，扣而其声透，久年之材也；脆者，质紧而木声清长，裂纹断断，老桐之材也；滑者，质泽声润，近水之材也。

---

① 《诗经・定之方中》。

② （明）冷谦：《琴书大全・琴制》。

二曰“古”。谓淳淡中有金石韵，盖缘桐之所产得地而然也。有淳淡声而无金石韵，则近乎浊，有金石韵而无淳淡声，则止平清。二者备，乃谓之“古”。

三曰“润”。谓之发声不燥，韵长不绝，清远可爱。

四曰“透”。谓岁月绵远，胶漆干匮。越发嘹亮而不咽塞。

五曰“圆”。谓声韵浑然而不破散。

六曰“静”。谓之无刹飒以乱正声。

七曰“芳”。谓愈弹而声愈出，无弹久声乏之病。

八曰“清”。谓发声犹风口之铎。

九曰“匀”。谓七弦俱清圆，而无三实四虚之病。

中国的古琴制作技艺虽然在历史的长河中代有兴衰，但古琴自产生之时起，它的本质目的始终没有改变，那就是借音声以调心神，从外物直达内观。所以，它的面透底实、内木外漆、共鸣腔结构中正对称的基本规律是只可完善但不能改变的，因为它最终所要共振的是人，而人的结构自古至今并没有多大的改变。近世不明此理的制作者套用西方乐器的发音规律，将古琴内膛结构变为不对称的，这从根本上失去了琴之所谓为琴的目的；更有甚者将木材用微波、电烤等手段进行处理以求模仿陈年老料的效果，使木材内部碳化，丧失了天然木性，这样的古琴何谈传世?! 至于在大漆中掺入化学固化剂甚至在工艺上人为干预以求达到新制之琴已是满面断纹的赝品效果，更是令人所不齿。特别是由于大漆工艺的复杂和近世大漆产品的产量低下，使大多数人已经不熟悉纯大漆产品的特点了。那些新制古琴的满面断纹等于在张嘴告诉你：“我是化学漆的，我添加了固化剂啊，我是被人为掰成这样的!”而好琴者，多徒观其表，动辄以几十万金至百万金购之，此情岂不悲哉!?

浮云虽可遮望眼，但毕竟遮不住历史，时间会分别一切，但良知之人当探其本源，让更多的人知道真正的老木料是什么样子、纯大漆制作的器物应该是什么样的光泽、完整的制琴工艺应该经历什么样的步骤。更有道心者该深思琴之为器的意义所在，才能让正法长存于世。

香文化和琴道的结合主要体现在天道、人德、修习过程、表现形式等方面。

1. 香文化、琴道与天道

香是天地造化的产物，人类从早期的简单用香，到后来的富有文化气息的品香，体现了人类热爱自然的积极情趣，表明了人类追求安逸从容的生活态度。随着香文化的发展，香文化的含义远远超越了香制品本身，进而成为通过香这个载体达到修养身心、培养高尚情操、追求人性完美的文化活动。香文化更加表现为一种顺应天道的艺术形式。

那么琴文化又是怎样的发展脉络呢？宋代朱长文《琴史》中通过师文习琴的过程，给予古琴艺术道与器、道与技的关系一个很好的概括："夫心者道也，琴者器也。本乎道则可以用于器，通乎心故可以应于琴。……故君子之学于琴者，宜工心以审法，审法以察音。及其妙也，则音法可忘，而道器具感，其殆庶几矣。"可见在中国古人那里，习琴操缦从根本上讲是心得以通"道"的一个途径，如果"道"不通，纵然如师文先前"非弦之不能钩，非章之不能成"①，也仍然不能领会其真谛，达到其至高境界，正如师文自己所言"文所存者不在弦，所志者不在声，内不得于心，外不应于器，故不敢发手而动弦"②。此处之"道"，并非仅仅指琴道，对于君子而言，同时也是其终身所力求体认的"天道"，这也正是我们希望借由抚琴而达到的自我修炼的境界。

古琴虽然只是一种乐器，但从历史上看，从它的诞生到整个发展过程中，自始至终凝聚着先贤圣哲的人文精神。按《琴史》的说法，尧、舜、禹，汤、西周诸王均通琴道，以其为"法之一"，"当大章之作"，而且他们均有琴曲传世，尧之《神人畅》，舜之《思亲操》，禹之《襄陵操》，汤之《训畋操》，太王之《岐山操》，文王之《拘幽操》，武王之《克商操》，成王之《神风操》，周公之《越裳操》等，其中大多一直流传至今。孔子等先哲更是终日不离琴瑟，喜怒哀乐、成败荣辱均可寄情于琴歌琴曲之中。琴既是先贤圣哲宣道治世的方式，更是他们抒怀传情的器具。在琴道中，无论上古时代的"天人合一"，还是后世所崇尚的"和"的精神都有最好的体现。中国最早的诗歌集《诗经》说明了这点。《小雅·常棣》

① 《列子·汤问》。

② 同上。

中有："兄弟既具，和乐且孺。妻子好合，如鼓瑟琴。"《小雅·鹿鸣》也有："我有嘉宾，鼓瑟鼓琴。鼓瑟鼓琴，和乐且湛。"可见，和谐美妙的琴瑟之声，也有助于亲人友人之间的"和"。明代徐青山在《溪山琴况》二十四"况"中，将"和"列为首位，其意也在于强调琴之道的首重即在于此。其中说："稽古至圣，心通造化，德协神人，理一身之性情，以理天下人之性情，于是制之为琴。其所首重者，和也。和之始，先以正调品弦，循徽叶声。辨之在指，审之在听，此所谓以和感，以和应也。和也者，其众音之窾会，而优柔平中之橐籥乎?"可见，古琴从琴制到调弦、指法、音声，都是以"和"为关键，而"和"正是中国古典精神的最好体现。王善《治心斋琴学练要》说："《易》曰'保合太和'，《诗》曰'神听和平'，琴之所首重者，和也，然必弦与指合，指与音合，音与意合，而和乃得也。和也者，天下之达道也，其要只在慎独。"可见，通过琴达到"和"的境界也并不容易。琴道的这种重要的社会功能是与审美感知过程直接相连的。唐代薛易简《琴诀》："琴之为乐，可以观风教，可以摄心魂，可以辨喜怒，可以悦情思，可以静神虑，可以壮胆勇，可以绝尘俗，可以格鬼神，此琴之善者也。"

由此可见，香与琴之功用归根结底都在于和人一身之正气。香与琴无论从其产生、制作原理还是其表现形式均是以遵循此天道为依归的，这不仅是人类文明的体现更是自然和谐规律的必然。而香与琴在天道上的互通也成为它们能够共用的基础，这一点也是历代文人雅士的共识。

2. 香德、琴德与人德

宋代书画家、文学家黄庭坚的《香十德》：感格鬼神、清净心身、能除污秽、能觉睡眠、静中成友、尘里偷闲、多而不厌、寡而为足、久藏不朽、常用无障。此十德是黄庭坚对香品内在特质的高度概括，对后世香文化研究影响深远。黄庭坚不仅是一位伟大的书画家、文学家，同时也是一位香学大家。不仅喜香、用香、和香，其《香十德》、《咏香诗》等文学作品对香的内涵都做出了全面而深刻的分析和评价。《香十德》首先从香的特殊属性入手，道出了其在人天关系中的作用。对此十个方面简述如下：

感格鬼神。香为"聚天地纯阳之气而生者"，所以以纯阳之性，上而感于天，下而感于地，故有"感格鬼神"之功。香通三界，能感应来自天地之精气。感："动也"，感应。格：至，来，感通。鬼神：神灵、精气，古代指天地间一种精气的聚散变化。"天神曰神，人神曰鬼。又云圣人之精气谓之神，贤人之精气谓之鬼。"① 总之，是指天地间聚散的精气。因为香是聚天地纯阳之气而生的物质，它纯善、纯美，自然与天地间聚散的纯善、纯美的精气（能量）感应道交，因此人们应该明白，当人的心具备纯善纯美的属性时自然也会与天地间纯善纯美的精气感应道交，这也叫感召。就和林则徐的"存心不善，风水无益"同理，"心存不善，好香无益"。

清净心身。香为聚天地纯阳之气而生者，自然具有清净心身之功效。清净，是清洁纯净的意思。也可指使人心境洁净，不受外扰。佛教则赋予清净更深一层的含义，即远离恶行与烦恼。离恶行的过失，断烦恼的垢染，叫作清净，这是障尽解脱的离垢清净。相由心生，境随心转，这里的境是指心以外的物质环境，包括自己的身。所以，纯善的心是决定一切的。

能除污秽。祛除肮脏的、不洁净的东西，祛除污秽，通经开窍，使邪气不侵，达到保健养生的效果。

能觉睡眠。觉，醒也，能让人从睡眠到睡醒。导致睡眠不好的原因众多，但从根本上讲，多数是因为一天的劳作，使正阳元气耗损过多，阴阳不能平衡所致。夜间自然界阴气旺盛，与人体内阴气所感，乘虚而入，所以导致神不能安，睡眠质量差。一炉好香，阳气充盈，既可扶正祛邪，又能培补元阳之气，使睡眠安适。

静中成友。宁静、安详、娴雅中，彼此亲近、相好。香又是怡神安性之物，香溢炉暖，袅袅五彩之烟，既能愉悦心境，又如良友相伴。

尘里偷闲。在忙碌的世俗中抽出时间，让身心得到一种安宁。

多而不厌。拥有很多也不生厌，也能满足。量力而行，知足为乐。也不为其而生贪。

寡而为足。香乃聚天地精华之灵物，所以拥有很少也可令人满足。

久藏不朽。长时间地收存也不会腐烂。

常用无障。因为烦恼能碍圣道，说以为障。障，即烦恼。经常使用从而减少烦恼。

所以，几千年来，好的香品都被视为生活中的妙物，四时常用，家居

① 张守节：《史记正义》。

常备。明代周嘉胄说："霜里佩黄金者，不贵于枕上黑甜；马首拥红尘者，不乐于炉中碧篆。"[①] 这也是对香的极高评价。

那我们再谈谈琴德。桓谭《新论·琴道》曰："八音广播，琴德最优。"何谓琴德？顾名思义即古琴之品德，我认为可以理解为人在习琴操缦的过程中及借由这个过程而提升的人品"德性"。嵇康《琴赋》有："愔愔琴德，不可测兮，体清心远，邈难极兮。"他在赞颂古琴琴德之高深难及的时候，何尝不是在说做人要达到至高的德之境界之艰难。司马承祯《素琴传》中举古代圣贤孔子、许由、荣启期之例，说明琴德与君子之德、隐士之德相契合："孔子穷于陈蔡之间，七日不火食，而弦歌不辍。原宪居环堵之室，蓬户瓮牖褐塞，匡坐而弦歌，此君子以琴德而安命也。许由高尚让王，弹琴箕山；荣启期鹿裘带索，携琴而歌，此隐士以琴德而兴逸也。……是知琴之为器也，德在其中矣。"我们可以从两方面看待这个问题，一方面，习琴操缦有助于人之德性的滋养提升；另一方面，倘若是无德之人，即使其有较高的操琴技巧，也难以达到至上的琴境，因为他有违琴德。也就是说，琴虽然为养德之器，但本身也凝聚了德性之士的涵养。琴德一方面通过操缦姿态、琴曲格调、琴声清雅等形式表现出

① 周嘉胄：《香乘》。

来，另一方面则与其处世态度与人生境界融为一体。如刘籍《琴议篇》所言："夫声意雅正，用指分明，运动闲和，取舍无迹，气格高峻，才思丰逸，美而不艳，哀而不伤，质而能文，辨而不诈，温润调畅，清迥幽奇，参韵曲折，立声孤秀，此琴之德也。"清代徐祺在《五知斋琴谱·上古琴论》中把这个问题说得更为明确："其声正，其气和，其形小，其义大。和平其心，忧乐不能入。任之以天真，明其真而返照。动寂则死生不能累，万法岂能拘。古之明王君子，皆精通焉。未有闻正音而不感者也。……琴能制柔而调元气，惟尧得之，故尧有《神人畅》。其次，能全其道。则柔懦立志，舜有《思亲操》、禹有《襄陵操》、汤有《训畋操》者，是也。自古圣帝明王，所以正心、修身、齐家、治国、平天下者，咸赖琴之正音，是资焉。然则，琴之妙道，岂小技也哉。而以艺视琴道者，则非矣。"琴德高尚，仁人志士以琴比德，借以抒怀咏志，历代琴诗、琴曲中这样的作品很多，阮籍的咏怀诗，嵇康的广陵绝唱，白居易、苏东坡等人的赞琴诗，均把琴当作君子之德的一个物化符号来看待。

从人德的角度看，香文化与琴道更是相得益彰，究其原因是它们都是在不侵害自然和谐的先决条件下，最大限度地满足人类个体心灵自由的需要。而这种需要的高级形式就是向内观察。焚香与抚琴的结合能够更有效地起到这种作用，使人事半功倍。

3. 香文化和古琴修习的过程都是一个自我修炼的过程

道教称香有太真天香八种：道香、德香、无为香、自然香、清净香、妙洞香、灵宝慧香、超三界香。宁全真在《上清灵宝书》卷 54 中曰："道香者，心香清香也。德香者，神也。无为者，意也。清净者，身也。兆以心神意身，一志不散，俯仰上存，必达上清也。洗身无尘，他虑澄清。曰自然者，神不散乱，以意役神。心专精事，穹苍如近君，凡身不犯讳。四香和合，以归圆象，何虑祈福不应。妙洞者，运神朝奏三天金阙也。灵宝慧者，心定神全，存念感格三界，万灵临轩，即是超三界外，存神玉京，运神会道，不可缺一，即招八方正真生气，灵宝慧光，即此道也。以应前四福应于一身，以香焚火者，道德无为之纯诚也。以火焚香者，诚发于心也。"道教在斋醮仪式中，将烧香行为都规定了名相，其意义是十分深刻的。

妙香是修行中不可或缺之物，佛经中就有以“香光庄严”来比喻念佛三昧的作用，以母子相忆及香气染于人身比喻念佛相应，如念佛者熏染佛陀之功德，盈满身心。诸菩萨发愿成就的净土中，众妙香风随香吹拂，欲界诸天常以柔软香风触身。佛经中八功德水因发清香又称香水海，而在诸佛净土中又有以香著称的香积世界，可见香之重要。《楞严经》中谈到诸根圆通法门，其中香严童子就是因闻沉水香而发明无漏，证得罗汉果位。“香严童子，即从座起，顶礼佛足，而白佛言，我闻如来教我谛观诸有为相，我时辞佛，宴晦清斋，见诸比丘烧沉水香，香气寂然来入鼻中。我观此气，非本非空，非湮非火，去无所着，来无所从，由是意消，发明无漏。如来印我得香严号。尘气倏灭，妙香庄严。我从香严，得阿罗汉。佛问圆通，如我所证，香严为上。”上好妙香又代表清静戒德，代表五分法身，即戒香、定香、慧香、解脱香、解脱知见香。而真正遵循佛陀教诲，精进修行，可谓点燃内在之心香，以精诚之心来供养。沉香、沉香木或正檀香制成的香在供佛中都是上品。能传递良好的信息给诸佛菩萨，能够增长修行者之身体诸种善根，香在火中点燃，是由热中升出的清凉，弥漫于内心，使人维系正念，化烦恼为菩提。佛法修行重要在于上供下施，以无上妙香供养诸佛菩萨、金刚、护法和历代祖师具无量之功德。《法华传记》卷10《十种供养记之九》中，鸠摩罗什曾说，若要供养《法华经》，须依经说，略备十种供具，一花、二香、三璎珞、四抹香、五涂香、六烧香、七幡盖、八衣服、九伎乐、十合掌也。其中香就占四种，可见香在诸供养中之重要，而上好妙香之供养尤为重要。在诸供养中，涂香又代表戒波罗蜜，烧香代表精进波罗蜜。唐密之中，《苏悉地羯罗经》卷上《分别烧香品》载，修佛部法应燃烧沉水香，金刚部应燃烧白檀香，莲华部应燃烧郁金香。其经卷下《备物品》中载成就诸真言须备办五种香，即沉水香、白檀香、紫檀香、娑罗香、天木香。而在唐密六祖不空三藏《佛顶尊胜陀罗尼念诵仪轨》中载，修息灾法应焚沉水香，增益法应焚白檀香。降伏法应焚安息香，敬爱法应焚苏合香。而修孔雀经法时应烧五香，即沉香、白胶香、紫香、安息香、熏陆香。而唐密作坛法时，须用五香，即沉香、白檀香、丁香、郁金香、龙脑香代表一切香，此五香与五宝、五谷共置于瓷瓶中，或瓷盒、金银器中，以天地真言加持一百零八遍埋于坛中心。在唐密护摩法中，以散香、丸香投入火中，烧以供养，一方面表精进之义，另一方面散香表微细之烦恼、表痴，丸香表嗔，花表贪，燃供于火中，表示以智慧之火烧尽贪、嗔、痴诸烦恼。

那么古人对习琴之道又是怎样描述的呢？明人高濂《遵生八笺·燕闲鉴赏笺》中谈道：“琴用五音，变法甚少，且罕联用他调，故音虽雅正，不宜于俗。然弹琴为三声，泛声、散声、按声是也。泛声应徽取音，不假按抑，得自然之声，法天之音，音之清者也；散声以律吕应于地，弦以律调次第，是法地之音，音之浊者也；按声抑扬于人，人声清浊兼有，故按声为人之音，清浊兼备者也。”这段话表明了古琴琴音的艺术特点，一方面，琴曲曲谱最基本的调式只有宫、商、角、徵、羽五音，雅正不俗，但似乎缺少变化。另一方面，通过指法的变化，却可以演化出与天地之音相通，与人声相类的各种音色，表现出不同的音韵。

古琴的泛音轻灵清越，玲珑剔透；散音沉着浑厚，明净透彻；按音纯正实在，富于变化。泛、散、按三种音色的变化不仅在琴曲表现中担当着不同的情绪表达的作用，引发出不同的审美效果，而且从其创制上讲，也同样暗含着与天、地、人相通的哲理。《太古遗音·琴制尚象论》中说：“上为天统，下为地统，中为人统。抑扬之际，上取泛声则轻清而属天，下取按声则重浊而为地，不加抑按则丝木之声均和而属人。”天、地、人三声可以说是包蕴了宇宙自然的各种声音，早在先秦庄子那里就已经有这种区分：“南郭子綦隐机而坐，仰天而嘘，怠焉似丧其偶。颜成子游立侍乎前，曰：‘何居乎？形固可使如槁木，而心固可使如死灰乎？今之隐机者，非昔之隐机者也？’子綦曰：‘偃，不亦善乎而问之也！今者吾丧我，汝知之乎？女闻人籁而未闻地籁，女闻地籁而未闻天籁夫！’子游曰：‘敢问其方。’子綦曰：‘夫大块噫气，其名为风。是唯无作，作则万窍怒号。而独不闻之翏翏乎？山林之畏佳，大木百围之窍穴，似鼻，似口，似耳，似枅，似圈，似臼，似洼者，似污者。激者、謞者、叱者、吸者、叫者、譹者、宎者，咬者，前者唱于，而随者唱喁。冷风则小和，飘风则大和，厉风济则众窍为虚。而独不见之调调之刁刁乎？’子游曰：‘地籁则众窍是已，人籁则比竹是已，敢问天籁。’子綦曰：‘夫天籁者，吹万不同，而使其自已也。咸其自取，怒者其谁邪？’”① 琴之泛、散、按三音，

① 庄子：《庄子·齐物论》。

正如天、地、人三籁，可以描绘自然界变化无穷的诸多音响，而且还可以引发人的形而上的冥想，从而身心俱化。这也是先哲以此为修身养性之方式的原因之一。嵇康《琴赋》总结了士大夫之所以如此爱琴的原因，这是从另一个角度说的："余少好音声，长而玩之，以为物有盛衰，而此无变，滋味有厌，而此不倦。可以导养神气，宣和情志，处穷独而不闷者，莫近于音声也。是故复之而不足，则吟咏以肆志；吟咏之不足，则寄言以广意。"

古琴修习过程枯燥而磨炼心志。首先，修琴需先修心、修德，没有心之悟，道之得，难以达到更高的境界。也就是说，在古代先哲那里，习琴操缦的主要目的是成君子之德，而不是学会一门艺术技巧。习琴只是手段和过程，修身养性才是目的。琴史上许多著名的典故，都说明了这个道理，姑且举最为人们熟悉的孔子习琴的故事来看。《韩诗外传》（《史记》中也有同样记载）中说："孔子学鼓琴于师襄子而不进，师襄子曰：'夫子可以进矣。'孔子曰：'丘已得其曲矣，未得其数也。'有间，曰：'夫子可以进矣。'曰：'丘已得其数矣，未得其意也。'有间，复曰：'夫子可以进矣。'曰：'已得其意矣，未得其人也。'有间，复曰：'夫子可以进矣。'曰：'已得其人矣，未得其类也。'有间，曰：'邈然远望，洋洋乎，翼翼乎，必作此乐也。黯然而黑，几然而长，以王天下，以朝诸侯者，其惟文王乎。'师襄子避席再拜曰：'善！师以为文王之操也。'故孔子持文王之声，知文王之为人。师襄子曰：'敢问何以知其文王之操也?'孔子曰：'然。夫仁者好韦，智者好弹，有殷勤之意者好丽。丘是以知文王之操也。'传曰：闻其末而达其本者，圣也。"孔子习琴由得其数到得其意，进而得其人、得其类的过程，就是古代贤哲修身悟道的过程。

其次，古琴易学而难精，非长年累月修炼，难以达到高妙的境界，也难以达成修身养性的目的。修炼过程较枯燥，不能急于求成，正是磨炼心性的好方法。《列子·汤问第五》中记载的师文向师襄习琴的故事很能说明问题："匏巴鼓琴而鸟舞鱼跃，郑师文闻之，弃家从师襄游。柱指钧弦，三年不成章。师襄曰：'子可以归矣。'师文舍其琴，叹曰：'文非弦之不能钩，非章之不能成。文所存者不在弦，所志者不在声。内不得于心，外不应于器，故不敢发手而动弦。且小假之，以观其所。'无几何，复见师襄。师襄曰：'子之琴何如?'师文曰：'得之矣。请尝试之。'于是当春而叩商弦以召南吕，凉风忽至，草木成实。及秋而叩角弦，以激夹钟，温风徐回，草木发荣。当夏而叩羽弦以召黄钟，霜雪交下，川池暴冱。及冬而叩徵弦以激蕤宾，阳光炽烈，坚冰立散。将终，命宫而总四弦，则景风翔，庆云浮，甘露降，澧泉涌。师襄乃抚心高蹈曰：'微矣，子之弹也！虽师旷之清角，邹衍之吹律，亡以加之。被将挟琴执管而从子之后耳。'”可见师文为了达到那种春夏秋冬皆能令草木生辉，万象蓬勃，充满生机，出神入化的境界，经历了三年不成章的痛苦，更经历了掌握技术之后磨炼心性的过程，因为其志所在乃内得于心，外应于器。

再次，习琴操缦过程中需凝神静气，疏瀹五脏。为了成就高尚的琴德，体味至上的琴境，从而把握深奥的琴道，达成完善的人格，也为了使习琴与操缦的过程更臻于实修的境界，在这个过程中还必须遵从身心修习的规律。其中首先应该注意的是保持一个“涤除玄览”的心态，也就是要扫除心中的凡尘琐事，凝神静气，情志专一，如此才能进入琴境。这一点也很受历代琴学家的重视。明代汪芝《西麓堂琴统》曰：“鼓琴时，无问有人无人，常如对长者，掣琴在前，身需端直，安定神气，精心绝虑，情意专注，指不虚下，弦不错鸣。”明代《太古遗音》中也有：“神欲思闲，意欲思定，身欲思恭，心欲思静。”

强调习琴操缦时的虚静心态，有几个方面的原因。其一，是艺术创作与审美规律相一致，这一点从老庄开始一直是中国古代美学非常强调的。其二，是因为古琴演奏技巧相对比较复杂，既要注意指法的准确，左右手的配合，又要注意演奏的力度、节奏，更重要的是要根据琴曲的主题结合自身的体会准确地表达情感。如果心存杂念，思虑重重，不能集中精神，往往连基本的指法也会出错，更何谈进入精妙的琴境，体悟高深的琴道。如薛易简《琴诀》曰：“鼓琴之士志静气正，则听者易分；心乱神浊，则听者难辨矣。”其三，是因为操琴的目的在于从审美的意境达至修身养性的目的，如果心绪烦乱，满心功名利禄的想法，这会成为最大的妨碍，所以习琴操缦之人首先就要有意识地克服这一点。成玉磵《琴论》中讲道：“至于造微入玄，则心手俱忘，岂容计较。夫弹人不可苦意思，苦意思则缠缚，唯自在无碍，则有妙趣。设者有苦意思，得者终不及自然冲融尔。庄子云‘机心存于胸中，则纯白不备’。故弹琴者至于忘机，乃能通神明也。”能够做到忘心机，就能够通神明。

从修习的过程看，香文化和琴道的本质都不在于绚丽的外表，而在于更多地关注于对自身意志的磨炼。而对自身意志的磨炼，本质上是一个人永远要面对的最大挑战。对香与琴的修习都可以帮助我们去实现这一点，而且又能相互激发。

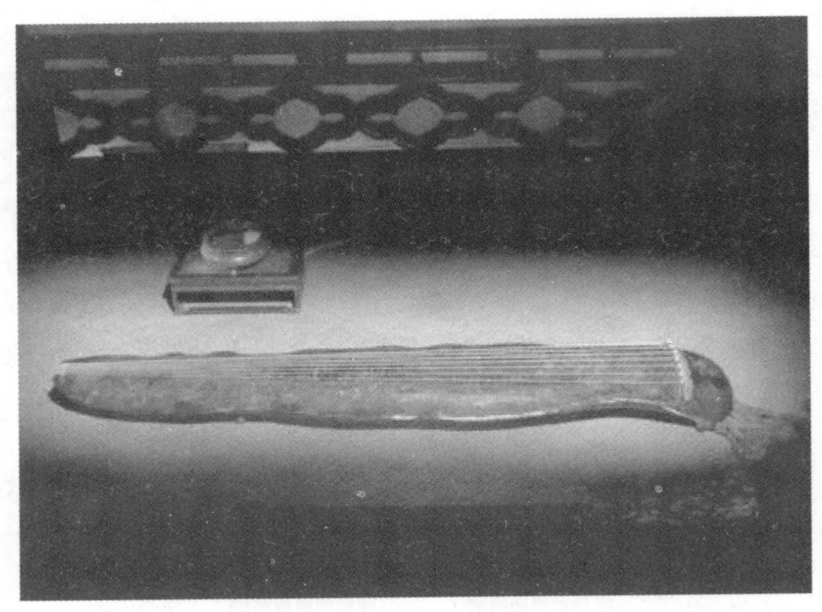

4. 行香载道与抚琴怡情

如前所述，自神农制香以来，中国就有了严谨的行香仪轨。《礼记外传》曰：吉、凶、宾、军、嘉，即五礼之目也。吉礼者，祭祀郊庙宗社之事是也；起自神农氏，始教民种谷。礼始于饮食，吹苇龠，击土鼓，以迎田祖，致敬鬼神，皆用乐。此伊耆氏即神农别号。凶礼者，丧纪之说、年谷不登、大夫去国之事也；黄帝始养生送死也。宾礼者，贡献朝聘之事是也。军礼者，始黄帝与蚩尤战于涿鹿之野。嘉礼者，好会之事，起自伏羲以俪皮为币，始制嫁娶，亨通者，嘉会之事也。其后有冠、冠者，代父之事也。婚有继世之道，物有代谢之期，悲发于衷，乃非纯吉，故为喜慰之事也。乡饮酒、乡射、食耆老、王燕族人之事是也。四者亦嘉会也。但前代象天，其礼质而略；后代法地，其事烦而文。唐虞之际，五礼明备，周公所制文物极矣。《礼论》故礼者养也。刍豢稻粱，五味调香，所以养口也；椒兰芬苾，所以养鼻也；雕琢刻镂，黼黻文章，所以养目也；钟鼓管磬，琴瑟竽笙，所以养耳也；疏房檖貌，越席床笫几筵，所以养体也。故礼者养也。由此可见古人在运用各种乐器与香料进行与天地神灵沟通的时候是有着很强的目的性的，在整个过程中香、乐器、器物、衣着等各方面，各司其职发挥着从不同方面引导人意识的作用。在北京法海寺宋代壁画表现的唐代中国行香的完整礼仪中，无论是服饰、用具还是人员的配合均十分完善，让人见后叹为观止。

自琴的产生起，中国人就视其为沟通天地的神物。桓谭在他的《新论》中说："昔神农氏继宓羲而王天下，上观法于天，下取法于地，近取诸身，远取诸物，于是始削桐为琴，练丝为弦，以通神明之德，合天地之和焉。"又曰："神农氏为琴七弦，足以通万物而考理乱也。"又曰："君子无故不撤琴瑟。"① 是对弹琴者精神状态的极高要求。在这里"撤"是弹的意思，当君子不能凝神静气的时候就不要弹奏乐曲，因为神不可轻招，天地不可亵渎。后世竟然有人解释为：君子无故不能把琴拿走。是以为古之君子也如今人之形式主义，真是不值一哂。

在琴与香的配合中，香为信使，弹奏者往往是先沐手诚心，在香几上放好香炉然后点燃，待香气氤氲、涤除玄览之后再开始抚琴。如果条件允许，文人还会将香材磨碎在特定的香炉中打香篆，凡此种种不一而足。

5. 行香仪轨与音乐的配合

中国自古在祭祀、朝仪和日常生活中都有严谨的使用香的规范，同时在使用香的时候多有音乐相伴。敦煌乐舞飞天中在使用香的同时有土鼓、破竹、笙、琴等乐器互相配合，在仪式的开始、中间和结束时分别起到引导、带领和启迪的作用。在山东青州石刻中甚至把乐队的排列方式都清晰地体现出来，可见中国传统的音乐与中国香文化相互间深深融合在一起。

---

① 《礼记》。

总 结

"焚香沐素琴，弦外有知音。"[①] 古代的文人雅士弹琴、弈棋、读书、品茶、静坐……都焚香，以帮助自己静心契道。所谓"红袖添香伴读书"[②]，并不是夸张的文学描写，而是古时候文人墨客日常生活的真实写照。香文化与古琴这些现代人觉得有点陌生的东西，其实都曾是我们传统文化的重要承载体。在古代，称得上文人雅士的，无不终身与琴、香为伴。圣人孔子本身就是琴道高手。后世的读书人，书房里也总少不了一张古琴。至于焚香，使用的范围就更广了，不仅文人雅士、王公贵族的生活离不了香，就是寻常百姓，也会在一些固定的时间里使用香。在我国古代，香文化经历了从熏香到焚香，再到香席的演变过程。到了香席的时代，闻香已不仅是一种嗅觉与视觉的艺术，更是一种静心修道的方式。历代的文人雅士多讲究焚香：焚香读书、焚香弹琴成为其重要雅趣。明代屠隆在《考盘余事·香笺》中称："香之为用，其利最溥，物外高隐，坐语道德，焚之可以清心悦神。"焚香有灵神、静气、集中精神、洗涤心灵的作用，是极有助于使操琴者进入状态的方式。

在中国文化中无论是宫廷、民间，都有焚香净气、焚香抚琴、吟诗做画和焚香静坐健身的习俗。清太和殿前殿的左右有四只香几，上置三足香

① 法清法师：《明镜台》。

② 席佩兰：《天真阁集》附《长真阁集》卷3之《寿简斋先生》。

炉，皇帝升殿时，炉内焚起檀香，致金銮殿内香烟缭绕，香气四溢，使人精神振奋。古时的诸葛孔明，弹琴时不仅有童子相侍左右，而且常置香案，焚香助兴。古代文士淑女操琴时焚香，是为了创造一种幽静风雅的氛围。南宋爱国诗人陆游在观书时，斋中常要焚香。他在诗中写道："官身常欠读书债，禄米不供沽酒资。剩喜今朝寂无事，焚香闲看玉溪诗。"①北宋大文豪苏东坡，更十分青睐焚香静坐的修身作用。他在赴海南儋州途中购买十多斤檀香，并建"息轩"，常在轩中焚香静坐。他题诗曰："无事此静坐，一日是两日。若活七十年，便是百四十。"② 可见焚香静坐的养生健体之功。

中国古代推崇正音雅乐，以"清幽平淡"为上，道家倡导自然、清静、无为、柔弱、和谐。老子说："大音希声。"正声应"简静"，静才会有空灵渺远的空间感，与万物合一的心灵体验。文人逸士，以琴会友，觅知音，不竞不求，不炫技，不卖弄，远离名利纷扰，清修自娱。"身手皆静方能与妙道相融，与神灵相通。"焚香弹琴，"惟去香清而烟少者，若浓烟扑鼻，大败佳兴，当用蓬莱，忌用龙涎、笃耨，儿女态者。"③ 唐代的文人已经普遍弹琴焚香，也写出了很多关于香和琴的诗词，王维、杜甫、李白、白居易、李商隐等都有此类作品。如王维《谒璇上人》："少年不足言，识道年已长。事往安可悔，余生幸能养。誓从断臂血，不复婴世网。浮名寄缨佩，空性无羁鞅。夙承大导师，焚香此瞻仰。颓然居一室，覆载纷万象。高柳早莺啼，长廊春雨响。床下阮家屐，窗前筇竹杖。方将见身云，陋彼示天壤。一心在法要，愿以无生奖。"另有脍炙人口的名句："独坐幽篁里，弹琴复长啸。深林人不知，明月来相照。"④ 可见，焚香与抚琴已成为文人生活中的一个必不可少的部分。从苏轼出神入化的咏叹，到《红楼梦》丰富细致的描述，在中国历代的文艺作品中对焚香和抚琴的描写可谓俯拾即是。在苏轼、曾巩、黄庭坚、陈去非、邵康节、朱熹、丁渭等人写香和琴的诗文中可以看出，焚香抚琴不仅渗入了文人的生活，而且对此两者的结合能够更加充分地发挥与道合一的作用上，中国文

① 陆游：《假中闭户终日偶得绝句》。

② 苏轼：《司命宫杨道士息轩》。

③ （宋）赵希鹄《洞天清音录》。

④ 王维：《竹里馆》。

人的认识已有相当高的技巧和品位。

总之，中国的香文化和琴道都有着源远流长的历史，从古至今这两者始终紧密地结合在一起的原因，究其根本是因为焚香与抚琴都是从调整人的呼吸入手，而一切对思想境界的引导和提升都要以调整好呼吸作为先决条件。大德高僧曾直言："生命在呼吸间。"而人的所谓那一点"灵气"也全凭呼吸来控制。一个人无论行、住、坐、卧，唯呼吸所指导的身体才与我们相伴终生，如果能够从这一点入手就能抓住生命的本质，而香与琴的共同作用恰恰正在于此。香自上来、琴从下入，二者相辅相成；香为导引，琴来升华，使个体在宁静安详的状态下达致身与物、身与事、身与心的平衡。香与琴的结合，乃是由外而内对自身境界的提升，所以古人借焚香抚琴以导意态之安然，达致超凡脱俗的境界，此香与琴自古至今共荣不分的究竟所在。

作者：王实，中国管弦乐协会会员，斫琴师，古琴教师。

天然香原料筛选之关键控制要点

王　蕾　李　荣

我国古代是世界古代文明的一颗明珠，在芳香植物的利用和发掘上也有悠久的历史。香料植物的开发和利用，在香料和食品、日化等工业中占有重要的地位。①

随着我国香料、日化、食品深加工的发展，天然安全的香料综合有效应用备受重视，香精香料核心技术研究被提到了行业发展战略的高度。香精香料行业存在基础研究比较薄弱，对香料缺乏系统研究，可供选择的香原料品种不够丰富等现状。为了提高企业的核心竞争力，就要求我们开展新型香原料的开发和应用研究，利用一些新型的加工方式（如超临界萃取、微波萃取等）开发天然香原料（包括中草药资源）新品种，以丰富香原料资源，这就要求我们建立香原料的筛选平台。香原料是芳香植物提取出的一种天然香料，该天然香料有着合成香料无法替代的、独特的香韵，尚含有至今尚未阐明的、在香气上有着特殊贡献的微量成分，以及大多不存在毒副作用，因此生产畅销不衰。

据不完全统计，在世界上香原料植物有3600多种，而被有效开发利用的仅有400多种，分属于唇形科、菊科、伞形科、十字花科、芸香科、姜科、豆科、鸢尾科、蔷薇科。② 这些芳香植物化学成分复杂、种类很多，在着手研究植物的活性成分时，首先要大致知道该植物含有哪些类型的化学成分，便于进一步选用适当的方法进行提取分离。

---

① 林进能等编著：《天然食用香料生产与应用》，轻工业出版社1991年版，第1—22页。

② 林进能等编著：《天然食用香料生产与应用》，轻工业出版社1991年版，第1—22页。萧三贯等：《中药天然提取物质量技术标准规范》，中国医药科技电子出版社2006年版，第3—22页。

根据我们近几年进行天然香原料筛选的经验，初步将几个控制点介绍给大家。一般而言，在进行香原料筛选时遵循以下原则：

一 流程

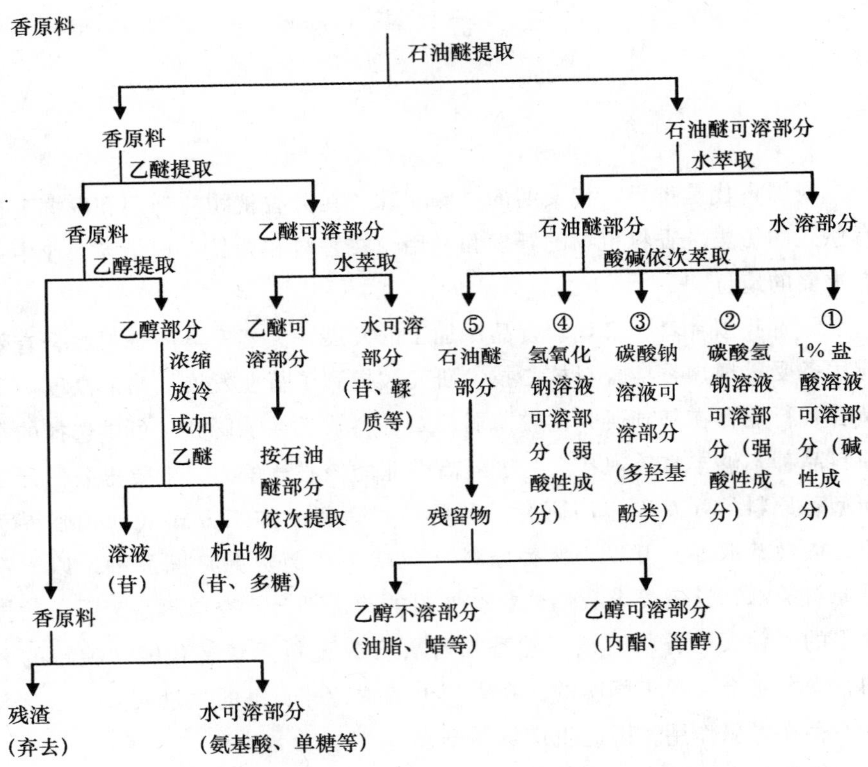

二 香原料筛选关键点

（1）在分离活性成分前，可选用几种不同极性的溶剂分别提取，进行生物活性筛选，确定哪一个溶剂提取部位有效后，再对该部位进行各类化学成分的预试验。

（2）在做预试验之前，应了解植物的产地、生物学特性和分类学鉴定，以及借助外观、色、嗅、味等对植物样品所含成分做初步观察，以提供进一步检查的参考。如植物组织的断面呈橙色、棕黄色，预料可能有羟基蒽醌类衍生物；如果断面有油点，并有特殊香气，则考虑除油脂外，还可能有芳香油、香豆素、内酯和某些挥发性成分存在；如味酸，且带凉爽感觉，可能含有柠檬酸、苹果酸等羟基酸。①

（3）预试验要求简便而快速，并且要有尽可能的正确性，一般是试管试验。由于植物提取液大多数颜色较深，颜色变化在试管内观察有困难，可采用纸片法，把样品和试剂点在滤纸上，让它们在纸上起化学反应，观察其颜色变化。如这样进行还难以肯定，可进一步采用纸色谱及薄层色谱的方法，把各类成分初步分开后喷洒各类显色剂，再加以判断，灵敏度也可以相应提高。薄层色谱比纸色谱展开的时间短，操作方便，更适用于预试验工作。

三 预试验关键点

植物化学成分的预试验主要分为两类：一类是单项预试验法，即根据需要有目的地检查某类成分。另一类是系统预试验法，即对植物中的各类成分进行比较全面的定性检查。

（1）单项预试验通常对植物材料的水提取液、醇提取液和石油醚提取液进行某类成分的检验。水提取液用于检查氨基酸、多肽、蛋白质、糖、多糖、皂苷、苷类、鞣质、有机酸及水溶性生物碱；醇提取液用于检查黄酮、蒽醌、香豆素、萜类、甾体；酸性醇提取液用于检查生物碱；石油醚提取液用于检查挥发油、萜类、甾体及脂肪。②

（2）系统预试验法常用递增极性的方法，即依次用石油醚、乙醚、乙醇和水等溶剂进行提取，使之分为若干部分。亲脂性强的成分（如油脂、挥发油、甾醇等）溶于石油醚中而被提取出；乙醚溶液中则有可能

① 萧三贯等：《中药天然提取物质量技术标准规范》，中国医药科技电子出版社 2006 年版，第 3—22 页。唐传核：《植物生物活性物质》，化学工业出版社 2005 年版，第 10—28 页。刘成梅、游海：《天然产物有效成分的分离与应用》，化学工业出版社 2003 年版，第 80—85 页。

② 萧三贯等：《中药天然提取物质量技术标准规范》，中国医药科技电子出版社 2006 年版，第 3—22 页。

含有内酯、黄酮[①]、醌和弱碱性生物碱等亲脂性成分；乙醇可提取出苷类、生物碱[②]、氨基酸、酚酸、鞣质等亲脂性弱的成分；水溶性成分（蛋白质、氨基酸等）则能溶于水中而被提取出来。也可首先选用甲醇、丙酮等弱亲脂性溶剂提取出绝大多数成分，残渣用酸性水溶液温浸提取出多糖、蛋白质等。所得总提取物的酸性水溶液用乙醚—氯仿混合提取，溶于碳酸钠水溶液的性质与中性成分分离。酸液碱化后再用氯仿提取，可得碱性成分。挥发油成分可通过水蒸气蒸馏而得以与非挥发性成分分离。

对制得的各部位提取物，不同种类的食用、日化等香料植物其加香调味的对象和作用都有所不同。选择不同的提取方法得到的提取物，再通过加香加料试验得到较好的提取物，进行大生产。

以上只是在香原料筛选过程中的一些关键控制点，除了这些还有质量控制要点和香气控制要点等，在这就不再详细说明了。

作者：王蕾，广州秘理普植物技术开发有限公司，董事长。
李荣，高级工程师，广州秘理普植物技术开发有限公司，研发总监。

① 李维莉、马银海、张亚平等：《菱角壳总黄酮超声辅助提取工艺研究》，《食品科学》2009 年第 30 卷第 14 期。

② 刘成梅、游海：《天然产物有效成分的分离与应用》，化学工业出版社 2003 年版，第 80—85 页。

东西方的香料使用方式的比较研究

杨国超

本文主要从人类社会的发展，特别是从科学技术不断进步的角度，通过对东西方香料的使用方式的比较和研究，来探讨二者之间存在的差异和产生这种差异的内在原因。文中所提及的东方和西方分别界定为：东方是指中国、印度和日本等国家所处的大致地理位置为代表的地区，西方是指欧洲、北非和地中海周边所处的大致地理位置为代表的地区。

在人类使用香料的漫长历史中，由于生存的自然条件、地域文化和生活习俗等多种内、外在因素的不同，使得东西方在香料的使用方式上逐渐产生了较大的差别。随着东西方社会对香料的认知不断深化，香料的用途及其使用方式也呈现出多样化、地域化的特点，并最终形成了既差别明显又具有“交集”的东西方两大香料使用方式体系，继而以其各自具有的地域文化魅力对当地社会施以不同程度的影响，参与着社会变革的进程。

近现代以来，随着代表世界先进科技水平的宿主地位在西方社会的确立，香料的研究、开发和生产在那里受到了前所未有的推动，使得根植于东西方社会的两种不同的香料使用方式对于人类社会的影响力之间的差别进一步拉大，并最终形成今天西方社会的香料使用方式在此领域几乎引领了全世界这一态势。

相比之下，尽管东方社会的香料使用方式的历史同样源远流长，并且精神底蕴丰富，曾在地球的另一端创造过无比灿烂的辉煌，然而随着时代的变迁和陆续出现的多种社会历史条件的限制，它却显露出日渐式微的颓势。在中国，许多传统的香料使用方式已经消失就是一个例证。近年来，随着中国优秀传统文化的复苏，香文化也已经开始步入传承、弘扬和光大的轨道。但是，就总体而言，目前以中国为代表的东方香料的使用方式在很多方面依然带有深深的西方社会的印记。

香料的界定范围极为宽泛，从宫廷深院、豪门贵族使用的所谓“沉檀龙麝”，到寻常百姓日常生活中不可或缺的花椒、八角等饮食调味料，可谓种类繁多，不可胜数。为了便于比较与分析，本文的研究对象主要是以狭义的香料及其使用方式为主，并依此展开，探讨东西方之间在社会文化方面的内在差异。

东方的香料使用方式

首先，将香料的使用方式在东方社会各主要国家的分类、起源和演化过程简述一下。

（一）中国

在中国，香料的使用方式主要包括如下五种：熏燃、佩戴、化妆沐浴、医用和计时等。

1. 熏燃方式

所谓熏燃就是将香料点燃或炙烤来使香料产生香气。从使用领域来看，中国的香料首先应该是用于祭祀。无论在古代还是当代，祭祀在人们的精神生活中应该是最重要的内容之一。人们祈望通过祭祀时焚香来实现与神灵或祖先进行心灵沟通的目的。因此，无论在佛教传入中国之前或之后，在相当长的历史时期，这一或简或繁的祭祀仪式对于社会底层的普通百姓，对于国家的统治者，始终都是头等大事。及至佛教传入中国之后，基于精神世界中的文化传统的沿袭性、承继性，焚香也就自然成为人与佛之间从事精神寄托和交流的媒介，成为所有佛教仪式中必不可少的一项重要内容。今天，以佛教祭祀为代表的多种宗教仪式活动依然是中国香料使用的主要领域。

除了宗教界以外，熏燃在古代宫廷和贵族当中也十分盛行。在汉代，熏香成为宫廷日常生活中的不可或缺的环节，在官员贵族中也非常流行。《后汉书·钟离意传》记载：“伯使从至止车门还，女侍史絜被服，执香炉烧熏，从入台中，给使护衣服也。"[①] 可见当时的宫廷贵族已普遍用香来熏烤衣被。西晋著名富豪石崇，在他家的厕所焚香，成为当时的时尚，显现出那时的上层社会阶层所追求的生活品位。当时用于熏香的器具种类很多，其中，熏炉和熏笼占据着主要位置。相关的出土文物也证明当时用香的普及程度。在河北满城汉中山靖王刘胜墓中，出土了"铜熏炉"；在长沙的汉马王堆一号墓出土的文物中，也有为了熏香衣而特制的熏笼。

到了唐宋时期，熏香更为盛行。我们在古籍特别是古诗文中可找到那时大量的关于熏香的描述，如唐王昌龄《长信秋词》中有"熏笼玉枕无颜色，卧听南宫清漏长"；白居易《后宫词》中有"红颜未老恩先断，斜倚熏笼坐到明"[②]；李煜《谢新恩》中有"樱花落尽阶前月，象床愁倚熏笼"。

宋代著名女词人李清照在其词作中也经常写到熏香及有关熏香的器具，如《凤凰台上忆吹箫》中有"香冷金猊，被翻红浪，起来慵自梳头"，《醉花阴》中有"薄雾浓云愁永昼，瑞脑销金兽"[③]。词中提及的"金猊"、"金兽"就是用来熏香的器具。

此外，西安法门寺出土的大批唐代金银制品的熏笼，这一重大发现表明，此类器具是当时宫廷生活中的必备物品，熏香已成为皇室贵族的必修功课。在熏燃方式下，熏笼作为熏燃香料的载体，其制作的工艺水平与使用的广泛性，自然成为后人判断当时该种方式的使用与普及程度的一项物标。

自明清以来，香料的熏燃方式得到更为普遍的使用与提升，具体表现在这一时期，熏燃器具的品种和熏燃香料的种类均不断增多，熏燃方式的内蕴也在不断丰富。以熏燃器具为例，名闻天下的宣德香炉就是在这一时期问世的。

但是，时至清末之后，随着社会历史条件的巨大变动，同其他传统的香料使用方式一样，除了在宗教领域以外，熏燃方式在日常生活中的使用便开始逐渐地走向衰落，并最终被以喷洒香水为代表的西方社会的香料使用方式取而代之。

---

① 范晔：《后汉书》，中华书局1965年版。

② （清）彭定求编：《全唐诗》，中华书局1960年版。

③ 唐圭璋编：《宋词》，中华书局1965年版。

2. 佩戴方式

佩戴方式就是将香料通过香囊或香袋等包装形式戴在身上或置于室内。

中国古代很早就有佩戴香料的风俗习惯。屈原的《离骚》中就有“扈江离与辟芷兮，纫秋兰以为佩”[①] 的诗句。许多古籍对于今天所说的所谓“佩戴方式”均有记载，如《尔雅·释器》中有“妇人之袆，谓之缡”[②]。(郭璞注：“缡，即今之香缨也。”)《说文·巾部》中有“帷，囊也”。(段玉裁注：“凡囊曰帷。”)《广韵·平支》中有“缡，妇人香缨，古者香缨以五彩丝为之，女子许嫁后系诸身，云有系属”。这种风俗是后世女子系香囊的渊源。到了魏晋时期，文人雅士佩戴香囊更成为当时的时髦方式。后世香囊则成为男女常常佩戴的饰物，甚至成为定情的信物。中国古典名著《红楼梦》中有关香囊的情节描写表述了当时使用香囊的普及程度。[③]

除在身上佩戴香囊以外，房间帷帐甚至交通工具内部也是悬挂香囊的主要地方。中国古代将在当时的主要交通工具马车中悬挂香囊视为时尚。宋代的不少诗词大家在他们的作品中对此做过专门的描述，如晏殊的“油壁香车不再逢，峡云无迹任西东”，李清照的“来相召，香车宝马，谢他酒朋诗侣”。陆游在《老学庵笔记》里特别记下了当时的这种风尚：“京师承平时，宋室戚里岁时入禁中，妇女上犊车皆用二小鬟持香毬在旁，二车中又自持两小香毬，车驰过，香烟如云，数里不绝，尘土皆香。”[④] 从古人的这些记述中，我们可以想象那时人们风行佩戴香料这一方式的盛况。

3. 化妆沐浴

香料用于化妆品是中国用香的方式之一，这种方式是指人们将香料添加在膏粉中用来扑面和擦抹。对此，我国古代文人们也借助于他们的笔端做了传神的刻画，如五代词《虞美人》中有“香檀细画侵桃脸，罗裾轻轻敛”，

① （战国）屈原著，吴广平译注：《楚辞》，岳麓书社 2011 年版。

② （晋）郭璞注：《尔雅》，浙江古籍出版社 2011 年版。

③ （清）曹雪芹、高鹗：《红楼梦》，人民文学出版社 2008 年版。

④ （宋）陆游撰，李剑雄、刘德权点校：《老学庵笔记》，中华书局 1979 年版。

韦庄的《江城子》中有“朱唇未动，先觉口脂香”，等等。此外，早在汉代，还有上奏言事口含鸡舌香（丁香果实）的风俗，为的是除去口气。[①]

在唐代妇女的化妆品中，香料的应用十分普遍。唐代妇女的化妆之所以显得大胆浓艳，雍容华贵，香料被添加在化妆品中也是一个重要原因。香料作为化妆品受到上层社会妇女的格外喜爱、普遍使用的情况，我们从中国的古代书画，例如顾恺之的《女史箴图》、周昉的《簪花仕女图》等画作中可见一斑。基于优秀传统文化的自然传袭性，从古至今，香料作为化妆品的应用久盛不衰，而香料用于沐浴在中国古代更是十分普遍。

4. 香料医用

中国民间一直传颂着神农氏尝百草、历尽艰辛指导人们治病的故事。实际上，在所谓“百草”中有一些植物药材自身即是香料，这在《神农本草》中就有记载。[②] 在源远流长、久经考验而形成的中医药学宝库中，可以看到大量的香料品种兼具药材的特性，且早已被先人们在日常生活中用于祛病养生，强身健体。在这方面，明代医学家李时珍的中医药学巨著《本草纲目》就是一个例证。[③]

进入近现代以来，许多香料的医用价值或保健作用得到进一步的重视与开发，并被应用到医保实践中，收到良好的医疗或保健效果。清代著名医学家赵学敏甚至在其所著《本草纲目拾遗》中开列出完全由多种香料组成而无其他药材配伍的医疗保健处方——“藏香方”，内有沉香、檀香、木香、母丁香、细辛、大黄、乳香、伽南香、水安息、玫瑰瓣、冰片等20余种气味芬芳的香料，将其制成香饼，便于携带和服用。[④]

时至今日，难以计数的中医药处方依然将很多香料作为醒脑开窍、化痰通气的主要药材，为广大民众解除疾病的痛苦。

5. 计时之用

在中国，香料的使用方式之一是其曾被用作计时器，但这在当今已经

① （东汉）班固：《汉书》，中华书局1965年版。

② （清）顾观光辑，杨鹏举校注：《神农本草》，学苑出版社2007年版。

③ （明）李时珍：《本草纲目》，人民卫生出版社2005年版。

④ （清）赵学敏：《本草纲目拾遗》，中国中医药出版社2007年版。

很少有人知晓了。中国古代有篆香又称百刻香，它将一昼夜划分为100个刻度，在寺院等场所常用来计时之用。元代著名的天文学家郭守敬也曾制出过精巧的“屏风香漏”，通过燃烧时间的长短来对应相应的刻度以计时。焚香以计时这一创举，是香料在中国应用的独特现象，展现出中国古人的智慧。

中国的香料使用方式的大致情况如前所述。由于香料的使用者多为身处社会上层的皇族贵户或文人雅士，所以中国的香料使用过程总是伴随着浓郁的、具有文雅高贵之气的书香文化的味道，体现了追求精神生活、开发智慧的中国香文化的特点。

（二）印度

在另一个东方大国印度，香料的使用已有5000年左右的历史。较之中国，印度民众对于香料的使用更为普及，某些香料甚至早已成为那里的生活必需品，且在使用方式方面也有自己的独特之处。作为世界上主要的香料产地之一，在历史上，香料既给印度带来了财富也带来了不幸。早在公元14世纪，欧洲大批商船即跨海而来，蜂拥采购当时在欧洲极为紧缺、珍贵的香料。之后，为了争夺香料贸易的庞大利益，欧洲人发动了殖民战争，印度从此一度沦为西方的殖民地。

下面就熏燃、造像供神、涂抹修身、饮食烹饪、医疗保健等在印度流行的香料使用方式做一简述。

1. 熏燃方式

从古到今，香料熏燃这种使用方式在印度一直被沿用，可谓久盛不衰。对此，古代经文中就曾有大量的记载。根据《苏悉地羯啰经》卷上记述，胎藏界三部所烧之香不同，佛部燃烧沉水香，金刚部燃烧白檀香，莲华部燃烧郁金香，但也可以一种香通于三部。此外，在《大佛顶广聚陀罗尼经》卷5的烧香方中，则有共矩麽（郁金香）、沉香、安膳香等十二味是一切香王的说法。在印度，香料的熏燃等方式与宗教相结合，形成了独特的印度香文化。香料成为宗教界人士在心灵上与神灵、佛陀的沟通工具，其功效已经不再是满足物质和身体感官上的需求，而是变成了一种精神上的需要。

2. 造像供神

印度的香料使用首先与宗教密不可分。据法显在《佛国记》中记载，波斯匿王所作是牛头旃檀木佛像，保存于祇园精舍。① 玄奘在《大唐西域记》卷5中，曾经叙述憍赏弥国有高60尺的大精舍，内安置优填王下令雕造的旃檀像："刻檀木佛像一躯，通高尺有五寸，拟憍赏弥国出爱王思慕如来，刻檀写真像。"② 由此可知，在印度的宗教领域，香料不仅被用来熏燃，还被用来造像，供奉于寺庙敬神佛之用。

3. 涂抹修身

在《中阿含经》卷15中，有一段经文是这样写的："以戒德为涂香，舍利子！犹如王及大臣有涂身香，木蜜、沉水、栴檀、苏合、鸡舌、都梁，舍利子！如是，比丘、比丘尼以戒德为涂香。舍利子！若比丘、比丘尼成就戒德为涂香者，便能舍恶，修习于善。"据此，可以得知当佛陀宣讲佛法时，印度的国王和大臣有将香料涂抹在身体上的做法，说明涂抹香料是古印度的王公贵族们的一种习俗。

此外，由于印度的夏天酷暑炎热，家家户户常在房子的门口或窗口浇上水，用蒸发制冷的原理来消暑降温的同时，人们还用某些香料膏水擦涂身体以获得清凉的感受。

4. 饮食烹饪

将香料用于烹饪这一使用方式是印度香文化的特色之一，有着悠久的历史，早已成为当地民众沿袭已久的传统。印度的厨师们善于使用香料。他们通常将各种香料按比例配制成混合香料，且每个厨师都有自己独特的配制方法。人们将这种人工精心配制的香料混合物称为"玛沙拉"。

5. 医疗保健

印度民族将香料用于医疗保健应当首推香料精油在这方面的使用。印

① 法显：《佛国记》，田川译注，重庆出版社2008年版。

② 玄奘：《大唐西域记》，董志翘译注，中华书局2012年版。

度的香料精油可谓享誉世界，被视为印度的国粹之一，其使用可以追溯到4000多年前的吠陀时期。古印度的养生家们通过香料精油来从事多种保健和治疗工作。时下，精油疗法在印度民间仍然是一种普遍的保健方式，在那里，用于精油养生和美容的保健馆几乎随处可见，其神奇的保健功效早已得到业内人士的普遍认可。

印度香料在医疗保健领域里的其他应用也十分广泛，在此不再赘述。

今天的印度在香料的生产、加工和使用等方面依然占据大国的地位。尽管由于种姓族群或其他经济原因使得印度的贫富差距的社会状况极为严重，但不同阶层的人们以不同的方式使用不同档次香料的情景却十分普遍。当然，这同印度民族在使用香料的方式上大都带有浓厚的宗教色彩密切相关，抑或直言之，是当地人们的精神世界的某种需求在很大程度上成就了印度香料业的过去和现在的繁荣。

（三）日本

除中国和印度以外，日本是另外一个具有东方香料使用方式特点的代表性国家。日本对于香料的认知和使用最初源自于中国，因此，时至今日，那里流行的许多香料使用方式均或多或少带有中华民族用香的痕迹。当然，由于长期受到民族习俗等地域文化的熏陶，加之社会历史条件变迁的影响，本由中国传入的香料使用方式后来逐渐发生变异，最终演绎成具有日本民族特色的香料使用方式。在对来自中国的熏燃、化妆等香料使用方式进行吸收、演绎的同时，日本还创设了一种独特的香料游戏使用方式，而后又将此游戏升华、演化为当今已名扬世界的香道。

在此，我们将流行于日本的几种主要的香料使用方式分述如下。

1. 熏燃方式

在日本，香料的使用大约起源于6世纪，由中国的唐代传入。但是，在日本民间也流传着所谓“香木传来”的故事。据《日本书纪》记载，推古天皇三年（596）春，有沉香木漂至淡路岛，岛人不知是沉香，作为柴薪烧于灶台，香味远飘，于是献之于朝廷。

此后，香料渐渐成为日本贵族的生活用品，特别是到了平安王朝时期，使用香料成了上层社会必不可少的一项生活内容。当时，香料的使用主要采取熏燃方式：用香熏衣，在室内燃香，甚至在游玩时仍带着可供熏燃的香料。贵族们对香的喜好成为平安王朝的特色。在日本，很多今天的熏香配方都是平安时期的贵族一代代传下来的。

中国鉴真法师东渡的壮举除了将佛学传到日本，也为那里带去了具有中国佛教特色的华夏香文化。当时，香料第一次作为供香呈奉在佛像前。鉴真法师还将使用沉香、白檀等多种香料调和而成的熏香配方传授给日本皇室贵族，使得香料的熏燃方式开始在日本皇室和贵族中广为流行。[①] 在此基础上，到了平安时代，宫廷中大兴"空熏物"之风，也即广泛采用焚香方式熏房间或衣物。

2. 香料游戏

进入镰仓、室町时代之后，香料的配方越来越丰富，制香和闻香活动十分普及，甚至在上层社会盛极一时的"连歌会"也在燃香的环境下举行，香料的独特魅力开始逐步展现出来，这些在当时出现的许多诗歌和其他文学作品中都有所体现。在著名的《源氏物语》中，作者就对制香和闻香的过程做了十分详细的描述。我们由此得知，在那时的日本，配制香料和闻香已成为宫廷和贵族生活中的一种极为流行的游戏活动。[②] 后来，王公贵族们将这一游戏发挥到了极致，居然养成了相互之间比试自己所藏的上等香的习俗。焚香与赛香的游戏活动后来就逐渐演绎成当今日本的香道礼仪形式。

3. 香道礼仪形式

香道作为一种礼仪形式，是香料使用方式的一次跨越与升华，标志着日本民族对于香料的使用在精神文明层面已上升到了一个新的高度。尽管起初由中国传入的香料使用方式，经过漫长的演绎过程，最终在日本形成了这一非常独特的香料使用和品鉴方式，但香道自身仍然留有中华文化，特别是中国佛教禅宗文化和中国香文化的深刻印记。

香道产生于日本的室町时代。此后，随着焚香品香游戏的推广、流

---

① 许凤仪：《鉴真东渡》，上海人民出版社 2000 年版。

② ［日］紫式部：《源氏物语》，林文月译，译林出版社 2011 年版。

行，日本的香道文化逐渐发展完善，并一直流传至今。在日本的香道中有“六国”的说法，即用六种香木进行组香。在香席上，人们或顺次嗅闻香味，推断香木的搭配；或按次序传递香木，猜测其名字，享受乐趣。

在那时，人们宴请宾客时需要插花、焚香、茶点三样具足，才算是合乎待客的礼节。今天，香道、茶道、花道已经各自完善并发展出一套细致高深的礼仪形式。它们虽然流派不同，但从其所体现出来的“沉”、“静”、“定”的内涵来看，受到佛教禅宗的影响很大。

4. 化妆用品

在日本，香料化妆品的使用最早要上溯到江户时代。江户初期，“伽罗油”、“花露”等添加香料的化妆品十分普及。但是，从江户末期到明治初期，西方的政治、经济和文化等方面的渗透和影响的飓风开始登陆日本，加之明治维新后日本政府推行西化政策的影响，致使人们在化妆方面热衷于效仿西方的现象日益普遍。随着西式化妆的流行，具有西方香料使用方式特征的香水的使用自然开始步入人们的生活，且在日本的化妆领域占据着不可或缺的位置。

通观日本的香料使用方式的演化历史，可以看到在如何对待外来文化方面，日本民族具有既可以对其兼收并蓄，又可以在此基础上除旧布新的特点，特别是对以中国为代表的东方文化尤为如此。也许就因为这一点，尽管日本的香料使用方式确有自己的独到之处，但就本质而言，它并没有脱离侧重于精神层面的中国香料使用方式的文化框架。

西方的香料的使用方式①

经过梳理，可以看到西方的香料使用方式主要表现在饮食调味、代替货币、医疗保健等几个方面。值得一提的是，随着西方近现代科学技术的发展而出现的各类香水产品使得这一方式发生了全新的演进和跃进式的升

① ［澳］特纳：《香料传奇》，周子平译，生活·读书·新知三联书店2007年版。保罗·弗里德曼（Paul Freedman）：《香料：对风味的找寻如何影响了我们的世界》（http://www.yaleglobalfd.fudan.edu.cn/print/5530）。

华。作为人类使用香料的历史上的标志性事件，香水的问世揭示了东西方香料使用方式不断发生演化的背后所隐含的内在原因，表明了香料的使用对社会生产水平尤其是科技发展水平的根本依赖性。

1. 饮食调味

很多人说香料在欧洲人的食物中用来防腐是不太可信的，但是香料在欧洲成为食品调料则无疑一直影响着欧洲人的食品味道。除了直接在肉类、蔬菜的烹饪中加入香料，中世纪的西方还很看重调制各种沙司酱，而各种沙司几乎都少不了香料。当时，在肉食中添加沙司已成为一个基本的制作环节，不能轻易省略。

在中世纪欧洲人的饮食中，香料的另外一个重要用途是调酒。在葡萄酒、啤酒中加入香料这一习惯就是从罗马时代流传下来的，一直沿袭至今，尽管现代已经相对少见了。中世纪香料酒的大致制作方法是把几种香料加在一起研磨，添加在红酒或白酒中，再掺入糖或蜂蜜，最后用一个膀胱或布做的袋子过滤。常用的调酒香料有桂皮、生姜、肉豆蔻、胡椒和丁香等。

在古代的欧洲，对于原始、粗糙的酒类制造业而言，香料的作用犹如雪中送炭。加入香料后不仅能掩盖酒的酸味、涩味，延长保存时间，而且被认为带有医疗作用。今天依然流行于世的味美思酒和格拉格酒，便是中世纪香料酒的一种遗存。

2. 代替货币

对古代欧洲来说，香料一直是贵重物品，尤其是在罗马帝国后期，蛮族势力坐大开始，香料价格呈现一路上涨趋势。中世纪时，香料价格进一步走高。在十字军东征之后，以威尼斯为代表的地中海商人开始在东方建立包括商路在内的专属势力范围。由此，欧洲的进口香料供应有所好转，比之过去，贵族阶层可以较为普遍地享用香料。

欧洲那一时期香料昂贵的程度可以用几个实例说明。首先，中世纪的东方香料一度作为黄金白银的替代品，充当流通货币。很多人的薪资以定量的香料给付，香料也普遍用来支付租金。查理大帝时期，热那亚的圣菲迪斯教堂曾以收取一磅胡椒为租金，类似的习惯延续很长时间。1937 年英王对康沃尔郡的郡长收取的租金包括一磅胡椒。查尔斯王子 1973 年渡过泰马河去接受象征意义上的公爵封地时，封地的贡品就包括一磅胡椒。胡椒作为象征性租金支付一直延续到20世纪。在中世纪，当然就不是象征性的支付了，而是大家喜爱的硬通货。10世纪伦巴第王国的帕维亚是重要港口，政府对每名到来贸易的外国商人，征收的税金为胡椒、桂皮、高良姜、生姜各一磅。当时一个人是不是富有，是以那个人有没有胡椒及其拥有量的多少来衡量的。

3. 医疗保健

公元前331年，亚历山大大帝征服埃及，开始希腊统治时期。希腊人自埃及获得香料植物的知识并将其广泛用于生活，如将其用于健康洗浴和医疗治病。据史料记载，相比之下，香料制品在医疗治病方面的应用较之健康洗浴更为普遍。著名学者苏格拉底就曾以大量燃烧芳香的香杉木的方法来拯救雅典的流行性传染病患者。

1348年，黑腺鼠疫曾夺取无数人的性命。当时，大批的芳香植物与药草，在安置病人的修道院、医院里燃烧，起到杀菌净化的作用，用来保护工作中的修道士与医护人员。17世纪时，英国流行瘟疫黑死病。那里有一个小镇伯克勒斯伯，是当时的薰衣草生产和贸易中心。得益于空气中弥漫着薰衣草的芳香，使小镇奇迹般地避免了黑死病的传染和流行。

第一次世界大战期间，法国化学家雷奈摩里斯·加德佛塞发现精油对于外伤与灼伤有疗效。第二次世界大战爆发后，在法国军队内担任少校军医之职的珍瓦耐医生，将药草用于医疗用途，并且在大战时期发现精油对外伤也有很好的疗效。

现代科学已经证实许多香料特别是天然香精确实具有杀菌抑菌作用，例如，精油中的苯甲醇可以杀灭绿脓杆菌、变形杆菌和金黄色葡萄球菌；苯乙醇和异丙醇的杀菌力都大于酒精；龙脑和8-羟基喹啉可以共灭葡萄球菌、枯草杆菌、大肠杆菌和结核杆菌；鱼腥草、金银花、大蒜等精油对金黄色葡萄球菌等有显著抑制作用；黄花杜鹃、满山红、百里香等芳香植物的精油有镇咳、祛痰、平喘等作用。

4. 宗教应用

古希腊人和古罗马人将香料植物广泛使用在宗教信仰活动，尤其是宗教仪式中。在摩洛哥的古城马拉克什矗立着一座清真寺尖塔，从它的墙壁里不断地散发出阵阵麝香般的芳香。原来，在公元195年，当人们遵照摩洛哥苏丹的旨意建造这座高达66米的尖塔时，在黏合石块时拌入了名贵香料。直到如今，这座高塔依旧香气扑鼻不散，人们把这座尖塔称作“香塔”。

5. 现代香水

第一批现代香水“匈牙利皇后之水”在14世纪被创造出来。当时，匈牙利皇后伊丽莎白得到一张以香料植物迷迭香为主要原料，通过酒精调配而成的香水配方。据此，现代意义上的香水才得以问世，并被命名为“匈牙利皇后之皇后水”。此后，法国利用德国传教士发明的蒸馏技术，以从东方进口的香料为原料，生产出香味独具的法国香水。从此，欧洲香水工艺开始进入了繁盛时期。

从18世纪到19世纪期间，随着科学的进步和欧洲工业革命的开始，化学、物理学、生物学和医药学都得到了空前的发展。许多新的原料、设备和技术被应用于化妆品生产。当时除了水蒸气蒸馏法外，挥发性溶剂浸提法也开始应用。

天然香料还可以通过减压分馏和水蒸气蒸馏的方法而得到提纯和单离，然后单离物再通过化学合成方法获得新香料，这样单离合成香料就在19世纪下半叶诞生了。合成香料于20世纪完全崛起之后，以其产量高、成本低、价格自然便宜的优势使得天然香料一度没落。从此，香水开始走向普通民众，不再是富人独占的奢侈品。

香水之所以能风靡欧洲然后引领全球，是因为香水自身使用便捷，同时又具备不同于其他香料的优质品性。香水有它独特的香型和三阶式结构。配用香水中的香精不是来自一种物质，而是由50—100种原香料经加工而组成，名贵香水所用的香料甚至可以多达600多种。香水一经使用，随着时间的推移，香味就在不断地挥发。因为各种香料的挥发率不同，便产生了金字塔的三阶式结构：前调的头香、中调的基香和尾调的末香。头香容易挥发，代表香水最有感染力的基调。基香则是散发出香水的主题味道，决定香水的香型。末香持久性最强，可以持续一到两天，赋予香水完整的香韵。

最初，香型的划分十分困难，因为香气给人的感受往往都是混杂的。

19 世纪末，香水师查尔斯·皮瑟尔（Charles Piesse），试着用对应音阶的方法来给香水分门别类。他认为香水的排列应该像音乐的音调一样有自己的秩序，发明了沿用至今的香水调性。

1920 年，威廉姆·普欧彻（William Poucher）用 100 为基数来界定香料的易挥发性，这意味着挥发越快的香型就越适合做前调的头香。比如橘（最易挥发的香料之一）、薄荷、佛手柑、含羞草就排在名单的前几位，而持久性好的香型，如龙涎香、香油、岩蔷薇、橡树苔、乳香、檀香、香根、广藿香等则通常被用作尾调的末香。

香型的描述随着香水业的发展不断演变，其外延也根据香水使用人群的不同需求在不断拓展。目前，通常的香型描述包括琥珀香型、木香型、芳香型、皮革香型、麝香型、柏香型、柑橘香型、松香型、干香型、结晶型、土香型、花香型、烟香型、果香型、甜香型、辛香型、闪香型、烟草香型、草香型、干草香型、青草香型、浓香型、淡香型、海味香型、金属香型、凉香型、藓香型、醛香型、大洋香型、健康香型和木香型等。放眼未来，可以断定，新的香型描述还会继续出现。

比较、分析与结论

通观东西方社会对香料的使用方式的演变历史，我们有根据断言，它实际上就是东西方社会发展变化的演变历史的缩影。就任何一个特定的社会整体而言，当香料业处于繁荣与高速发展的历史时期，通常映衬着当时社会的繁荣与富有；而当香料业处于低谷时期，所对应的社会也通常处于低迷和衰落的时期。因此，本文认为，我们可以将香料的生产与使用状况作为衡量当时社会繁荣与富有程度的一个指示器。

前面，我们分别简要介绍了东方和西方在香料的使用方式上所历经的发展和演化过程。由此，我们不难看出，东西方社会对于香料的使用与当时所处的社会形态或历史阶段下的社会政治、经济状况密切相关，在其背后蕴含着极为丰富的政治、经济、科技、地域和文化等方面的信息。并且，正是因为这些社会因素的存在，使得东西方在香料的使用方式上呈现出有异有同、大异小同的社会历史现象。

从东西方各自的香料使用方式来看，在食品调料、医疗保健、化妆沐浴、熏燃佩戴等领域，二者确有相似甚至相同之处。但是，东方社会将香料用于计时（中国）、造像（印度）和游戏及香道礼仪（日本），西方社会却将香料作为货币替代物。此外，东方社会的香料使用侧重于属于人类精神层面的宗教信仰领域，相比之下，西方社会在该领域的应用却十分有限。这些都显露出东西方的香料使用方式之间存有显著的差别，而此差别恰恰是东西方之间在上述多种社会因素之间存有差别的反映和折射。

从社会政治学的角度来看，香料在东方从不具有主导政治的地位，充其量是王公贵族们将其用作一种奢侈享受品而已，但对于西方，香料则一度成为主导政治的物品，是权力的象征。就欧洲而言，其历史上的殖民与航海举动都与香料密不可分。香料是最早的全球交易产品，其高昂的价格、有限的供应和神秘的来源，促使西方世界不断努力去发现其种植的源头。因此，在大发现之旅开始之前的数世纪里，香料已经是一种全球性商品。后来，对这种商品的欲求也促使欧洲殖民帝国创建了香料权力之下的全球政治、军事及商业的体系。

从香料生产技术的发展特别是其水平的提升速度来看，东方则是逐渐落后于西方。以香水为例，本来东西方之间在香料用于香水生产中的技术差距并不大，但随着工业革命和近现代科学技术在西方的率先出现，西方在香水的研制方面开始领先于东方，直至后来化学合成工业的崛起和现代香水的大量生产，西方一直居于强势的主导地位。

最后，从东西方各自的香料使用方式所体现的不同的社会文化发展趋势方面，来重点谈一下二者反映在人文科学领域内的差别。

由于多种原因，就香料使用方式而论，东西方之间在一开始即存在某种程度的区别或差异。随着不同的社会物质生产、生活条件和其他社会与自然环境的演化、变迁，东西方在香料使用方式上明显地向着截然不同的人文方向演进和发展。在东方，香料的使用主要体现了人们在精神方面的追求和享受。特别是在中国和印度，自从出现以熏燃香料这一方式来从事祖先或宗教祭祀活动之后，人们进一步将此祈盼美好的精神生活的用香方式推广、普及全社会的各个角落。继而，日本香道的诞生，使得香料的使用方式成为人与人之间进行交往的一种礼仪，这大大加重了东方的香料使用方式侧重于精神层面的本原色彩。因此，可以说，东方的香料使用方式的演进主要体现了东方精神文明的逐渐升华，在那里，香料的使用自然也就带有感性的特征。

与东方相比，西方的香料使用方式的演化过程明显地侧重于实际物质利益，与精神世界之间的联系或互动则少之又少，甚至微乎其微，且呈逐渐消失的态势。长期以来，重视香料的物质属性始终是西方社会在香料业发展过程中奉行的基本准则，这在香料既曾经被作为衡量财富的标尺，同时也被作为货币替代物和工资支付手段的史实里得到了印证。以此为前提，在全球贸易领域，西方社会开始追逐一度与黄金、白银处于等同地位的香料所带来的巨大财富。这必然催生了全球大航海壮举的出现，促进了西方殖民时代的到来，从而奠定了西方在经济、科技等诸多方面领先世界的基础。尔后，随着现代香水的问世和香料合成工业的发展，西方的香料使用方式的演化更加日益体现出其侧重于物质层面，过多考虑如何满足人体感官需求的色彩。在此意义上，可以说西方的香料使用必然带有理性的特征。

因此，综上所述可以得出这样的结论：东西方的香料使用方式的不同，实际上反映了东西方的社会文化趋向性的不同，前者趋向精神层面，后者趋向物质层面。细而言之，东方注重香料在启迪精神世界方面的作用，体现着对外在物质的深入认识，因为香料充当人与外部世界进行内在的精神沟通、互动的媒介，其作用自身所显现的价值，根本无法采用香料自身的物化价值进行衡量。而西方对香料的使用则体现出其对外在物质的浅表认识，即主要将香料当作一般使用物的一种，其重要价值就是香料自身的物化价值。

同时香料作为东西方都十分珍视的奢侈品，从香料使用和演变的历史来看，东西方民族在推进香料产业向前发展的进程中所呈现出来的共同特点是，随着人类社会发展脉络的延伸，香料使用的状态与社会的繁荣与富裕成正比，因之，香料也就成为衡量处于不同社会形态或历史阶段下的社会政治经济状况的标志物。这也使得对于香料的研究成为社会学中，社会发展状态的具有指示剂作用的参考性标志物。

本文通过对东西方的香料使用方式所做初步的比较研究，得出一些尚属粗浅的结论，这有待于在今后的研究、分析过程中，做进一步的充实、完善或修正，以助于人们更为深入地认识和了解东西方之间的文化差异，增强对祖国香文化的自豪感和民族自信心，向着建设社会主义文化强国的方向继续迈进。

本文在撰写中得到了刘凤武先生的大力支持和帮助，为本文最终的完成付出了大量的辛劳，同时刘增福先生对于论文的选题和修改，给予了建设性的参考建议，在此一并表示感谢！

作者：杨国超，中国行政管理学会会员，中央电视台发现之旅频道《发现中国》栏目编导。主要纪录片作品《新文化运动启示录》、《中国高度》等，主要著作《通往强盛之路》。

浅议香文化传播中佛教新媒体的角色和责任

崔明晨

一　佛教新媒体的两个角色

现时代，新媒体在某种文化的传播过程中扮演着越来越重要的角色。具体到香文化的传播，新媒体中的佛教媒体也应当积极地加入进来，找对位置，责无旁贷地承担起相应的责任。

那么，什么是新媒体？学者们众说纷纭，至今虽没有定论，但我们都清楚，它是与互联网相关的，但绝不仅仅是报刊、广播、电视等传统媒体的简单的网络翻版。

当然，传统媒体的网络翻版也是至关重要的。特别对内地佛教界而言，我们在传统媒体上既无广播也无电视，只有少量的公开刊物和不算很多的内部刊物。这些刊物的网络版至少使内部刊物通过网络公开了，教内专业的公开刊物通过网络也能让社会各界方便地浏览了。除此之外，越来越多的佛教寺院、机构乃至个人创办了各式各样的佛教网站及网络社区，又有众多的僧人、居士、学者在各种自媒体平台上大显身手进而成为影响一方的意见领袖，更有凤凰、新浪、腾讯等互联网上市机构开办了受众更为广泛的佛教或佛学频道。所有这些都是佛教新媒体的重要组成部分。说中国有一个具有一定影响力的佛教新媒体群，已绝不为过。这对佛教文化的传播而言，意义重大。

众所周知，香文化与佛教文化有很大一块交集。这块交集部分，自然属于佛教新媒体理应关注的范畴。遗憾的是，佛教新媒体对这一领域还缺少应有的关注和思考。笔者认为，在香文化传播过程中，佛教新媒体至少要进入两个角色：一个是传播媒介，一个是舆论监督。

二 角色之一：传播媒介切忌鸡同鸭讲

香文化的传播，必然要经常面对“不同文化之间的传播”这个题目，而具有跨文化传播的特点。跨文化传播往往是在特定的不同文化群体之间的传播，其特征是传者和受者双方具有特殊指向性，其构成又非常多元，可细分出许多异文化群体，传播媒介就是其间的桥梁。

香文化的倡导者主要位居传者一方，他们往往具有专家学者、高僧大德、意见领袖、香业厂商、寺院及佛教景区等身份。而受者一方非常广泛，包括产销环节的厂家、商家、景区、流通处、商贩、导游等，最终使用者如寺院、僧团、佛教修行者、佛化家庭、非佛化家庭、香客、普通旅行者等。当然，随着传播活动的深入，传者与受者的构成也会有某种程度的变化。

佛教新媒体如要做好香文化的传播媒介，就要深入了解双方不同群体的内在差别，这直接关乎传播的效果。如果不了解其间的文化差异，就极易导致这种跨文化传播的失败。

作为传者一方的专家学者，其特点突出在科学严谨的专业性上，是香文化相关专业知识的主要产出者。高僧大德，因其具有较高的宗教威望，是佛教用香行为的权威指导者。意见领袖一般都具有较高的亲和力和影响力，他们的意见能快速在网络上扩散。香业厂商是香产品知识的主要提供者，是新产品、新工艺的推动者，有合理的利益诉求。寺院及佛教景区具有典型的现场性，其现场宣传的内容会对香客和旅游者的即时用香行为产生直接影响。

作为受者一方的厂家、商家、景区、流通处、商贩、导游等，有一些会具有佛教文化的背景，大部分则主要是受商业利益的驱使而进入这一领域的，他们急需香文化的滋养。寺院、僧团、佛教修行者、佛化家庭是佛教用香的主体，他们更关注的是佛法的传播，对香的需求也非常专业、严格。非佛化家庭、香客、普通旅行者，他们的文化背景更为多元，对香文化的了解多来自商贩和导游的现场游说，是高价香、劣质香的主动及被动埋单者。

佛教新媒体如要做好香文化的传播媒介，更需要对传播内容有专业性的把握，即佛教新媒体自己先从受者做起，掌握相关的知识，如香文化的历史，香与宗教，香与各类文化艺术作品，香料的生产、炮制与配伍，香品的开发，香器与香具的制作与使用，香与环保，等等。其中香与宗教的相关知识中，重点关注香与佛教的内容，如佛教经典关于香的记载，佛教对香的特殊阐释及相关修行法门，佛教用香的仪轨，等等。

在此基础上，就是对传播过程的专业性把握。传播是一个信息编码、信息交换和信息解码的互动过程。传者与受者往往处在不同的语境，使用不同的语言，二者之间在意义理解上并不对称。因此传播过程中，要积极保证信息接收和意义解读的一致性。信息接收的一致性是指接收的信息与发送的信息相同；意义解读的一致性指的是受者对某一信息意义的理解与传者对信息意义的理解相同。只有保证这两个一致性，才能减少传播过程中的损耗和误读，才能谈得上传播的有效性。传者一方所制作的信息/文本，一定要经过一个科学的编译转码过程才可能被受者理解，否则就可能出现鸡同鸭讲的状况，甚至是猫狗之间的误读。

鸡同鸭讲是传播过程中讯息/文本意义缺失的形象说法，指的是受者接收到了讯息/文本中的信息，但是没有发现该信息对他有什么意义。比如文明敬香的种种号召，基本就是这个结果。

狗为了向猫示好而摇尾和伸爪，这几个动作在猫的语言里意思恰好相反，结果猫立刻警觉起来，并做好迎战准备。猫狗之间的误读是传播过程中对讯息/文本意义误解的形象说法，指的是受者解读出来的讯息/文本意义与传者的意图总是缺乏一致性，甚至出现对抗式解读。讯息/文本是多义的，对此我们要有专业性的认识。讯息/文本内往往包含多个有独立意义的命题，可分为微命题和巨命题，这是文本多义性的基础。传者作为编码者，他们总是力图使微命题归属在巨命题下，从而传达出文本的核心意义。但受者作为解码者，往往不会沿着编码者预设的解读思路走，他很可能对某个微命题更敏感，对其意义的关注影响了对讯息/文本整个意义的读取，甚至解读出了原文本中存在但与文本核心意义不一致的“弦外之音”，乃至完全相反的意义。例如，烧高香是不是属于对功德的误读呢？我们都应该进行专业性的探讨。

我们要了解受者的词汇及语境，研究他们的解码思路，认真反馈他们的疑问与诉求，从而能够用恰当的、双方都感兴趣的、无歧义的词汇，准确而有效地在传者和受者之间传递信息。

三　角色之二：舆论监督对一切与香有关的不良行为实行批评和制约

佛教新媒体在香文化传播中舆论监督这个角色，与传播媒介本质上是一样的，但二者的角色呈现并不相同：一个唱红脸，另一个则是唱白脸的。

监督包含两层意思：一是监察，二是督促。监察是发现问题，督促是解决问题。香文化传播过程中的舆论监督，就是社会各界通过传播媒介，发表自己的意见和看法，形成舆论，从而对社会上一切与香有关的不良行为进行批评和制约。

目前已经引起舆论关注的是与燃香有关的不良行为。

2009 年中央六部委联合发布的《关于进一步规范全国宗教旅游场所燃香活动的意见》中提到："部分宗教旅游场所对燃香活动管理力度不够，对当地寺院宫观、旅游景区的文化资源和生态环境造成不同程度的影响，安全隐患和事故时有发生。有的强拉或诱导游客和信教群众花高价烧高香，扰乱了宗教旅游场所秩序，侵犯了消费者合法权益，社会各方面反映强烈。"

2011 年国家标准化管理委员会会同有关部门制定发布了《燃香类产品安全通用技术条件》（GB 26386—2011）、《燃香类产品有害物质测试方法》（GB/T 26393—2011）和《宗教活动场所和旅游场所燃香安全规范》（GB 26529—2011）三项国家标准，并发布贯彻通知，要求"各部门要依据各自职责，积极通过多种方式加大标准的宣传力度，使有关生产经营者、公众能够充分了解标准，提高用香、燃香安全意识。通过举办培训班、宣贯会、研讨会、现场检查会等多种形式，使燃香类产品生产加工企业、技术检测机构、行政执法部门、宗教活动场所和旅游活动场所相关管理和技术人员等能够准确理解、掌握和执行 3 项国家标准"。

2012 年中央十部委联合发布的《关于处理涉及佛教寺庙、道教宫观管理有关问题的意见》中再次提到"一些经依法登记的寺观尤其是处在风景名胜区的寺观”“存在强拉或诱导游客和信教群众花高价烧高香、从事抽签卜卦等现象”，要求“宗教、旅游、文物等部门要继续认真贯彻落实《关于进一步规范全国宗教旅游场所燃香活动的意见》（旅发〔2009〕30号）和《关于贯彻实施〈燃香类产品安全通用技术条件〉等3项国家标准的通知》（国标委服务联〔2011〕58号），整治强拉或诱导游客和信教群众花高价烧高香的行为，倡导文明敬香，优化寺观环境。严禁旅游企业、导游人员以任何名义和借口诱导游客和信教群众烧高香、抽签卜卦”。

2014年1月中国佛教协会发布《关于在全国佛教界继续大力开展文明敬香建设生态寺院活动的倡议书》，《倡议书》指出：“目前部分信众热衷于多烧香，烧头香、高香、大香，认为这样更能表达对佛、菩萨的虔诚恭敬，祈求更多福报；部分制香、售香企业和个人以及部分旅游企业和导游为牟取利益，也推波助澜。这种敬香方式不仅有害空气、污染环境，破坏文物、影响健康，而且由‘香火利益链’引起的过度商业化，损害了佛教清净庄严的形象。”《倡议书》通过对佛教有关教义的阐述，号召佛教界自觉抵制烧高香、烧天价香、烧头炷香等不良风气，“充分利用网络、刊物等平台，扩大宣传影响面，形成社会风气。倡导文明敬香、建设生态寺院”。

有了上述《意见》、《标准》、《倡议书》后，就需要舆论监督其落实情况了，否则还是你说你的我做我的。

另一个逐渐引起舆论关注的话题是劣质化学香问题。讨论这个问题可能更容易引起受者的关注，也会推动《标准》的宣传及完善，从而有助于前一个问题的解决。

四 佛教新媒体在香文化传播中的责任

本文开篇已经表述了这样一层意思：佛教新媒体应当积极地参与香文化的传播，责无旁贷地承担起文化传承的责任。在这一前提下，具体要做到以下两点。

其一，佛教新媒体在传播香文化的过程中要真实、客观、公正。

真实性是媒体的生命。新媒体所表现出的旺盛的生命力和强劲的扩张力，都依赖于其传播的讯息/文本的真实可信。佛教新媒体也是如此。虽然说绝对的真实只存在于理论之中，但媒体决不能以此为借口去突破“不能撒谎”这个底线。不能为了迎合某些人、某些权力机构、某些商业机构的观点、政策、活动，刻意夸大某些优点和功效，刻意回避对其不利的事实和证据，更不能为此编造事实，伪造证据。不顾客观事实，传播不准确的讯息，既严重损害了受众的合法权益，也严重损害了媒体自身的信誉。真实、客观、公正地传播与香文化相关的讯息/文本，是佛教新媒体应当向社会与公众承担的首要职业责任，任何违背真实客观公正原则的做法不仅有悖于大众传媒的职业责任要求，也给香文化的传播事业带来负面影响。

其二，佛教新媒体在传播香文化的过程中要专业、规范。

所谓专业，一个是讯息/文本内容在香文化领域内的专业性，一个是讯息/文本传播过程的专业性。前一个专业性，能解决文本的权威性及公信力问题，但也会带来不好理解、不可读的担忧。后一个专业性就是要解决这个担忧，就是要通过专业的传播，将其变为可读、可理解，从而实现有良好效果的传播。

所谓规范，就是在传播过程中要避免出现已经广为诟病的不规范行为，如讯息/文本不标明出处，信息源缺少专业性、权威性，不尊重他人知识产权，等等。

佛教新媒体只有更专业、更规范，才能为香文化及佛教文化的传播做出更大的贡献。

作者：崔明晨，凤凰网华人佛教频道主编。

线香的起源、使用与传统生产工艺过程初探

刘增福

一　引语

熏燃香料是最为古老的传统用香方式之一。中国在先秦时经常把香草直接放置于豆式香炉中点燃，汉代时出现了博山炉，用炭火炙燃香球或香饼，这样使得香味浓厚，烟气又不太。到了唐代，熏炉的形制又有了改革，由浅膛的“直燃香料”发展为深膛的“隔火熏香”，这样进一步减少了用香时的烟尘。但是使用香炉熏染香料毕竟不够简便，于是逐渐出现了可以直接点燃的线香，使得熏燃的用香方式变得十分简便，于是线香的使用大规模流行开来，成为民俗生活中不可或缺的一环。直到现在只要我们一说到“焚香”、“烧香”或“点香”，立刻想到的就是对线香的使用。中华民族对线香的使用情有独钟，甚至影响到很多外来的文化。

二　线香的起源

关于线香起源时间，目前学界存在三种看法：

1. 明代

明代的《证治准绳》、《景岳全书》、《本草纲目》等许多医典中都提到了“线香”。如《本草纲目・草部・线香》：“今人合香之法甚多，惟线香可以入疮科用。”由此我们可以明确地知道明代线香已经很普遍了。

2. 元代

元代李存的《俟庵集》曾有过线香的记载："谨具线香一炷……为太夫人灵几之献。"

3. 唐代

图1　贯休

这是本文首次提出的观点，与流传久远的士大夫香炉熏香相比较，线香是一种价格低廉、使用简便的香品，而这种香大都是在民间使用，故而有文化的士大夫一般不大会对其产生和使用进行记载，因此尚未找到有对线香的起源情况进行记载的确切史料。然而就唐宋时期用香的普及情况来看，我们可以认为这时期已经出现了线香，具体证据有以下三条：

(1) 唐代著名诗僧贯休和尚[①]曾有"栗坞修禅寺，仙香寄石桥"诗句。仙香即是线香的别称[②]，这是直接的证据。

图2　印香

(2) 唐代已经问世的香印（香篆）[③] 为线香在同一时期的出现提供了旁证。唐代王建有《香印》一诗："闲坐烧香印，满户松柏气。火尽转分明，青苔碑上字。"另外唐代天然禅师亦有诗提及香篆："永夜沉沉闻拆枝。空山如在百重围。佛镫初暗纸窗白，香篆将残磨衲知。十里江楼寒吹蚤，孤舟沙岸苦吟迟。因兹忆起平生事，万虑销停鬓已丝。"宋人陈敬编著的《新纂香谱》已经收录很多香印图，如图2为其中

---

① 贯休（832—912），中国唐末五代前蜀画家、诗人。俗姓姜，出家为僧，号"禅月大师"。婺州兰豁（今浙江兰溪）人。

② 《佛学大辞典》注："【线香】（物名）又作线香、仙香。杂抹众香加糊而作之。其炷烟长久，故称为仙香。亦曰长寿香。其制纤长如线，故曰线香。"

③ 香印，又作香篆，做成篆文形状之香。古时丛林中常烧此香以测知时间。

之一。香印除了产生香气之外，还兼有计时器的功能，早期线香也同样具备这两种作用，因此香印和线香可以说是同一类型的香品，其功能类似，主要的区别在于线香制作简便、形式单一，香印制作较难、形式繁多。故而香印和线香的出现在时间上不会相差太远。

（3）唐代关于“插香”的记载。如《敕修百丈清规》卷2《住持章》“普说条”云：“谓于禅林中普集大众说法。为小参、独参的对称。即师家为一般学人开示宗乘。通常在寝堂（大方丈）或法堂举行。亦有依学人插香请求开示，而特为普说者，此称之为告香普说。”（大正48·1120c）插香这一动作一般只用于线香的使用，故而可以作为辅证。

另外，线香的发源地极有可能是在中国，因为中国很早就有了生产线香的工艺，而且其他国家虽然有各种用香的悠久传统，但根据笔者目前所见，唐宋之前的资料中尚未见关于线香的记载。比如在印度，自古即有烧香之法，但在《苏悉地羯啰经》卷上“涂香药品”及“分别烧香品”、卷下“备物品”等所列诸香中，未见列举线香之名，故无法确知该时段印度是否已有线香。现在其他国家也会使用线香，但却很难找到一个像中国这样看重线香的。

三 线香使用的普遍性分析

早期线香的出现与香印是属于同一香品族群的，它们都有着计时的功能，这对于没有钟表的古代是很宝贵的功能。而线香之所以能从香印这一族群香品中脱颖而出，演化为相对独立的、普遍使用的熏燃香品品种，大概有下列原因：

（1）其他香印品种制作繁杂，均匀程度难以得到保证，进而影响计时的准确性。相比较而言，线香制作简单省时，也很容易保证均匀，唯一的弱点就是形式单一。

（2）线香制作工艺的升级、进步，如唧筒、水磨等工具的使用，促使一定程度的规模化生产成为可能。

（3）线香的几何外形决定了其具有焚燃时间延长，燃烧稳定，香味固定，使用方便、灵活的优势。

（4）原材料（特别是柏木）的供应充裕，导致生产成本下降，销售价格低廉，推动中低端线香香品快速走向民间。

四 线香的分类

根据用料的不同，线香可以分为单品香与和合香两种。

（1）单品香。不掺杂其他香料，直接使用单一香料，或研磨成粉，或制成线香、盘香等香品。常见的有沉香、檀香等木块或粉末。

（2）和合香。数种香料调和而制成的香品。和合香一般都是采用多种植物香料，有固定的配方。每种和合香都有其特定的功效，也各自具有独特的名称，常见的佛教和合香品有除障香、文殊香、药师香等。

比较特殊的是藏香，它是一种特殊的和合香，以海拔 3500—5000 米高山上的瞿摩夷①为基材，结合多种中药制成。

五 线香的药用功能

单品香一般是气味芳雅的单一香料，让人产生愉悦之感，起到静心、疗疾的功效。而和合香并不是简单的香料的组合，而是根据不同人的需求，按药性，按君、臣、佐、辅（中医方面是讲君、臣、佐、使）的理念，以及相生相克的原则进行配伍，这样既能够更好地发挥药性，产生整体的作用，又可以互补优势，消除不利因素，每种和合香都有其特定的功效。

六 线香的传统生产工艺过程

线香的规模化生产是中国古代成熟完善技术的综合结果，其中应用了中国古代如水动力系统、拱形建筑、水利资源的利用、水磨系统、唧筒、阴干等一系列传统工艺技术。

① 瞿摩夷（梵 gomaya），即牛粪。印度自吠陀时代起，即视牛为神圣之动物，亦以牛粪及牛尿为清净之物，故祭坛必以瞿摩夷涂之。密教受此风习影响，于修法之坛场中，亦须以牛粪涂拭，俾令清净。又，瞿摩夷亦被视为护摩法之供物之一，在举行护摩（火供）时，须将之投入炉中。《大日经疏》卷 4 载（大正 39 · 621a）。

1. 水动力系统

磨坊就建在河流边上，从上游河流到磨坊之间有一条宽 1—1.2 米、深约 1 米的引水渠，中间装有控制水流量的挡板，在挡板与上游河流之间旁岔出一条分流水渠直接与下游河流相连，以便挡板在调节水流量时对水进行分流。水在引水渠的引导下流向磨坊的底部，水渠的底部与磨坊水轮的落差不小于 1.5 米，水在推动水轮做功后流出磨坊，再流回下游河流干道。

图 3　水磨坊远景

图 4　磨坊分流水渠

控制水流量的挡板作用：

(1) 引水渠水流量的挡板开启后（同时关闭分流水渠），为磨坊水轮转动提供动力；

（2）调节引水渠水流量、分流水渠的挡板高度，控制水流量，将磨盘水轮的转速控制在15—25转/分钟；

（3）放下引水渠（关闭）挡板后（开启分流水渠挡板），水流停止，磨盘水轮停止转动。

2. 磨坊的拱形结构建筑

磨坊的建筑结构一般分为上下两部分，上下两部分的建筑结构采用石砌的拱形建筑。拱形结构是古代劳动人民的智慧结晶，此种结构受力最合理，且石材的使用，使得其受压能力大大增强，使局部能承受较重的物体，抗震性强。磨坊下面的建筑是水磨动力系统空间，磨坊上面的建筑为水磨机械系统工作空间。

图5　水磨坊近景

图6　废弃水磨坊底部

磨坊的建筑尺寸参数：

磨坊建筑高度一般为6米，上下两部分的建筑物均为3米；

磨坊平面宽不小于5米；

磨坊动力系统空间水流进口多在建筑物的左上角，使水轮逆时针旋转；且水渠底部与建筑物的底部高差大于1.5米；

建筑物使用的材料多为石材，耐水性好，经久耐用。

3. 水磨、机械结构

磨，最初为硙，汉代叫磨。卧式水磨是古代传统规模化制作香粉采用的一种实用方法，是我国劳动人民在生产实践中智慧的体现，也是古代劳动人民科技发展的标志之一。它的应用使得规模化制香成为可能，为线香的广泛使用奠定了技术基础。

图7　《王祯农书》卧式水磨

工作原理：水轮水平放置在磨扇底部，利用水流落差的势能推动水轮转动，并带动轴和磨，从而将香材磨成粉。

磨由两块厚度为0.16—0.40米、直径为1.1米的石头制成，统称为磨扇。下扇与底部水轮同步固定在立轴上，用铁制成；上扇用铁链固定在水平方向的横木上（不转动），上扇中间有一个相应的空套。两扇相合以后，下扇随水轮转动而同步转动。两扇相对的一面，留有一个空膛，叫磨膛，膛的外周制成一起一伏的磨齿。上扇有磨眼。研磨时，香材通过磨眼流入磨膛，均匀地分布在四周，被磨成粉末，并从夹缝中流到石磨下扇外檐盘上。

图 8　水磨坊中的石磨

图 9　分开的石磨

卧式水磨的优点：水磨的水轮体积小，连接机械结构简单，使用方便，劳动效率高，修建水渠较为便利。

图 10　水轮

卧式水磨的制香粉技术参数：

水轮：外径 3.2 米、内径 2.4 米；

轴：直径 0.18—0.22 米、长度 2.5—3.5 米；

石磨下扇外檐直径 1.9—2.0 米、石磨下扇厚度为 0.16—0.40 米，直径为1.1米；

石磨上扇直径1.1米，厚度0.16—0.40米；

石磨上扇加上配重（配重直径1.1米，厚度大于0.1米），重量为1200—1800斤；

水磨转速15—25转/分，大于25转或小于15转，通过水流挡板控制；

水磨研磨时温度为50℃—60℃（香粉的自然发酵过程），温度过高时，通过控制水流量，降低转速；

水磨碾磨工序：1—3遍为粗磨，4—5遍为细磨；淋水5次（每次出粉后，要淋水一次）。香粉应达到80目以上。

一套水磨系统年出粉量约为10万斤。

4. 唧筒笮成线香

唧筒：北宋曾公亮在其《武经总要》的一幅插图中画有唧筒，在这种唧筒中有拉杆和活塞。唧筒在中国起源年代不详。据《增广本草纲目》卷14“线香”条记载，线香之材料，多以白芷、川芎、独活、柏木之类做末，以榆皮面做糊和剂，以唧筒笮成线香。

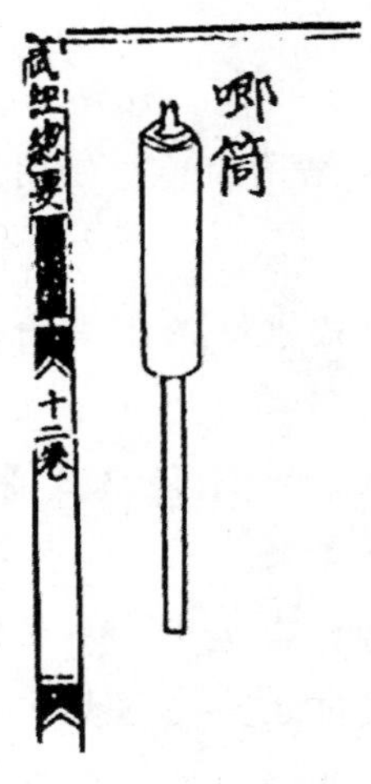

图11　唧筒

图12　清代蒲呱绘《笮玉香》图中，展示以唧筒笮成线香的过程

5. 线香阴干

阴干，又名柔干，将线香放在透风而日光照不到的筐箩架上，使其慢慢地干（阴干60天以上）。阴干后的线香不易断裂、表面细腻平滑，燃烧后，味道柔和。“阴干”一词的使用，可追溯到先秦两汉的医学典籍中，如《金匮要略》记载：“右九味，桑根皮以上三味烧灰存性，勿令灰过，各别杵筛，合治之为散，服方寸匕，小疮即粉之，大疮但服之。产后亦可服。如风寒，桑东根勿取之。前三物皆阴干百日。”另外“阴干”在佛教经典中亦有使用，如《龙树五明论》中载服香方法：“白真香一斤、沉水香一斤、熏六香一斤、青木香一斤、鸡舌香一斤、藿香一斤、零凌香一斤、甘松香一斤、穹穷香一斤、香附子一斤、百花香一斤（随时采阴干）、何梨勒一斤。”

6. 其他工艺技术参数和要求

（1）香材切割尺寸、研磨要求。材质放入磨眼的尺寸长度应小于2寸，宽、高应小于0.5寸。干燥的香材（干材）在加工前应在水中浸泡2天左右。研磨过程中还需淋水。

（2）黏合剂使用榆树皮。榆树皮粉的制作过程同香粉一样。使用榆树皮做黏合剂生产出的线香结实、有弹性，不易折断。

（3）和面：香粉和榆树皮加水混合并发酵的过程。将香粉和榆树皮粉按一定比例搅拌均匀，加水揉面之后醒面；醒面后两小时，再次揉面方可使用。其中水要用无污染的自然活水，因为活水中的微生物有利于发酵。

（4）每批次香的品质、味道受香材、气候、水等因素的影响而略有差异。

作者：刘增福，华香素心坊、北京华夏香文化传播中心和北京华夏天香文化发展中心秘书长。

中国传统服装与香文化

安　然

讲到衣服，大家当然不陌生，“衣、食、住、行”嘛，这是人生在世的生活需求。中国人的生活方式中衣放于第一位，代表了人类除去物质需求之外的精神需求，而充满香气的衣物将这种精神享受提高到了一个更高的层次。

首先依天依自然，再依人。表达了天与人、自然与人、人与人之间相连的关系。衣服除去它保暖御寒的功能价值后，则代表着人品、社会等级、个体差异等。所以衣，体现了在物质层面满足后与精神层面强烈需求的完美结合。

中国人恪守着以不变应万变形而上的哲学思考，坚守着天道人道的生活方式。天人合一，与环境相融，外松内紧，向内求。从色彩到材质到形式感，在衣着上也有了充分的表达。衣服以平面裁剪为主体，像折纸一样，简练到极致，布局平衡。色彩上崇尚自然之色，山川河流，春夏秋冬，天空大地。如同国画之中笔墨意境及审美情趣，色彩从起点白到终点的黑色，淡淡地划过一个过程，有如人生，沉淀出的色彩透出的是文人诗句中淡淡的那抹忧伤。材质中丝是中国人智慧的集成，美丽的丝质衣服，如身体的第二层肌肤，人可以透过衣服自由吸取天地之精华，丝的质感又与肌肤相融，我猜想可能我们的先祖每天在我们穿衣服的时候在为我们开示：要依道服天，或起码依靠和服务好自己的身体。衣服，依服，寓意深厚而耐人寻味，依服更赋予它生命的色彩。中国的传统服装体现了农耕社会的思考，人类社会各安其命，求静守中，由内向外，人与自然相融的关系学。宇宙自然，人与社会的关系，无不渗透着中国人和自然相依、依天而衣对自然人文的理解和关怀。

我们回头看历史，追溯到远古的神农时代，神农尽尝百草，采桑治麻为布，治香以来，神农为中国人进入农耕社会制定了一系列生活方式。据《皇王大纪》载："治其丝麻为之布帛。"神农教民化桑麻为布帛，结束了以兽皮、树叶裹体。随州擂鼓墩曾侯乙墓，考古专家从纺织品残片中不仅发现有精美的丝织品，还首次发现了丝麻交织品，中国人开始学习制作衣裳并通过着装的形式感、色彩和材料变化来表达他的世界观和价值观。

传统服饰中的等级秘密

衣服本身有遮体保暖之效果，儒家又把它与社会地位联系起来。"乐殊贵贱，礼别尊卑。"《论语·乡党》云"红紫不以为亵服"，"羔裘玄冠不以吊，吉月必朝服而朝"。"斋，必有明衣，布。""疾，君视之，东首，加朝服，拖绅。""见齐衰者，虽狎，必变；见冕者与瞽者，虽亵，必以貌。凶服者，式之。"孔子对于服饰不敢随意，所以孔子必"朝服而朝"，孟子"衣服不备，不敢以祭"。杜甫《饮中八仙歌》说张旭"脱帽露顶王公前"。

服装是"礼"、"道德"的载体，《书》云"天命有德，五服五章哉"，《书大传》"天子服五，诸侯服四，次国服三，大夫服二，士服一"，《白虎通》云"圣人所以制衣服者何？以为绨绤蔽形，表德劝善，别尊卑也。所以名为裳者何？衣者，隐也。裳者，彰也。所以隐形彰闭也"，在每个细节上蕴含礼教之精神。

就以朱子深衣为例，上衣二幅，屈其中为四幅，代表一年四季；下裳六幅，用布六幅，其长居身三分之二，交解之，一头阔六寸，一头阔尺二寸，六幅破为十二，由 12 片布组成，代表一年有 12 个月，代表了法天的思想；衣袖呈圆弧状以应规，交领处呈矩状以应方，这代表做人要规矩，所谓无规矩不成方圆；后背处一条中缝从颈根到脚踝垂直而下，代表做人要正直；下襟与地面齐平，代表着权衡。至于天子之冠服，朝臣之官服，祭祀之服，奔丧之服，都是本着礼教之精神来制作的。所以，《易》曰"黄帝垂衣裳而天下治"，垂衣裳而能治天下的原因何在？就是因为衣裳可以彰显道德、区分贵贱，各有所守，所以天下安定。

古代服饰的演变从当时的历史、经济和文化审美意识的转变中可见一斑。服饰史虽仅是中国文化史的一部分，但它见证了一个中国民族文化审美心路历程的转变。纵观整个封建王朝着装历史，商周的冕服，先秦两汉的曲裾，魏晋时期的杂裾，唐代的高腰襦裙和襕衫，宋代的褙子，明代襦裙和比甲，西汉的深衣，上襦下裙；南北朝融入胡服风范的紧身衣；唐中前期小头鞋履窄衣裳及披帛半臂流行；晚唐时衣裙宽松；宋朝素雅；明霞帔比甲兴盛；清汉族传统服饰终结，满族特色的旗袍等，古人的审美倾向和思想内涵尽显其中。

回顾服饰的历史，我所理解的传统中国人的服饰基于最本质的“天道”、“人道”，更要以人为本。自神农尝百草，采桑治麻为布，制作衣裳，制香建立一系列生活方式以来，在那个遥远的时代开始中国人的“衣、食、住、行”，生活最基础的方式，中国人的穿衣经过了几千年的历史。它怎样表达了对自然和社会的认识理解呢？以农耕为主的生活方式的本质又是什么呢？从古至今自有服饰以来，是中国的农耕文明所带来的生活方式，它遵循着自然天道，社会论礼是顺天时、和地利、续人伦的思维方式。

顺天时，符合自然规律，所以中国人有五行四象、二十四节气。春者少阳，天气渐暖，地气仍寒，穿衣上少下多；夏者太阳，天地俱热，穿衣上下皆少；秋者少阴，天气渐凉地气尚暖，穿衣上多下少；冬者太阴，天地同寒，穿衣上下共厚。老人常说的“春捂秋冻”其实指的都是下身的衣服，而上身的衣服只是随每天的天气调节就好了。

再者是和地利，中国人有绸麻葛裘，粗织密纺，就地取材，务求天然便捷，和生气于山泽，通冷暖于自然。传统的中国人是不会去想着发明些什么人工的材料而便于大规模推广的，他们是要把就近取得的天然材料配合得当，物尽其用。这就好比我们都知道的：如果到各地去旅行，遇到水土不服，最好的解决办法就是吃当地所产的食物、喝当地的水。这是中国人特有的智慧，是因地制宜的能够守土传承的智慧。

我们再说说续人伦，中国人衣着重在养生体道，融大道于日用，潜移默化，移风易俗，循经络之关窍，和表里之寒热，因事制宜，各安其位，蕴礼教风化于衣冠之中。其实续人伦的本质是要从关注自身的健康开始，一直延伸到整个社会的分工合作的和谐与延续上。所以中国人的衣服不需要什么所谓的“设计感”。这话听来好像是在说中国人没灵感，但实际上是，自古天地未易，人伦未变，人的身体结构也没有本质的变化，那么有适合于人体健康的设计方式一旦被发现和总结出来就不需要变化了，而设计者最多也只是在修饰上去迎合每个时代的文化与等级的观念而已。一个好的裁缝明白，这种修饰是不能以损害衣服所要发挥的本质目的为代价的。平衡这两方面能力的高低才是中国人衡量一个裁缝手艺优劣的标准。其实，在中国的传统文化中，关乎日用方方面面的手艺不都是如此吗？

传统服饰与香

在中国人的居住生活中有一种相关联的关系非常有意思，那就是：香与服饰之间的联系。据史料记载，中国用香的历史十分悠久，可以追溯到春秋以前。汉代时，流行熏香、熏衣，也出现了调和多种香料的技术，唐、宋时期，完全融入了人们的日常生活。不但各种宗教仪式要焚香，日常生活中人们也大量使用香料。香，灵动高贵，玄妙深邃，在馨悦之中调动心智的灵性，于有形无形之间调息、通鼻、开窍、调和身心，妙用无穷。

丝丝青烟，美好的味道，层层禅意。香既是物质的，又是精神的，它与衣有着相同的特质。香，从物质而来，但超越了物质，直接上升为精神层面。似有似无之间，展现了一种灵动的美，应了禅宗“说一物便不中”的境界，与觉悟解脱相照应。

唐代熏笼盛行，覆盖于火炉上熏香、烘物或取暖。《东宫旧事》记载“太子纳妃，有漆画熏笼二，大被熏笼三，衣熏笼三”。反映此时宫中生活的宫体词也有很多都提到这种用来熏香的熏笼，如“熏笼玉枕无颜色，卧听南宫清漏长”（唐王昌龄《长信秋词》），“红颜未老恩先断，斜倚熏笼坐到明”（白居易《后宫词》），“樱花落尽阶前月，象床愁倚熏笼”（李煜《谢新恩》），“凤帐鸳被徒熏，寂寞花锁千门”（温庭筠《清平乐》）。西安法门寺也出土了大量的金银制作的熏笼。雕金镂银，精雕细镂，非常精致，都是皇家用品。古人的衣饰，交错缠叠，层层褶皱，经过熏香的衣物，味道深深缠绕在里面。汉服的袖子，就是有那么多的褶皱在衣里平添了无限文章。故人离去，留下的旧衣，充满了时光的味道，一丝一缕都藏在褶皱里。

在宋代之前，棉花还未被引进到中国，中国人衣服所用的材质多是丝麻革裘，这类的材质不便水洗，为了清洁去味，才出现了捣衣、熏衣等方式。古琴曲《捣衣曲》、唐代画家张萱的作品《捣练图》等作品就展示了古代“捣练”的过程。无论丝绸，还是葛、麻等纤维制成的织物，都分“生”、“熟”两种。“生衣”是指热季所穿之衣，不经过上浆与捣打，因此经纬稀疏，透气性好。到了寒凉季节，则改穿“熟衣”，上身前要先刷一遍粉浆，然后用杵反复捣打，由此让织物组织变得结实严密，保暖性增强。每逢秋来，千家万户的妇女为了准备一家人的御寒衣服，都需在夜晚捣打衣料或成衣。尤其是在制作新衣之前，一定要将待裁的崭新织物上浆并仔细杵捣。

李白《子夜秋歌》“长安一片月，万户捣衣声。秋风吹不尽，总是玉关情”，把女子之爱意与勤劳传递四方。不过，捣练、捣衣只用于日常服装，包括内衣。如果是豪华衣料如锦、丝之类，不能上浆、捣打、清洗，为了去味保养衣料，熏衣的风气便盛行起来。在《宋史》中记载，宋代有一个叫梅询的人，在晨起时必定焚香两炉来熏香衣服，穿上之后再刻意摆弄袖子，使满室浓香，当时人称之为“梅香”。北宋徽宗时蔡京招待访客，也曾焚香数十两，香云从别室飘出，蒙蒙满座，来访的宾客衣冠都沾上芳馥的气息，数日不散。

魏晋以后，文人的生活中也开始有“香”相伴，独处读书以香为伴，香熏衣被，香烘公堂托其庄严，香装点楼阁饰其儒雅。抚琴弄曲，焚香一炷而导其韵律。李清照写到香的，其中就有《醉花阴》：“薄雾浓云愁永昼，瑞脑销金兽。佳节又重阳，玉枕纱厨，半夜凉初透。东篱把酒黄昏后，有暗香盈袖。莫道不销魂，帘卷西风，人比黄花瘦。”缕缕馨香，几百年来熏蒸着历代文人的心。

从古人诗意的记载，可看出香和中国的传统服饰有着非常密切和悠久的关系。就其根本而言，这种关系体现在哪里呢？树木本来就是天地之间的精华，而香更是吸纳了日月星辰、风霜雨露之精华，经历了无数个春夏秋冬的更替轮换，千里挑一、万中选优结香成材。香通过火来发挥作用，又在空气中通过人的呼吸进入人的身体。使用香的过程其实是一种动态的转化，香会从人的鼻息进入人体然后循着人的经脉游走，去通畅我们的经络，打通我们的内循环。

那么衣服呢？它们的表现形式往往是静止的，只是安稳地穿在我们的表面，但设计选材合理的衣服同样是在保护我们人身的正气，其本质的目的还在于用衣服来调节人体和自然变化节律之间的平衡，也可以认为是在调理我们的外循环。香与衣服之间的配合微妙而道同，动静互补而平衡。利用香与服饰之间的配合来达到养生、怡情、启智的目的是一种高水平的生活艺术，尤为历代达官显贵、文人雅士所青睐。

总之，在中国传统的服饰与香的文化中我们可以汲取的东西还有很多。在当今时代我们一味追求古法是不现实的，如现代人所说的“汉服”不是指“汉朝的服饰”，而是指“汉民族的服饰”。汉朝服饰时期只是汉服历史的一个阶段。但我们必须明白古人所制之“法”的本意是什么，知其本质。用当下先进方法来表达合于天道的本质目的才是我们今天要深入研究和实践的目的。

作者：安然，传统服装设计师。

华夏文化专属焚烧之事用字
——“燔”字考

黄海涛

对字的解读，古代称之为“小学”，其中的一个主要分支是“训诂”（解释古代汉语典籍中的字句）。汉代学者把汉字的构成和使用方式归纳成六种类型，总称“六书”。有了六书系统以后，人们再造新字时，都以该系统为依据。汉代以来，研究汉字，就是以六书为基本规范的。“六书”，即所谓“象形、指事、形声、会意、转注、假借”。

接下来我们从“燔”字的六书释义、训诂，对照历代典籍对燔烧的记载，分析“燔”字作为历代华夏文化专属焚烧之事用字，用作当代香文化概述“焚香”的专属用词，特别是用于焚香炉专用标识的历史依据和文字理论依据。

一　释义

“燔”字的出现，不见于甲骨文、金文。分解“燔”字，为“火”加于“番”。“番”，亦不见于甲骨文，然金文中有多种写法。《说文解字》：“兽足谓之番。从釆，田象其掌。”从偏旁象形、指事和整字组合会意理解，最初的“燔”字是，火加于兽足谓之“燔”。

但据史推论，以春秋时期最著名的博学者孔子言语论，“燔”字的出现应不晚于春秋时期。三国魏政治家、经学家王肃注《孔子家语》曰：“夫礼初也，始于饮食。太古之时，燔黍擘豚。注：古未有釜甑，燔米擗肉，加于烧石之上而食之。”①

---

① （三国）王肃：《子部，儒家类，孔子家语，卷一》（文渊阁四库全书电子版），上海人民出版社和迪志文化出版有限公司 1999 年版。

1. 从历代训诂“形声”来看“燔”字的本义

“燔”字，动词，形声。从火，番声。本义：焚烧。

东汉的经学家、文字学家许慎著《说文解字》，其中“燔”字条说：“燔，爇也。从火，番声。与焚略同。”同时，《说文解字》对“爇”和“焚”的解释是：“爇，烧也。”“焚，烧田也。”①

南朝梁、陈间官员、文字训诂学家、史学家顾野王撰《玉篇》曰：“燔，扶藩切，烧也。”②

唐代张参撰《五经文字》曰：“燔，音烦，燔柴。”③

南宋著名文学家戴侗撰《六书故》，是一部用六书理论来分析汉字的字书。其中这样解释“燔”：“燔犹焚也，燎肉于锬，因谓之燔。诗云，炮之燔之，燔之炙之。传曰，与执燔焉。”④

宋元之际精通“六书”的黄公绍撰《古今韵会》，成为字书训诂集大成的著作。黄公绍的同乡熊忠嫌《古今韵会》注释太繁，遂编成《古今韵会举要》。其中云：“燔，说文爇也，从火，番声。又，炙肉曰燔。诗：载燔载烈。注，傅火曰燔，贯之加于火曰烈。或燔或炙，注，燔用肉，炙用肝。燔炙芬芬。注，燔炙有爇味。凡炙煿，皆曰燔。”⑤

旧韵多起于江南。明代洪武八年（1375），朱元璋令乐韶凤制定全国性的统一声韵，用中原雅韵正之，取名《洪武正韵》。其中有曰：“燔，爇也，炙也。传火曰燔。诗：载燔载烈，注，燔烈其肉。又曰：或燔或炙。注，燔用肉炙用肝。又曰：燔炙芬芬。注，燔炙有爇味。盖凡炙煿，皆曰燔。唯燔肉，字与脤膰同，泛用燔，炙，非。”⑥

---

① （东汉）许慎：《说文解字》，中华书局 2013 年版。

② （南朝）顾野王：《经部，小学类，字书之属，重修玉篇，卷二十一》（文渊阁四库全书电子版），上海人民出版社和迪志文化出版有限公司 1999 年版。

③ （唐）张参：《经部，小学类，字书之属，五经文字，卷中》（文渊阁四库全书电子版），上海人民出版社和迪志文化出版有限公司 1999 年版。

④ （南宋）戴侗：《经部，小学类，字书之属，六书故，卷三》（文渊阁四库全书电子版），上海人民出版社和迪志文化出版有限公司 1999 年版。

⑤ （宋元）黄公绍、熊忠：《经部，小学类，韵书之属，古今韵会举要，卷五》（文渊阁四库全书电子版），上海人民出版社和迪志文化出版有限公司 1999 年版。

⑥ （明）乐韶凤：《经部，小学类，韵书之属，洪武正韵，卷三》（文渊阁四库全书电子版），上海人民出版社和迪志文化出版有限公司 1999 年版。

清代张玉书、陈廷敬等30多位著名学者奉康熙圣旨编撰的一部具有深远影响的汉字辞书《御定康熙字典》曰："燔，《唐韵》附袁切，《集韵》、《韵会》符袁切，并音烦。《说文》爇也。《玉篇》烧也。《广韵》炙也。《诗·小雅》或燔或炙。《笺》燔，燔肉也。炙，炙肝也。又《大雅》载燔载烈。《传》传火曰燔，又与膰通。《左传·襄二十二年》与执燔焉。《释文》燔，又作膰，祭肉也。又《定十四年》腥曰脤，热曰燔。《孟子》燔肉不至。又《集韵》焚，古作燔。注详八画。又叶汾沿切。《左思·魏都赋》琴高沈水而不濡，时乘赤鲤而周旋。师门使火以验术，故将去而焚燔。"①

从上述历代韵书、训诂专著看，从汉代至清代，历经2000年，"燔"字的"六书"，用法单一、词性稳定。

2. 从"燔"字会意用于祭祀焚烧，看"燔"的性质和特点

从字面组合会意理解，火加于兽足谓之"燔"。古代祭祀天地君亲师，以实柴焚烧牺牲（牺牲即祭祀用的纯色全体牲畜），皆用"燔"字述之。

《竹书纪年》是春秋时期晋国史官和战国时期魏国史官所作的一部编年体通史，南朝梁史学家沈约注《竹书纪年》中有："燔鱼以告天，有火自天，止于王屋。"②

东汉著名史学家班固等初撰、东汉史学家刘珍等初续、后人不断继撰的《东观汉记》，是编撰时间最早的东汉史料，也是其他各家东汉史作最重要的底本。其中载："建武元年夏六月己未即黄帝位，燔燎告天，禋于六宗。"③

南朝刘宋时期的历史学家范晔编撰的记载东汉历史的纪传体史书

---

① （清）张玉书、陈廷敬等：《经部，小学类，字书之属，御定康熙字典，卷十七》（文渊阁四库全书电子版），上海人民出版社和迪志文化出版有限公司1999年版。

② （南朝）沈约：《史部，编年类，竹书纪年，卷下》（文渊阁四库全书电子版），上海人民出版社和迪志文化出版有限公司1999年版。

③ （东汉）班固、刘珍等：《史部，别史类，东观汉记，卷一》（文渊阁四库全书电子版），上海人民出版社和迪志文化出版有限公司1999年版。

《后汉书》载："六月己未，即皇帝位，燔燎告天。"[①]

北宋文学家、史地学家、藏书家宋敏求编《唐大诏令集》，是唐代以皇帝名义颁布的一部分命令的汇编，其中有："盖燔柴太坛，定天位也。"[②]

宋代撰成两部文献性巨著的祝穆，在《古今事文类聚》中讲"祭祀之礼"时曰："礼，太古之时，燔黍捭豚，污尊抔饮，犹可以致敬鬼神。"[③]

元代陈友仁撰《周礼集说》云："王洗肝于郁鬯而燔之，以制于主前。"[④]

明代抗倭英雄、经学著述家王樵撰《尚书日记》云："旧说柴句，谓燔柴祭天。"[⑤]

清代库勒纳等著《日讲书经解义》有云："燔柴以祀天曰柴。"[⑥]

上述典籍，皆出自耆宿大儒，所论之"燔"字，皆曰用于祭祀，历经2000年，其义一脉相传。

3. 从"燔"字的焚烧特点，看"燔"字的内涵与外延

除上述"燔"字用于焚烧祭祀外，历代政治、军事、文化、经济、居家生活等方面，"燔"字主要用于对焚烧的描述。

早期的"燔黍"，是在烧热的石头上烤黍。这里的"燔"字，有焚烤之义。

东汉末年的经学大师郑玄注、唐代陆德明音义、孔颖达疏的《礼记

① （南朝）范晔：《史部，正史类，后汉书，卷一上》（文渊阁四库全书电子版），上海人民出版社和迪志文化出版有限公司1999年版。

② （北宋）宋敏求：《史部，诏令奏议类，诏令之属，唐大诏令集，卷六十六》（文渊阁四库全书电子版），上海人民出版社和迪志文化出版有限公司1999年版。

③ （宋）祝穆：《子部，类书类，古今事文类聚，别集卷十五》（文渊阁四库全书电子版），上海人民出版社和迪志文化出版有限公司1999年版。

④ （元）陈友仁：《经部，礼类，周礼之属，周礼集说，卷四》（文渊阁四库全书电子版），上海人民出版社和迪志文化出版有限公司1999年版。

⑤ （明）王樵：《经部，书类，尚书日记，卷二》（文渊阁四库全书电子版），上海人民出版社和迪志文化出版有限公司1999年版。

⑥ （清）库勒纳等：《经部，书类，日讲书经解义，卷一》（文渊阁四库全书电子版），上海人民出版社和迪志文化出版有限公司1999年版。

注疏》有云："夫礼之初，始诸饮食，其燔黍捭豚，污尊抔饮。"郑玄注："中古未有釜、甑，释米捭肉，加于烧石之上而食之耳。"孔颖达疏："燔黍者，以水洮释黍米，加于烧石之上以燔之，故云燔黍。或捭析豚肉，加于烧石之上而孰之，故云捭豚。"① 宋代卫湜在《礼记集说》中对此有相同说法："前既言燔黍矣，此乃未有火化者。先儒谓加黍于烧石之上，非火化故也。"② 明代内阁首辅、文渊阁大学士胡广等在《礼记大全》中同样赞成这个说法："燔黍，以黍米加于烧石之上，燔之使熟也。"③ 清代学者李光坡在《礼记述注》中也传承了这个观点："燔黍，洮淅黍米，加烧石上，以燔之。豚擘，析豚肉，加烧石上，孰之桴鼓桴也。"④

"燔"字的最常用法，主要还是直接点火焚烧。有关此说，历代典籍众多，兹举例几则如下。

西汉史学家、文学家、思想家司马迁《史记》载："三年正月乙巳，赦天下，长星出西方，天火燔洛阳东宫大殿城室。"⑤ 东汉班固撰《前汉书》载："人民饥饿，相燔烧以求食。"⑥

三国魏经学家、魏晋玄学的主要代表人物之一王弼著《周易注疏 》有云："及秦燔书，易为卜筮之书，独不禁，故传授者不绝。"南北朝的裴松之、裴骃、裴子野祖孙三人，分别以其不朽巨著丰富了祖国的史学宝库。其中宋裴骃撰《史记集解》有："昔秦绝圣人之道，杀术士，燔诗书。"⑦

① （东汉）郑玄，（唐）陆德明、孔颖达：《经部，礼类，礼记之属，礼记注疏，卷二十一》（文渊阁四库全书电子版），上海人民出版社和迪志文化出版有限公司 1999 年版。

② （宋）卫湜：《经部，礼类，礼记之属，礼记集说，卷五十四》（文渊阁四库全书电子版），上海人民出版社和迪志文化出版有限公司 1999 年版。

③ （明）胡广等：《经部，礼类，礼记之属，礼记大全，卷九》（文渊阁四库全书电子版），上海人民出版社和迪志文化出版有限公司 1999 年版。

④ （清）李光坡：《经部，礼类，礼记之属，礼记述注，卷九》（文渊阁四库全书电子版），上海人民出版社和迪志文化出版有限公司 1999 年版。

⑤ （西汉）司马迁：《史部，正史类，史记，卷十一》（文渊阁四库全书电子版），上海人民出版社和迪志文化出版有限公司 1999 年版。

⑥ （东汉）班固：《史部，正史类，前汉书，卷八》（文渊阁四库全书电子版），上海人民出版社和迪志文化出版有限公司 1999 年版。

⑦ （南北朝）裴骃：《史部，正史类，史记集解，卷一百十八》（文渊阁四库全书电子版），上海人民出版社和迪志文化出版有限公司 1999 年版。

唐代史学家姚思廉撰《梁书》曰："燔其林木，绝其蹊迳。"[①] 后晋政治家刘昫等撰《旧唐书》，乃五代后晋时官修纪传体唐史，是现存最早的系统记录唐代历史的一部史籍。其中有："藏玉册于封祀坛之石□，然后燔柴燎发。"[②]

北宋理学家、教育家程颐《伊川易传》云："火之用，惟燔与烹燔。"[③]

元代学者敖继公撰《仪礼集说》云："燔柴者，置之于积柴之上而燔之。"[④]

明代学者朱谋□撰《诗故》云："近火而熟者谓之燔，远火而熟者谓之炙。"[⑤]

清代学者朱鹤龄撰《尚书埤传》曰："火出于木而还燔木。"[⑥]

二　特点

为探本溯源"燔"字，我们爬梳剔抉，遍阅经、史、子、集各类典籍2000多部，查阅历代辞书字典，寻遍《四库全书》中记载的5417条"燔"字，所有这些典籍中，"燔"字所叙述之义，不外乎祭祀燔烧、天火燔烧、战争燔烧、宗教燔烧及生活燔烤，即无论是天文地理、人文风土，"燔"字皆不离焚烧之义（人名"李燔"等除外）。即便是后朝引前人字句，"燔"字亦为"不刊之论"。

由上述引据可知，"燔"字出现的时间很早。以春秋时孔子论"太古

① （唐）姚思廉：《史部，正史类，梁书，卷二十二》（文渊阁四库全书电子版），上海人民出版社和迪志文化出版有限公司1999年版。

② （后晋）刘昫等：《史部，正史类，旧唐书，卷八》（文渊阁四库全书电子版），上海人民出版社和迪志文化出版有限公司1999年版。

③ （北宋）程颐：《经部，易类，伊川易传，卷四》（文渊阁四库全书电子版），上海人民出版社和迪志文化出版有限公司1999年版。

④ （元）敖继公：《经部，礼类，仪礼之属，仪礼集说，卷十》（文渊阁四库全书电子版），上海人民出版社和迪志文化出版有限公司1999年版。

⑤ （明）朱谋□：《经部，诗类，诗故，卷八》（文渊阁四库全书电子版），上海人民出版社和迪志文化出版有限公司1999年版。

⑥ （清）朱鹤龄：《经部，书类，尚书埤传，卷三》（文渊阁四库全书电子版），上海人民出版社和迪志文化出版有限公司1999年版。

之时，燔黍擘豚”看，至迟在春秋时“燔”字已流传于世，并确定为焚烧之义。即便是甲骨文中已出现“焚”字，且意思与“燔”略同，但“燔”字仍以其词性稳定、描述准确、概括性强、基本无转意而独树一帜，表现出极强的专属性。有据可考的“燔”字从春秋到今，历朝历代，用法单一，词性高度一致，足见“燔”字用于描述焚烧之义的稳定性与权威性。显然，古代经学、儒学、文学大家对“燔”字有共同的理论认识。不仅历代学界相关用词不变，历代皇家御敕编撰典籍，亦选用此字不变。民国以来，“燔”字所用极少，词性更加生僻而稳定。可见，“燔”字传承有序，历代学者在对“燔”字的引用与解释时，学术认同高度一致。历代“学界”名师，“集体”发声，一致认同，说明“燔”字之性质、特点的内涵明晰、指向单一、外延稳定 。

最后，还要讨论的是，“燔”字曾作为假借和转注出现在典籍之中。东汉末年的经学大师郑玄注、唐代陆德明音义、贾公彦疏《仪礼注疏》有云：“羞燔者受，加于肵，出。”[①] 肵，盛炙肉的祭器。又，南朝宋史学家、文学家范晔撰、唐代章怀太子李贤注《后汉书·马融传》曰：“酒正案队，膳夫巡行，清醪车凑，燔炙骑将，鼓骇举爵，钟鸣既觞。”[②] 此两处“燔”者，是假借，本字当为“膰”，即熟肉。宋代学者陈祥道云：“膰，燔以熟之也。”[③] 唐代医学家王冰次注、宋代医家林亿等校正的《黄帝内经素问》有曰：“体若燔炭，汗出而散。”[④] 宋代文豪苏轼云：“汝一念起，业火炽然，非人燔汝，乃汝自燔。”[⑤] 此两处“燔”者，是转注，皆形容如火焚烧，非真火焚烧也。

“燔”字作为假借和转注出现在典籍之中，尽管其假借和转注仅限于上述两类做名词和形容词，但亦说明其具有较强的约定俗成性和广泛的社

① （东汉）郑玄，（唐）陆德明、贾公彦：《经部，礼类，仪礼之属，仪礼注疏，卷十五》（文渊阁四库全书电子版），上海人民出版社和迪志文化出版有限公司 1999 年版。

② （南朝）范晔、（唐）李贤：《史部，正史类，后汉书，卷九十上》（文渊阁四库全书电子版），上海人民出版社和迪志文化出版有限公司 1999 年版。

③ （宋）陈祥道：《经部，礼类，通礼之属，礼书，卷八十六》（文渊阁四库全书电子版），上海人民出版社和迪志文化出版有限公司 1999 年版。

④ （唐）王冰次、（宋）林亿等：《子部，医家类，黄帝内经素问，卷一》（文渊阁四库全书电子版），上海人民出版社和迪志文化出版有限公司 1999 年版。

⑤ （宋）苏轼：《集部，别集类，（北宋）建隆至靖康，东坡全集，卷九十五》（文渊阁四库全书电子版），上海人民出版社和迪志文化出版有限公司 1999 年版。

会认知度。而且，其假借和转注亦是由“燔”字本义焚烧而来，万变不离其宗。

总之，“燔”字作为华夏文化历代专属焚烧之事用字，其功能亦烧亦烤，于今世香文化焚香之描述，既可用于公祭焚香之礼，亦可用于宗教焚香之敬，又可用于社交焚香之仪，还可用于生活焚香之趣。“燔”字以其精练的概括性、准确性、专属性、权威性、稳定性和传承性，作为历代华夏文化专属焚烧之事用字，用作当代香文化概述“焚香”的专属用词，特别是用于焚香炉专用标识，是适当的。

作者：黄海涛，中国文物学会会员、中国文房四宝协会会员、中华砚文化发展联合会副会长、郑州市东方翰典文化博物馆馆长。